Read Write Own

開啟 WEB3 新局的
區塊鏈網路趨勢與潛能

Read Write Own
Building the Next Era of the Internet

克里斯・狄克森 Chris Dixon————著

劉維人————譯　《區塊勢》創辦人 許明恩————審定

目錄

各界推薦

（臺灣推薦人依來稿順序排列）

《Read Write Own》這本書深入剖析從 Web 1.0 到 Web 3.0 的演進精髓，深入淺出探討區塊鏈技術如何顛覆現有的網際網路結構，透過去中心化提升用戶權力的可能性。書中一句「改變世界的大發明剛開始都看起來像『玩具』」，讓我感同身受，作者克里斯 · 狄克森透過案例研究，說明區塊鏈在增強隱私保護、經濟激勵以及社群治理方面的應用，是創業家與策略制定者不可或缺的參考資源，值得一看再看。

——鄭光泰，幣託執行長暨創辦人

作者以三十年網路發展脈絡來引領讀者更靠近 Web3，網齡與我相近，非常有感受。這本書沒有提到過硬核的技術，用很多淺顯的案例舉證說明，讓人心領神會。再從金融科技從業人的角度來看，代幣確實是近三十年網路發展的重大突破，看至書末熱血賁張。

—— 王建民，新零售行銷總經理

作者的文章是對我創業初期最重要的北極星，閱讀之餘，我也力求實踐讓用戶參與平台決策治理，透過代幣經濟設計用戶的激勵機制。感謝此書總算編纂面世，相信能啟發更多人用更自由開放、民主多元的想像力，踏上改革新一代網路的偉大旅程。

——呂季潔，Lootex 共同創辦人暨執行長

本書為我們指明方向，讓我們看到一個更加開放、公平、自主的數位未來。無論你是技術專家、創業者，還是對未來科技感興趣的讀者，本書都將為你開啟一扇通往名為 Web3，然則其實是人類智慧整合人工智慧（AI）的全新數位世界的大門。讓我們一起閱讀、思考，並擁抱這個正在到來的新時代。因為，唯有真正擁有，我們才能創造出屬於自己的數位未來。

——葛如鈞，臺大網媒所兼任助理教授

本書能讓你了解網際網路應該走向何方，以及如何實現這項激勵人心的願景。

——山姆・奧特曼（Sam Altman），OpenAI 共同創辦人

凡是想要真正了解區塊鏈與 Web3 潛力的人，都應該細讀克里斯・狄克森的新書。本書能讓你推動更重要的創新、激發更有想像力的思維，並且找到全新的未來成長機會。

——羅伯特・艾格（Robert Iger），迪士尼執行長

網際網路已經走到轉捩點。在這個比起以往都更需要新觀念的重要時刻，克里斯 · 狄克森這本引人入勝的書，提供令人耳目一新的基進視野。

——穆斯塔法・蘇萊曼（Mustafa Suleyman）
Microsoft AI 執行長、DeepMind 共同創辦人

克里斯・迪克森總是以清晰務實的眼光看待未來。他在本書也是如此，清楚指出區塊鏈是未來世代不可或缺的基礎，並說明網際網路將如何發展。

——約翰・唐納荷（John Donahoe），Nike 執行長

無論你是對加密科技有興趣，或者只是想多多了解區塊鏈、Web3 與網際網路的未來發展，本書都能提供這整個產業與相關趨勢的首要權威觀點。

——艾蜜莉・崔（Emilie Choi），Coinbase 總裁暨營運長

克里斯迎向挑戰並成功解釋，為什麼加密科技對未來的科技產業舉足輕重，以及它將如何像網際網路一樣，使每個人共同受益。我建議全球所有監理機構，與反對加密產業的人，都該仔細閱讀這本書。

——馬克・庫班（Mark Cuban），《創智贏家》（*Shark Tank*）評審

這本書改變我的觀念。它公開宣稱要拿回網際網路的掌控權，讓它成為人人都想要的民主平台。這是我所知道最正面樂觀的加密科技使用方式。

——凱文・凱利（Kevin Kelly），暢銷書《必然》（*The Inevitable*）作者

如果你想用最聰明、最辛辣卻又最公允的角度，思考區塊鏈如何徹底改變這個世界，看這本書就對了。

——泰勒・柯文（Tyler Cowen）
喬治梅森大學經濟系教授（George Mason University）、
《大停滯》（*The Great Stagnation*）作者、
《現代經濟學原理》（*Modern Principles of Economics*）共同作者

我喜歡這本書。它知古鑑今、獨具隻眼、見解樂觀。狄克森不僅清楚說明網際網路的問題出在哪裡，更提出強而有力的解方。本書每一頁都清楚解釋區塊鏈如何使科技更民主、更公正、更值得信賴。

——尼可拉斯・湯普森（Nicholas Thompson）
《大西洋》（*Atlantic*）執行長、曾任 Newyorker.com 編輯

本書一針見血的提出宣言，指出當「全新網際網路擁有更好的架構」會是什麼樣子；變得更好是因為它將擺脫企業的掌控。

——《柯克斯書評》（*Kirkus Reviews*）

振聾發聵的一本書……坊間的區塊鏈敘述往往過於簡化，狄克森卻在本書中還原各項細節……閱讀本書，讓人對區塊鏈的潛力充滿希望。

——《出版者周刊》（*Publishers Weekly*）

獻給艾蓮娜（Elena）

偉創之始，渾沌破碎，莫測之奇。
察其者一知半解，旁觀者嗤之以鼻。
新議初現若未受謗，終將不傳。[1]

——弗里曼・戴森（Freeman Dyson）

前言

網際網路（internet）也許是 20 世紀最重要的發明。它就像印刷機、蒸汽機、電力等科技變革一樣改變了世界。

許多發明都很快的被人拿來營利，但網際網路沒有這樣發展。這是因為，最早的建造者沒有把網際網路打造成集中型的組織，而是打造成開放的平台，讓創作者、使用者、開發者、企業以及其他組織，都能平等的使用。世界各地的每一個人，都不需要經過批准，就能上網創作並分享程式碼、藝術作品、文章、音樂、遊戲、網站、新創事業，或是任何想要創作並分享的東西。

當時，你打造的東西都完全屬於你。只要你遵守法律，就沒有人可以要你改變，沒有人能榨取你賺來的錢，也無法突然奪走你的作品。網際網路的設計理念就是無須許可、民主管理，網際網路前身的網路以及電子郵件與全球資訊網（web），也都採用同樣的理念設計。使用者一律平等，沒人擁有特權。所有人都可以在這些網路上打造並掌握自己的作品，也能決定成本與收益。

像這樣自由決定、同時擁有作品所有權的機制，帶來創意與革新的黃金環境，使網際網路在1990至2000年代大幅擴張，孕育出無數的應用程式，改變了整個世界，以及我們生活、工作、娛樂的方式。

但這樣的好日子，卻在某一天逐漸遠去。

自2000年代中期，一小群企業巨頭逐漸奪走網際網路的控制權。如今排名前1%的社群網路，握有95%的社群網路流量，以及86%的社群行動應用程式使用量。[2] 排名前1%的搜尋引擎，占據97%的搜尋流量；排名前1%的電子商務網站，占據57%的電子商務流量。[3] 在中國以外的地方，行動應用程式商店的市場，有95%以上掌握在蘋果（Apple）與Google兩間公司手中。在過去十年之內，全球五大科技公司在納斯達克100指數（NASDAQ 100）的市值占比，從25%成長到50%。[4] 如果沒有Alphabet（Google與YouTube的母公司）、亞馬遜（Amazon）、蘋果、臉書（Facebook）與Instagram的母公司Meta、推特（Twitter，最近更名為X）等大型企業經營的網路，新創企業與創作者會愈來愈不知道該去哪裡尋找客戶、經營粉絲，以及聯絡同業夥伴。

這些大公司成了路霸，擋在使用者與使用者之間。原本無須許可、人人可用（permissionless）的網路，變成科技巨頭的收費領地。

好消息是，這些巨頭創造出各種強大的科技，讓全球數十億人使用，其中很多都是免費供應。壞消息是，對所有使用者來說，這個集中式的網路是由少數企業所營運，而且這些企業主要的收入來自廣告；在這樣的網路上，使用者能選擇的軟體不多、資料隱私可能外洩、對自己線上活動的掌控權也大幅縮減。對新創企業、創作者與各種團體而言，在網路上的發展更是桎梏重重，他們必須時時刻刻擔心集中式平台改變規則，使他們的受眾流失，利潤被瓜分，影響力削減。

雖然科技巨頭打造出來的服務確實非常有價值，但這些服務也帶來相當沉重的外部成本。其中最令人頭痛的就是廣泛監控使用者的問題。Meta、Google 等以廣告收益為重的科技巨頭，建造出複雜的追蹤系統，監控使用者的每一次點擊、搜尋與社群互動。[5] 這使得人們對網際網路起了戒心：根據估計，40％的網路使用者會使用廣告攔截器來防止追蹤。[6] 蘋果甚至把守護隱私當作行銷賣點，一邊暗諷 Meta 與 Google，一邊卻又不斷擴大自己的廣告網路。[7] 使用者如果要使用線上服務，必須同意那一長串隱私政策，但很少人會仔細閱讀，更少人能讀得懂。這些政策讓科技巨頭可以用任何方式取得使用者的個人資料。

我們舉目所及、搜尋可得的內容都受到科技巨頭的控制。最明顯的例子是平台驅逐（deplatforming），平台會驅逐使用者，但審核程序既不透明也不正當；[8] 另一種做法叫「祕密封鎖」（shadowbanning），也就是在使用者毫不知情的狀態下把他們消音。[9]* 搜尋與社群排名的演算法可以改變人們的生活，可以成就或毀掉企業，甚至可以影響選舉。然而，它們背後的程式碼是掌控在不負責任的企業管理團隊手中，不受公眾審查監督。

在我看來這裡有一個隱憂，而且相當危險，那就是這些權力掮客如何設計他們的網路架構來限制與約束新創企業，向創作者徵收高額租金，並剝奪使用者的權利。這樣的架構設計會帶來三個負面影響：一、扼殺創新；二、掠奪創意；三、將權力與金錢集中在少數人的手中。

況且，讓網際網路發揮最大力量的機制**正是**網路連結，如此一來，這些負面影響就更加危險。人們在線上做的事情大部分都會使用到網路：全球資訊網（Web）與電子郵件是網路；Instagram、TikTok、推特等社群應用程式是網路；PayPal 與 Venmo 等支付應用程式是網路；Airbnb 與優步（Uber）等市場機制也是網路。幾乎每一項有用的線上服務都是一個網路。

無論這些網路是電腦網路（computing network）、開發者平台（developer platform）、市場機制、金融網路、社群網路，還是各式各樣的線上社群，都是網際網路影響世界的重要因素。開發者、企業家與網際網路的日常使用者培育、滋養出數

* 譯注：「平台驅逐」簡單來說就是刪文禁言，平台會移除使用者的貼文甚至停用帳號。「祕密封鎖」則是指偷偷調降觸及，平台會在使用者毫不知情的狀態下偷偷隱蔽他們的帳號或貼文。

以萬計的網路，引發前所未有的創造與協同合作浪潮。然而，存續至今的網路卻大多由私人公司擁有、控制。

問題的關鍵在於許可。當代的創作者與新創企業，都必須獲得少數幾個把關者與既有科技巨頭的許可，才能開發新產品並且推到市場上。在商業界請求許可，不像對父母或老師尋求許可那樣，最終會得到簡單的答案「可以」或「不可以」；當然，這也不像交通號誌，會一次決定整條道路的規則。在商業上，許可成為暴政的藉口。占主導地位的科技企業利用許可的力量，來阻礙競爭、破壞市場並榨取租金。

而且，企業抽成的比例非常高。YouTube、臉書、Instagram、TikTok、推特這全球五大社群網路，每年的營收總和約為 1,500 億美元。幾乎所有主要社群網路的「抽成率」（take rate），也就是網路所有者從網路使用者抽取的營收百分比，均為百分之百或是接近百分之百。（YouTube 是例外，抽成率為 45%，原因我們稍後討論。）也就是說，社群網路的 1,500 億美元營收，絕大多數都落入這五間企業的口袋；在網路上奉獻心力、打造網路、為所有人創造價值的使用者、創作者與企業家，反而只能分到剩菜殘羹。

行動電話如今是資訊產業的重要角色，尤其是跨國的資訊運用，更是讓人看見這樣的失衡狀態。人們每天使用這些連接網路的設備長達約七個小時，[10] 其中有一半的時間花在手機上，停留在應用程式的時間就占據 90%。[11] 也就是說，蘋果與

Google 這兩間雙頭寡占的商店應用程式，每天吃掉人們大約三個小時的時間。這些公司的手續費高達 30%，[12] 抽成比例超過支付產業的行情價十倍以上；這麼高得離譜的比例，在其他市場聞所未聞，正反映出這兩間企業的影響力有多強大。

企業網路就是這樣掠奪創意。所謂橫徵暴斂，莫過於此。

科技巨頭也同樣是用力量壓垮競爭對手，讓消費者更加沒有選擇。臉書與推特在 2010 年代早期惡名昭彰的反社交行徑，就是終止第三方應用程式的存取。這突如其來的打壓讓許多開發者血本無歸，使用者也因此受害，只剩下更少產品、更少選擇、更少自由。不只是臉書與推特，多數大型社群平台都先後搬出同一套戲碼。如今，社群網路上幾乎沒有新的新創活動，開發者都明白不要自討沒趣。

請注意，無論是人和人實際面對面交流，還是線上的交流，社群網路都是人際交往與溝通的核心，而線上的社群網路更是各年齡層最常用的應用程式之一。然而這幾年來，沒有任何一間全新的新創企業能夠在社群網路平台上存活，更別說成長茁壯。原因很簡單：科技巨頭說了算。

臉書並不是唯一說變就變的資源掌控者。正如臉書在 2020 年底，回應聯邦貿易委員會（Federal Trade Commission）與州檢察長提起的反壟斷訴訟時指出，其他平台也一樣狠。[13] 臉書發言人在談到自家的第三方限制措施時表示：「這套限制在業界是標準做法」，並援引 LinkedIn、繽趣（Pinterest）與優步等公司的類似政策。

規模最大的幾個平台都會採取反競爭的做法。在此同時，亞馬遜也用賣場上的統計資料，找出最暢銷的產品，然後推出自家的廉價基本款，來壓低賣家的價格。[14] 雖然塔吉特百貨（Target）與沃爾瑪（Walmart）等實體零售商早就在做相同的事，用自有品牌和知名品牌商品競爭，但亞馬遜不只是商店，還是架設基礎設施的人。亞馬遜所做的事，就像是塔吉特突然獲得超能力，不僅可以控制貨架，還掌控每間商店之間的物流關係。以一間公司來說，這種控制權實在太大。

Google 也是濫用權力的同類。這間公司不光會收取高額行動支付費用，還利用自家熱門的搜尋引擎來提高自己的產品能見度，排擠競爭對手，結果因此受到審查。[15] 現今的許多搜尋結果，都只顯示贊助商的廣告，包括 Google 的產品，從而排擠較小規模的競爭對手的版面。此外，Google 為了精準投放廣告，還主動蒐集並追蹤使用者資料。亞馬遜也在玩類似的遊戲，將自家的產品排名在其他產品前面，並蒐集使用者資料來擴大快速成長的廣告業務。[16] 亞馬遜的廣告業務產值大約有 380 億美元 [17]，僅落後於 Google 的 2,250 億美元 [18]，以及 Meta 的 1,140 億美元 [19]。

蘋果也採取類似的錯誤做法。儘管這間公司的電子設備廣受好評，但他們卻經常阻擋競爭對手的產品進入蘋果的應用程式商店，還打壓商店內的競爭對手，甚至多次因此被告上法庭，成為矚目焦點。其中一個原告是電玩遊戲《要塞英雄》（*Fortnite*）的開發商 Epic，提告原因是蘋果關閉了 Epic 的開發者帳號，不讓他們登入蘋果應用程式商店。Spotify、Tinder，以及位置標籤製造商 Tile 等公司，也對蘋果的高額費用與反競爭規則提出類似的投訴。[20]

科技巨頭提供的平台不僅擁有主場優勢，還能為了自家公司的利益直接改寫遊戲規則。

但是，這樣做真的很糟糕嗎？很多人並不覺得這有什麼問題，或者根本從來沒有認真想過。他們對科技巨頭提供的各種方便好處相當滿意，畢竟我們生活在一個富足的年代。只要企業所經營的網路沒有阻擋，你就可以和任何人聯絡；你也可以盡情閱讀、觀看、分享任何東西。那個網路上有各種「免費」服務供人享用，只要你乖乖提供資料當作入場費。（還記得那句老話嗎？「如果東西是免費的，那麼你就是商品。」）

很多人覺得這樣的現況沒問題。你可能認為這種取捨很值得，或是認為如今的網路上沒有其他選擇。但是，無論你怎麼想，最後都只會讓網際網路的力量愈來愈集中，原本應該分散在整個網路上的權力，匯集到少數幾個組織手中。然後，創新愈來愈難，網際網路愈來愈無聊，愈來愈沒有活力，愈來愈不公平。

目前注意到這個問題的人，大多希望政府出手監理，認為只有這樣才能遏制科技巨頭。監理也許能解決一些問題，但往往會產生意想不到的副作用，那就是反倒鞏固既有巨頭的權力。監理法規相當複雜，遵守起來成本很高，規模較大的公司可以順利應對，規模較小的新創企業卻會因此滅頂。規則愈官僚，對挑戰者就愈不利，真正要解決這個問題，就得打造一個公平的競爭環境。監理者必須深思熟慮並且認知到，新創企業與新科技可以提供更有效的方式，去制衡既有巨頭的權力。

此外，那些用膝反射思考、想透過監理來解決問題的人，都忘記網際網路和其他科技的差異。他們經常認為現在的網際網路和過去網際網路很類似，像是電話網路與有線電視網路。然而，這些舊時代通訊網路的核心是硬體，網際網路的核心卻是軟體。

當然，網際網路還是需要電信商提供基礎設施，比如電纜、路由器、行動通訊基地台與衛星。一直以來，這些基礎設施都保持中立，不偏袒任何一方、平等的傳輸所有網際網路訊號。就算到了現在，「網路中立性」（net neutrality）的規定不斷演進，業界大多還是堅持拒絕歧視，對所有訊號一視同仁。因此，網際網路的樣貌，主要取決於軟體。在個人電腦、手機與伺服器等網路邊緣（network edge）運作的程式碼怎麼寫，網路服務就會長成什麼樣子。

而且，這些程式碼可以更新。只要有適當的機制與誘因，就可以讓新軟體遍布整個網際網路。幸虧網際網路的特性就是可塑性高，我們可以用創新與市場的力量重新打造它。

軟體很特別，它的表現力幾乎沒有界限，凡是你能想像的東西，幾乎都可以用軟體做出來。軟體就像寫作、繪畫、洞穴壁畫一樣，可以將人類的各種想法表現出來。想法一旦編寫進軟體之中，電腦就可以電光石火的開始執行。這就是為什麼史帝夫・賈伯斯（Steve Jobs）曾經將電腦描述為「思想的自行車」（a bicycle for the mind）；[21] 它使我們的能力一日千里。

軟體的表現力豐富到我們不該將它視為一項工程，而是應該視為一種藝術。程式碼的可塑性、靈活度提供了極為豐富的設計空間，內容的無限可能更是接近雕塑與小說這類藝術創作，而非橋梁這類建築工程。軟體創作者和其他藝術家一樣，每隔一段時間就會發展出新的流派、推出新的運動，從源頭開創全新的可能。

這件事正在發生。目前適逢網際網路似乎變得僵固、無法修復之時，一場新的軟體運動出現了，它讓人們可以重新構思網際網路。這場運動也許可以讓網際網路重拾初生時的精神，保護創作者的財產權，奪回使用者的所有權與控制權，打破科技巨頭對我們生活的掌控。

我一直相信一定會出現更好的做法，網際網路仍處於早期階段，還可以實現它最初的願景。只要創業家、科技專家、創作者、使用者共同努力，一切就能化為現實。

那個讓網路自由開放、孕育創意與創業精神的夢想，還不會熄滅。

網路的三個時代

要了解我們如何走到今天這一步，可以從熟悉網際網路歷史的大致脈絡開始。以下我先簡單概述，在之後的章節會有更詳細的解釋。

首先我們要知道，網際網路的力量源自於網路的設計方式。網路架構的設計，包括節點之間如何連接、互動，以及如何形成一個整體的結構。乍看之下，這像是晦澀難懂的科技技術主題，但它其實和網際網路上的權利與金錢如何分配最息息相關。設計之初的一念之差，也會造成後續一連串的影響，改變網際網路的權力分配與經濟環境。

簡單來說，網路的設計決定了網路的樣貌。

直到不久之前，網路的架構都還只有兩種。第一種稱為「協定網路」(protocol network)，例如電子郵件與全球資訊網，是由軟體開發者與其他利害關係人組成的社群所控制的開放系統。協定網路平等、民主、無須許可，也就是說，所有人都能自由自在免費使用。在這樣的系統中，金錢與權力更容易流向網路邊緣，激勵系統在網路邊緣發展、成長。

第二種架構稱為「企業網路」(corporate network)；這類網路由企業擁有、掌控，而不是社群。它就像是巨型企業打造的主題樂園，或者是由單一管理者掌控的網路庭園(walled gardens)。企業網路經營的是集中管理、需要許可的服務，所以能夠更快開發新功能，也更能吸引投資、累積利潤並挹注未來發展。在這樣的系統中，金錢與權力都會從位於網路邊緣的使用者與開發者手上，流到掌握著網路、位於中心的企業手中。

我把網際網路的歷史看成一部三幕劇。每一幕都以當時主流的網路架構命名。第一幕是 1990 至 2005 年左右的「唯讀時代」（read era），當時網際網路剛剛誕生，協定網路**將資訊分享給每一個人**。人們只要在全球資訊網瀏覽器中輸入幾個單詞，就能在網站上閱讀任何主題。第二幕是大約 2006 至 2020 年間的「讀寫時代」（read-write era），企業網路**將發表的權力分享給每一個人**。人們只要登入社群網路之類的服務，就可以寫作並發表文字，讓廣大受眾看見自己的作品。今日，一種新的架構正要將網際網路推向第三幕。

這種架構天衣無縫的結合了前兩種架構的優點，而且**正在將網路的所有權分享給每一個人**。如今在這個剛剛開始的「我讀、我寫、我擁有時代」（read-write-own era），每個人都可以成為網路的利害關係人，獲得網際網路帶來的權力與經濟利益；過去只有隸屬企業的少數人能夠享有這樣的好處，例如企業的股東與員工。然而，這個新時代很有可能削弱科技巨頭的既有霸權，讓網際網路重新滿溢生機。

人們可以在網際網路上閱讀、在網際網路上發表，如今，網際網路上的東西也即將**屬於你**。

新運動

這一波新運動有好幾個名字。

有人根據背後的加密技術，稱它為「加密」（crypto）；有些人則認為它可能將網際網路推向第三個時代，稱它為「Web3」。我有時會使用這些名稱，但我更常使用有明確定義的詞，例如這項運動背後的「區塊鏈」與「區塊鏈網路」科技。（有些業界人士也將稱區塊鏈網路稱為協定網路，但我會避免使用這個詞，以便將協定網路和區塊鏈網路劃分得更清楚，在本書中，這是兩個截然不同的概念。）

無論你喜歡哪個名字，只要從正確的角度切入觀察，都會明白區塊鏈的核心技術所帶來的獨特優勢。

有些人會說，區塊鏈是一種新型態的資料庫，可以讓許多人都信任，並且共同編輯與分享。這只說對了一部分，更精確的說法是，區塊鏈是一種新型態的電腦，它符合電腦的經典定義：可以儲存資訊，並且讓軟體進行運算，來管理這些資訊。它和一般電腦不同的是，你不能像筆電那樣把它放在桌上，也不能像智慧型手機那樣把它插進口袋裡。

區塊鏈的重要性在於，它讓人們以一種獨特的方法去控制區塊鏈，以及在區塊鏈上建立的網路。在傳統電腦中，軟體由硬體所控制，而硬體存在於物理世界，由個人或組織所擁有並控制。也就是說，傳統電腦的軟體與硬體，都注定由一個人或一群人所控制。這些人的想法一旦改變，他們控制的軟體也隨之改變。

區塊鏈就像之前的網際網路，顛覆了硬體與軟體的權力關係。在區塊鏈中，是由軟體控制網路中的好幾個硬體。軟體以強大的表現力，掌控整個架構。

但是，這有什麼特別？區塊鏈這樣的電腦，讓人類終於能夠撰寫一套無法竄改的規則，並寫死在軟體裡。區塊鏈做出的承諾必定會履行，因為軟體會強制執行。其中一個關鍵的承諾就是數位所有權：保證區塊鏈網路的經濟權力與治理權力，都留在使用者手裡。

你可能還是會問，**那又怎樣？區塊鏈解決了什麼問題？**

區塊鏈的承諾效力很強，能夠規範自己未來的行為，而這會讓**網路煥然一新**。區塊鏈網路解決了早期網路架構面臨的諸多問題。它可以用來打造社群網路，讓人們自由交流，而且不會像既有的社群網路一樣，把使用者的權力交到企業手中。它可以發展線上市集與支付網路、讓交易順利進行，而且保持較低的抽成比例。它可以孕育出可獲利的新型態媒體、彼此互通的沉浸式數位世界，以及人工智慧產品，給創作者報酬，而非蠶食他們的生存空間。

沒錯，區塊鏈會建立網路，但它最重要的特色，就是它能打造新網路，解決既有網路架構的問題。區塊鏈打造的網路會鼓勵創新、讓創作者不用被抽成率扒那麼多層皮，並且讓每一個為網路做出貢獻的人共同治理、分享利益。

探問「區塊鏈能解決什麼問題？」，就像探問「鋼鐵能解決什麼問題？哪一點比木頭更好？」。鋼鐵與木頭都可以拿來蓋房子、鋪設火車軌道，只是鋼鐵打造的房子更高、軌道更堅固，在工業革命之初就帶來各種更有魄力的公共工程。區塊鏈也是一樣，它可以打造全新的網路，讓網際網路比現在更公平、更不容易被操作、也更有韌性。

區塊鏈具備企業網路的競爭力，同時又能像協定網路那樣，將利益分享到整個社會。在區塊鏈的架構下，軟體開發者可以開放取用（open access）更多資源、創作者可以和群眾建立更緊密的關係、費用可以保持在低廉的水準，以及使用者可以將重要的治理權力與經濟利益，保留在自己手裡。更棒的是，區塊鏈能夠一邊促進這些社會利益，一邊募集大量資金維持技術優勢，和企業網路分庭抗禮。

這樣的區塊鏈，顯然是打造新一代網際網路的最佳建材。

新科技的眞相

新科技常常引起爭議，區塊鏈當然也不例外。

很多人一聽到區塊鏈，就想到各種不實廣告與一夕致富的美好騙局。這種說法有其道理，畢竟和科技相關的金融狂熱也不離廣告與騙局，從 1830 年代的鐵路熱潮到 1990 年代的網際網絡泡沫（dot-com bubble）全都一樣。1990 年代有許多受人矚目的失敗案例，寵物用品電商 Pets.com 與雜貨電商 Webvan 的故事血淚斑斑。[22] 大眾討論的重點，通常都是股價炒得多高、首次公開發行（Initial Public Offerings，縮寫為 IPO）募得多少錢。但是，即使是在這樣的環境之下，還是有一些創業者與科技專家把眼光放遠，不去看數字上的起落，而是捲起袖子打造出優秀的產品與服務，成為泡沫消逝之後的最終贏家。市場上永遠少不了投機者，但也總是有人願意動手實作。

如今的區塊鏈產業也分成兩邊。第一種人我稱之為「賭徒」，他們通常很高調，心裡想的大多是炒幣與投機。最糟的是，他們的賭博文化帶來好幾次災難，例如加密貨幣交易所 FTX 的破產；而且他們吸引大部分的鎂光燈，嚴重影響整個產業的公共形象。

另一種人我稱為「科技宅」，他們做事相當認真，為了美好的長期未來而努力。這些人知道加密貨幣只是一種手段、一項工具，激勵人們完成更偉大的目標。他們了解區塊鏈真正的潛力，在於打造出更棒的網路，使整個網際網路脫胎換骨。這群人低調無名、不受大眾關注，但會帶來長遠持久的影響力。

這並不是說「科技宅」對錢沒興趣。我在創投業工作，很清楚大多數科技業者都想賺錢。第二種人真正的獨特之處，在於知道真正改變世界的創新，都無法立刻帶來財務回報。正因如此，大多數創投基金（包括我們公司）往往以十年為期，並刻意長期持有。重要的新科技往往需要十年才會開花結果，有時候甚至更久。「賭徒」缺乏耐心，「科技宅」願意等到最後。

所以，如今在我們眼前的，可以說是「科技宅對抗賭徒」的戰役，戰役的結果將決定這場軟體運動走向何方。最後的結果大概既沒有那麼樂觀，也不會那麼悲觀。看看網際網絡泡沫與隨之而來的幻滅，你應該就知道我想說什麼。

如果想撇清眼前的紛擾，看見底層的真實，就得知道哪些事情來自區塊鏈的本質，哪些事情來自人們錯誤的使用方式。水能載舟，亦能覆舟。氮肥可以用來種植作物，讓無數人填飽肚子，但也可以用來製造炸藥。股市可以讓社會上的資本與資源發揮最大效益，但也會引發毀滅性的投機泡沫。所有科技都是雙面刃，區塊鏈也不例外。我們真正該問的是，究竟該怎麼做，才能盡量為善、防止作惡？

一起決定網際網路的未來

本書主要是想讓讀者了解區塊鏈的本質，以及透過區塊鏈這種電腦技術，能夠做出多少令人興奮的新事物。我希望讀者在閱讀過程中，能夠清楚了解區塊鏈解決了哪些問題，以及為何我們迫切需要這些解決方案。

我在這裡分享的想法、第一手觀察與心智模型，都是我在網際網路產業打滾二十五年的經驗結晶。我是軟體開發人員出身，在 2000 年代自己創業；我賣掉兩間公司，一間賣給 McAfee，另一間則賣給 eBay。同時，我開始投資，很早就押注在 Kickstarter、Pinterest、Stack Overflow、Stripe、Oculus 與 Coinbase 等公司，如今這些公司的產品在世界上廣泛使用。長久以來，我都倡議軟體與網路應該由社群共同擁有。自 2009 年開始，我便一直在部落格書寫相關的主題，以及有關科技與新創的文章。

2010 年代初，我開始接觸區塊鏈網路。當時我很好奇，為何像 RSS 這類用來發布內容的開放協定網路，會被臉書與推特這樣的企業網路對手給擊垮。這些經驗使我轉向一種新的投資模式，而且至今仍深深影響我看待與思考事情的方式。

我認為，若要了解網際網路的未來，就必須了解它的過去。所以我在本書的第一部爬梳網際網路的歷史，專注討論 1990 至 2020 年代出現的兩個不同網路時代。

在第二部，我將更深入探討區塊鏈，解釋它們的運作與重要性。我會分享人們如何利用區塊鏈與代幣建構區塊鏈網路，並且解釋背後的技術原理與經濟運作機制。

在第三部，我將分享區塊鏈網路如何讓使用者與其他網路參與者取回權力，同時回答很多人都好奇的問題：「為什麼要使用區塊鏈？」

到了第四部，我會處理政策與監理這類棘手的議題，也會談到區塊鏈發展過程中如影隨形的賭徒文化，如何打壞公眾對區塊鏈的認知，甚至掩蓋區塊鏈的潛力。

介紹完歷史脈絡與相關概念之後，我會在最後的第五部深入討論和區塊鏈相關的主題，比如社群網路、電玩遊戲、虛擬世界、媒體業、協作創作（collaborative creation）、金融與人工智慧等，這些主題常常同時跨足好幾個領域。我希望能讓大家看見區塊鏈網路的力量，以及區塊鏈網路如何讓既有的應用程式發揮更大的潛能，實現過去不可能的應用方式。

我在網際網路界打滾的精華，幾乎都寫進這本書了。我有幸和許多傑出的企業家與技術專家共事。本書中的許多內容，都是從他們那裡學得的知識。無論你是建造者、創辦人、企業領導者、政策制定者、分析師、記者，或只是單純想了解現在發生什麼事以及未來的趨勢怎麼走，我都希望這本書可以給你一些指引，幫助你參與以及打造更好的未來。

我認為，區塊鏈網路是最可靠、最具有公民意識的力量，可以讓我們抗衡網際網路逐漸集中化的問題。亡羊補牢，為時未晚，而且我相信網際網路的創新運動才剛剛開始。我會這樣強調，是因為我們正處於至關重要的時期，不得不急：[23] 畢竟，在這場全新的運動當中，美國已經失去先機，在過去短短五年內，美國在軟體開發界的全球市占率從 42%降至 29%。人工智慧的快速崛起，也有可能加速科技巨頭聯合壟斷。因為前景一片光明的人工智慧領域，可能會讓那些資料豐沛、資本雄厚的公司獲得更大優勢。

網際網路究竟是誰來打造、誰可以擁有、以及誰可以使用？創新應該在什麼環境下產出？每個人會有什麼樣的體驗？我們現在所做的選擇，將決定網際網路的未來樣貌。區塊鏈以及區塊鏈打造出的網路，能釋放軟體的非凡潛能，以藝術的形式來呈現，而網際網路就是一塊畫布。這場運動有可能扭轉歷史的方向，重新打造人類與數位世界的關係，重新想像一切的可能性。無論你是開發者、創作者、企業家，還是一般使用者，都可以參與其中。

你可以在這裡打造自己想要的網際網路，而不必繼續困在既有的網路樣貌之中。

第一部

我讀、我寫

第 1 章

為什麼網路很重要

我正在思考比炸彈更重要的事，那就是電腦。[1]

——約翰・馮諾伊曼（John von Neumann）

網路的架構決定了網路的命運。

網路的核心是組織框架，讓數十億人能夠輕鬆互動。在這個時代，網路決定你能不能成功，它的演算法更決定金錢與注意力流向何方；網路的結構會引導它演變的方向，以及財富與權力將集中在誰的手上。如今的網際網路規模極為龐大，最先進的軟體設計決策只要做出一點點微小改變，就可能在下游引發一連串重大影響。要分析網際網路的權力關係，核心關鍵在於控制權掌握在誰手上。

因此，那些說科技新創過度重視數位世界的「位元」，而輕忽物理世界的「原子」的批評者，全都搞錯了重點。[2] 網際網路的影響力遠遠超過數位世界，它能介入、滲透並塑造社會與經濟的大範圍格局。

但是，就連熟悉尖端科技的投資人也會犯這個錯。[3]

PayPal 創辦人暨創投家彼得・提爾（Peter Thiel）就曾挖苦說：「我們想要的是飛天車，卻得到 140 個字元。」這句話當然是在酸推特，因為他們最初將推文長度限制在 140 個字元內，但這句話也呼應人們對網路世界的淺薄看法。

推特上的貼文乍看之下並不起眼，但卻影響著各種事物，小至個人思想與意見，大至選舉結果與疫情發展。那些聲稱科技人士無視真實世界的能源、食物、交通與居住問題的人們，都忘記數位世界與物理世界互有關聯、甚至相互連結。網際網路如今早就成為大多數人和「現實世界」互動的媒介。

數位世界正在和物理世界默默融合。科幻小說有時候會把自動化描述得很具體可見，像是某樣東西被汰換，就會有新的東西補上，一個對一個，新的東西直接取代舊的東西。但是，在現實世界中，大部分的自動化都不是用新的東西直接取代舊的東西，而是把實體物件轉換成數位網路。旅行社並沒有用機器人員工來取代人類員工，而是用搜尋引擎與旅遊網站來滿足顧客需求。辦公室的收發室沒有消失，而是在電子郵件普及之後工作量大幅減少。私人飛機沒有取代實際的交通往來，反倒是在很多時候，視訊會議等網路服務讓人們不需要出門了。

我們不是想要飛天車卻得到 140 個字元，而是想要飛天車卻得到 Zoom。

人們很容易低估數位世界，原因之一就是網際網路的歷史並不算長。只要看看我們用的語言就知道，「電子郵件」

（email）與「電子商務」（e-commerce）的前綴「電子」（e-），都是在削減它們的數位活動價值，彷彿它們只是物理世界當中「郵件」與「商務」的數位版本。然而，真正在發生的是，那些電子版本逐漸覆蓋掉物理版本。許多人甚至現在還把物理世界稱為「現實世界」，似乎忘記自己現在都在哪個世界裡花費愈來愈多時間。以前人們取笑社群媒體這類創新只是玩具，如今的政治、商業、文化卻都被它大幅影響。

現今的新科技，會讓數位世界與物理世界融合得更加緊密。人工智慧將使電腦變得更好用。虛擬實境與擴增實境設備，將強化數位世界的體驗，帶來更強的沉浸感。深入每項物品、每個場所的電腦設備，也就是所謂的物聯網（Internet of Things，縮寫為 IoT）設備，將使網際網路無所不在。不久之後，每個角落都會塞滿各種接收資訊的偵測器，以及執行動作用的致動器。要操作這些東西，全都需要網際網路。

所以沒錯，網路相當重要。[4]

說到底，所謂的網路，其實就是人與人之間，以及人與事物之間的所有連結。在線上，網路會記錄人們可能對哪些人事物有興趣。它還會用這份紀錄來通知演算法，藉此進一步吸引我們的注意力。當你點擊社群媒體推播的內容，演算法就會根據你可能的喜好，調整混合各式各樣的內容與廣告推播送到你面前。媒體網路上的「讚」和電子商城的使用者評分，都在引導意見、興趣、衝動欲望的流向。如果沒有這些篩選過的內容，網際網路就只不過是一堆資訊洪流，沒有架構、毫無組織、無法使用。

線上經濟使網際網路的發展一飛衝天。在工業時代，企業主要憑藉擴大生產範圍與規模來壯大自己；也就是說，關鍵在於降低產品的成本。企業生產的鋼鐵、汽車、藥品、汽水或任何生活小物的數量愈多，生產的邊際成本就愈低，所以工業時代的優勢，掌握在投資與擁有生產工具的人手中。不過，到了網際網路時代，發行或配送的邊際成本低廉到可以忽略不計，所以企業累積影響力的主要方法，變成了網路效應（network effects）。

所謂的網路效應，是指網路的價值隨著節點增加而呈指數成長。節點也就是接點，它可以是電話線、可以是機場等交通樞紐、可以是電腦等各種重視連線的科技，也可以是人。有一項知名的網路效應公式叫作梅特卡夫定律（Metcalfe's Law），指出網路的價值會以節點數量的平方成比例的增加。喜歡數學的人想必很快就知道，根據梅特卡夫定律，當節點從 2 個增加到 10 個，網路的價值就變成 25 倍；如果再從 10 個增加到 100 個，價值就變成 100 倍。這項定律是以羅伯特・梅特卡夫（Robert Metcalfe）命名，他是以太網路（Ethernet）的創立者，也是電子產品製造商 3Com 的聯合創辦人，在 1980 年代推廣結點的概念。[5]

不過，並不是所有的網路連結都同樣有效，於是有些人便提出不同版本的法則。[6] 1999 年，另一位電腦科學家戴維・里德（David Reed）提出里德定律（Reed's Law），指出大型網路的價值會隨著網路規模的擴大而指數增長。[7] 社群網路是最明顯的例子，因為使用者就是節點。臉書每個月的平均有效使用者（monthly active users）接近 30 億人，[8] 根據里德定律，它的網路價值是 2 的 30 億次方，這個數字實在大得驚人，光是列印出來就需要三百萬頁。

無論你喜歡用哪種方式來估量網路的價值，你都會同意，這些數字極為巨大，且增長快速。

網際網路是一個終極網路，由許多網路組成，當然也服膺於網路效應。人多的地方總是會吸引更多人。推特、Instagram、TikiTok 等服務之所以有價值，就是因為有好幾億人在使用。其他類型的網路也是這樣。愈多人在網路上交流想法，整個資訊網路就愈有料。使用電子郵件與 WhatsApp 的人愈多，這些通訊網路的連結就愈強。愈多人使用 Venmo、Square、優步與亞馬遜來做生意，這些電子商城就愈有價值。簡單來說：網路上的人愈多，價值就愈高。

這個效應讓網路能夠像滾雪球一樣，將微小的優勢迅速擴大。企業一旦獲得掌控，就會小心翼翼保衛自己的優勢，盡力阻止顧客離開。如果你已經在企業網路上經營出一批粉絲，一定不會想要跳到別的網路，流失所有粉絲。這樣的機制，使得網際網路的權力逐漸集中到少數幾個科技巨頭手上。如果這種趨勢持續發展下去，網際網路最後可能就會變得更加集中，由幾個無所不能的中介平台掌握一切，排擠各種新創與創意。如果不設法制衡，網際網路就會陷入經濟停滯、千篇一律、生產力降低、不平等加劇。

有些政策制定者想用監理法規削弱最大型的網路巨頭，[9] 例如阻止這些企業併購其他公司，以及試圖將既有的公司拆分。還有一些監理倡議要求這些企業彼此資訊互通，使各個網路能夠輕鬆整合在一起，讓使用者把網路連結帶著走，同時根據自己的偏好，在各個網路上閱讀並發布內容。[10] 這些提案當中，確實有某些構想能夠成功限制現有企業，為他們的競爭對手爭取成長空間；但是，長期來看最有效的做法，還是從頭開始打造一種權力**無法集中**的新形態網路。

許多資金雄厚的新創企業都試圖打造新的企業網路。他們一旦成功，不可避免的就會像目前的大型企業網路一樣，製造出各種問題。我們需要的是新的挑戰者，一方面在市場上贏過企業網路，同時又保障社會效益。尤其，這種網路必須像過去的協定網路一樣開放，無須許可且人人可用。[11]

第 2 章

協定網路

很多人都搞不懂全球資訊網的設計。全球資訊網完全只由 URL、HTTP 與 HTML 組成，除此之外別無其他。它既沒有受到中央電腦的「控制」，更不是由任何一個組織來「經營」，這些協定也不是只在一個網路上運作。

全球資訊網並不是位在某個「地方」的實體「事物」，而是容納資訊的「空間」。[1]

——提姆・柏納斯—李（Tim Berners-Lee）

協定網路簡史

1969 年秋天，美國軍方啟動最早版本的網際網路：以美國國防部先進研發署（Department of Defense's Advanced Research Projects Agency，縮寫為 DARPA；前身是美國先進研發署 Advanced Research Projects Agency，縮寫為 ARPA）命名的阿帕網（ARPANET）。[2]

在接下來的數十年裡，由研究人員與開發人員組成的社群，引領著網際網路的發展。這些學者與專家建立起開放取用的傳統，相信網路上應該自由交流意見、機會平等、選賢與能。他們認為，使用網路服務的人，應該握有掌控權。他們的研究社群、諮商小組與工作小組的架構與治理方式，都展現出這樣的民主原則。

1990 年代，當網際網路從政府與學術界，逐漸跨入大眾使用者的生活，開放取用的文化也擴散出去。隨著使用網路的人愈來愈多，他們也都承襲平等精神，網路空間（cyberspace）徹底開放。詩人暨社運家，並且偶爾為死之華合唱團（Grateful Dead）作詞的約翰·佩里·巴洛（John Perry Barlow），在 1996 年的《網際網路獨立宣言》（Declaration of the Independence of Cyberspace）中寫道：「我們正在創造一個每個人都能加入的世界，在這個世界中，種族、經濟實力、武力或出生條件，都不會帶來特權、也不會形成偏見。」[3] 網際網路代表著自由，象徵新生。

同樣的精神也融入相關的科技當中。網際網路的基礎是無須許可、人人可用的「協定」，這是電腦要參與網路必須遵循的一系列規則。「協定」（protocol）這個詞來自古希臘語的「prōtókollon」，原本是指「書籍的第一頁」，通常也就是指「目錄」。隨著時間推移，這個詞衍生出「外交慣例」的意思，到了 20 世紀又變成「軟體的技術標準」。在阿帕網出現後，軟體技術標準逐漸變成「協定」的主流語意，因為無須許可、易於使用的協定，正是網際網路發展的基礎。

協定的功能有點像是英語或史瓦希里語等自然語言，可以用來讓電腦彼此溝通。當你改變說話方式，其他人就有可能無法理解你的意思，這就是科技領域中所謂的無法「互通」（interoperate）。當然，如果你的影響力夠大，也許有可能讓別人改用你的方法說話，因為方言也可以變成一種新語言。但是，其他人必須一起使用這個語言。協定和語言一樣，都需要獲得彼此的共識。

協定可以一層一層疊加。所有協定加上底層的運算設備，就構成網際網路的「堆疊」（stack）。[4] 對電腦科學家來說，研究「堆疊」各層的特性，以及各層之間的細微差別，將會很有幫助。主流的「開放式系統網路模型」（Open Systems Interconnection model，縮寫為 OSI）把網際網路分為七層，以下簡單介紹其中三層。其中的最下層稱為「實體層」（physical layer），包含所有硬體：伺服器、個人電腦、智慧型手機、電視與相機等可以連網的裝置，以及連接這些裝置的網路硬體。其他層都是以這層為基礎來建立。

「實體層」上方有一層稱為「網路層」（networking layer），所謂的網際網路協定（Internet Protocol，縮寫為 IP）指的就是這一層。[5] 實體層的機器設備會根據這項協定，來決定資料傳輸、使用路線、收發地址的格式。早在 1970 年代，阿帕網實驗室的研究員文頓・瑟夫（Vint Cerf）與羅伯特・卡恩（Robert Kahn）就制定網際網路協定的標準；這間實驗室原本叫作美國先進研發署（ARPA），後來改名為美國國防部先進研發署

（DARPA），GPS 與夜視鏡等先進科技都是他們的發明。[6] 在許多人眼中，阿帕網正式實施網際網路協定的 1983 年 1 月 1 日，正是網際網路的生日。

在整個堆疊最頂部的是「應用層」（application layer），會這樣稱呼是因為面向使用者的應用程式都位於這一層。[7] 這一層最主要是由兩個協定來定義，第一個是電子郵件。在電子郵

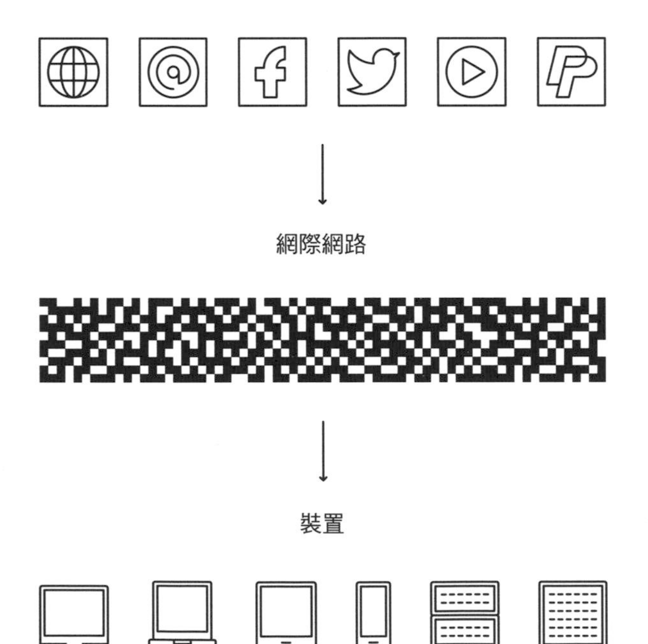

件背後的協定稱為「簡易郵件傳輸通訊協定」（simple mail transfer protocol，縮寫為 SMTP）。南加州大學的研究員喬恩・波斯特（Jon Postel）於 1981 年打造這項協定，作為電子郵件的通訊標準，大幅普及相關科技。凱蒂・海芙納（Katie Hafner）與馬修・萊恩（Matthew Lyon）在《網路英雄》（*Where Wizards Stay Up Late*）這本網路史著作中說得好：「黑膠唱片最初只是想要滿足鑑賞家與音響愛好者的需求，後來卻催生出整個音樂產業；電子郵件也一樣，一開始只是為了讓阿帕網上的電腦科學家菁英彼此交流，之後卻像浮游生物一樣遍布整個網際網路。」[8]

第二項協定是全球資訊網協定，也就是超文本傳輸協定（Hypertext Transfer Protocol，縮寫為 HTTP），它讓許多應用程式得以蓬勃發展。英國科學家提姆・柏納斯—李（Tim Berners-Lee）1989 年在位於瑞士的物理實驗室「歐洲核子研究組織」（European Organization for Nuclear Research，縮寫為 CERN）工作時，發明出這項協定與超文字標記語言（Hypertext Markup Language，縮寫為 HTML），用來統一網站的呈現格式。附帶一提，人們經常彼此代用的「網際網路」（internet）和「全球資訊網」（web），其實是兩種不同的網路，「網際網路」連結的是設備，「全球資訊網」連結的是網頁。

電子郵件與全球資訊網之所以能成功，是因為它們簡單、通用、開放。這些協定出現之後，程式設計師都把它們寫在電子郵件用戶端與網頁瀏覽器等軟體中。* 這類軟體經常是開源軟體，每個人都可以自由下載用戶端（client，如今大多數人都稱它為應用程式），並且自由加入網路。這些用戶端是根據協定來建立，可以讓人們連結並參與底層的網路。用戶端就像連結協定網路的入口，或者說是閘門。

人們是透過用戶端來和協定互動。舉例來說，全球資訊網出現之後並沒有快速普及，直到 1993 年出現簡單好用的 Mosaic 網頁瀏覽器之後，才開始進入主流。[9] 如今，最受歡迎的全球資訊網用戶端是 Google Chrome、Apple Safari 與 Microsoft Edge 等私有的瀏覽器；最受歡迎的電子郵件用戶端則是 Gmail（私有軟體，由 Google 的伺服器管理）與微軟（Microsoft）的 Outlook（私有軟體，可下載到本機）。許多不同的私有軟體與開源軟體，都可以用來運作全球資訊網與電子郵件伺服器。

網際網路的運作背後仰賴一套通訊系統，這套系統是分散的，對所有節點一視同仁，即使部分節點被破壞，甚至遭受核彈攻擊，整個系統依然能繼續運作。電子郵件與全球資訊網這兩種網路也沿用這項設計邏輯，所有節點一律「對等」（peer），沒有任何一個節點擁有特權。

但是，網際網路有一項元件的設計和物理世界並不相同，

* 編注：電子郵件用戶端（email client）指的是收發電子郵件的軟體。

協定網路

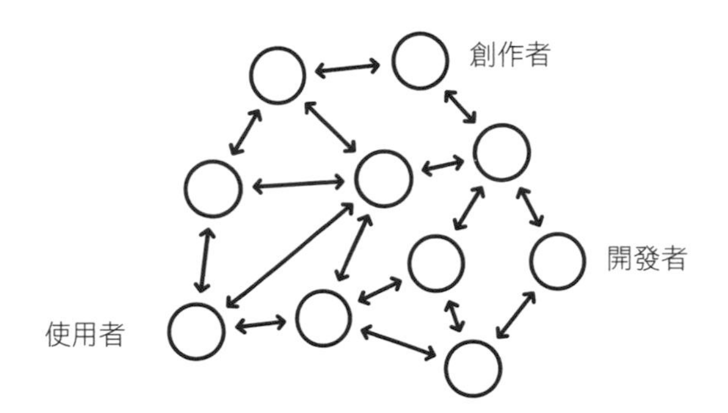

而且具有特殊的功能，那就是命名。

連上網路的東西都得有個名字。名字是最基礎的一種虛擬化身，也是在線上組成社群的必要條件。例如，我的推特帳號是 @cdixon，我的網站是 cdixon.org。這些名字很直觀，人們可以輕鬆的記住我、和我聯絡。如果有人想追蹤我、加我好友、寄東西給我，只要用這些名字就可以找到我。

機器也有名字。電腦用「網際網路協定位址」（internet protocol addresses，也就是 IP 位址）來辨別彼此。每個位址都是一長串數字，很適合機器處理，但很不適合人腦記憶。想像一下，如果你造訪每個網頁都要輸入一長串數字會是什麼狀況。想要瀏覽維基百科（Wikipedia）？得先輸入 198.35.26.96。要找一支 YouTube 影片？試試 208.65.153.238。人們需要一些指引來幫助記憶，像是手機裡的通訊錄。

在 1970 至 1980 年代，網際網路的正式命名指引是由一個組織來管理。[10] 史丹佛研究所的網路資訊中心（Stanford Research Institute's Network Information Center）會將所有位址整理成一個 HOSTS.TXT 檔案，發送給網路上的每個人，並且持續更新。每次地址更改或是有另一個節點加入網路（一天到晚都在發生），每個人都得更新自己電腦上的 hosts 檔案。隨著網路愈是普及，記錄起來就愈是複雜，我們需要一套更簡單的系統，讓網路上的每一個人都能共同引用。

1983 年，美國電腦科學家保羅・莫派崔斯（Paul Mockapetris）找到解方，來應付這個網路命名的難題：[11] 他發明了網域名稱系統（domain name system，縮寫為 DNS）。[12] DNS 實際上的運作機制很複雜，但基本概念很簡單：它讓實體電腦的每個 IP 位址，分別對應一個人類看得懂的網域名稱。這是一個有階層的分散系統，在系統的頂層，由一系列國際組織（政府附屬機構、大學、公司、非營利組織等）管理十三套根伺服器（root server），鞏固整個系統的最終權威。

從 1980 年代網際網路誕生，到 1990 年代開始商業化，整個 DNS 系統都由喬恩・波斯特帶領的南加州大學團隊來管理。[13]1997 年的《經濟學人》雜誌（*Economist*）說得好，完美總結他擔綱的角色有多重要：「如果網路也有一位上帝，祂的名字大概就是喬恩・波斯特。」[14] 不過，在網路繼續快速擴張之後，DNS 就需要一個長期的管理方案。1998 年秋天，美國政府開始將網域名稱的管理權，移交給一個新成立的非營利組織：網際網路指定名稱與位址管理機構（Internet Corporation for Assigned Names and Numbers，縮寫為 ICANN）。2016 年 10 月，ICANN 獨立出來，轉向以全球多方利害關係人治理模式運作，繼續監督我們至今使用的網路系統。[15]

有了 DNS，網際網路才能正常運作。當你在瀏覽器上搜尋網站，如 google.com 或 wikipedia.org，你的網際網路服務供應商（Internet Service Provider，縮寫為 ISP）會先透過 DNS 解析器（DNS resolver）這種特殊伺服器，去向最上層的網域伺服器問路。然後最上層的網域伺服器會根據 .com 或 .org 等域名結尾，找出你想要的位址是由哪些伺服器負責，並向瀏覽器提供正確的 IP 位址。這整個過程稱為 DNS 查詢（DNS lookup），每次試圖造訪網站時都會瞬間發生。為了加速查詢，DNS 供應商還會把 IP 位址儲存在離使用者比較近的伺服器上，這稱為 DNS 快取（DNS cache）。

電子郵件與全球資訊網的基礎協定都是免費使用，但 DNS 除外。DNS 向 ICANN 與網際網路註冊商收取少量費用，只要使用者按時付費（通常每年約 10 美元）並遵守法律，就可以任意處置自己的網域名稱，無論是要向別人買、賣給別人或是繼續使用都可以。這筆費用比較像是財產稅，而非租金。

網路上的名字，會嚴重影響網路的權力分布。在推特與臉書等網路上，名字綁在服務供應商手中。例如我的推特帳號是

@cdixon，但這個名字屬於推特，它可以註銷它、向我收取更多費用，甚至奪走我的粉絲。推特利用這個名字，掌控著我在線上的人際關係，如果它修改演算法，增減我的貼文顯示的頻率，我一點辦法也沒有，唯一的出路只有離開這個網路。

DNS 的關鍵設計，就是讓使用者真正擁有並控制自己的網域名稱，而不讓任何一間公司或其他權威機構來掌控。尤其，使用者要使用哪個名字與 IP 位址，完全由自己決定。無論出於什麼原因、無論在什麼時候，使用者都可以隨時把網域名稱搬到另外一台電腦，繼續使用既有的所有軟體，不會失去任何網路連結，也不會失去自己打造的任何東西。

舉例來說，我可以把自己的網站 cdixon.org 託管給亞馬遜。如果亞馬遜提高收費、限制我的網站、審查我的內容，或是做出某些我不喜歡的事，我只要將檔案傳輸到另一台主機，修改 cdixon.org 的 DNS 紀錄，就可以向亞馬遜說掰掰。我甚至可以自己架網站，徹底在數位上自給自足。無論我把網域名稱轉移到哪裡，所有的網路連結都還是維持不變，大家可以繼續寄電子郵件給我，搜尋引擎用來排序網站的入口鏈接也依然有效。切換網站託管商的過程完全位於後台，其他網路參與者根本不會看到。這個機制不只我知道，亞馬遜也知道，所以他們會乖乖遵循網路規範、遵從市場力量，以免失去客戶。

只要使用者能夠完全掌控自己的名字，企業就不會動歪腦筋。在這個小小的設計之下，無論亞馬遜還是其他公司，都會以平實的價格提供像樣的服務。儘管企業還是會用規模經濟等傳統商業手法築起護城河，例如購買更多伺服器、壓低成本、提高利潤等；他們卻不能像集中式網路那樣，利用網路效應把使用者困住。

想想看，你在嘗試離開推特或臉書等網路服務時面臨多少掙扎，就會知道 DNS 的運作方式有多麼不同。如今大部分的企業網路服務都有「下載您的資料並刪除您的帳戶」的功能，你可以下載自己寫下的所有貼文，或許也可以拿到追蹤者與好友清單。但是，如果你要跳去其他平台，就會失去所有網路上的連結與粉絲，因為推特或臉書的帳號無法轉移，而粉絲追蹤的是你的帳號。你無法控制網路上的連結；你可以拿回資料，但拿不回網路連結。這些乍看開放自由的「資料下載」功能都只是好聽的話術，實際上並沒有給予使用者更多選擇，決定權依然掌握在企業手中。你唯一能做的選擇，就是留下來繼續使用，或是一走了之，在另一個地方從零開始。

臉書與推特等企業服務經營的網路，雖然都使用 HTTP 之類的元件來連通全球資訊網，但他們從任何一個角度來看，都和全球資訊網完全不同。這些企業不僅不遵守全球資訊網長期以來的習俗與規範，甚至還打破許多科技、經濟與文化原則，例如開放、無須許可的創新，以及民主治理。這些集中式的網路本質上是全球資訊網的平行世界，它們有自己的規則、經濟模式與網路效應。

DNS 架構的巧妙之處，就是把使用者在線上的名字，變成使用者擁有的財產；你如何處置物理世界的財產，就能同樣處置線上的名字。當我們真正擁有某項東西，就會願意投資。因此自 1990 年代以來，電子郵件與全球資訊網這兩種以 DNS 為基礎的網路，都吸引到大量投資。

乍看之下，讓使用者完全掌控自己的名字只是一項小小的設計架構，後續卻帶來相當巨大的影響。最終，從搜尋引擎與社群網路到媒體與電子商務網站等新興產業，都因此得以成長並繁榮發展。

當然，數位所有權（digital ownership）也會產生預期之外的結果，孕育出各式各樣的投機市場。網域名稱的買賣是一筆上看好幾十億美元的大生意。那些簡單又好記的「.com」網域名稱經常可以賣到天價，例如最近 voice.com 就以 3,000 萬美元的價格賣出。整個市場有漲有跌，投機有賺有賠。從這個角度來看，網域名稱的市場其實很像房地產市場，兩者都會催生投機交易，也經常釀出金融泡沫。我們之後會提到的區塊鏈代幣，也是一種新型態的數位所有權，當然也逃不過投機的命運。但是，無論在哪一種市場，投機都只是副作用。所有權產生的價值，遠遠大過投機帶來的傷害。

如今，內容審查（content moderation）是非常熱門的話題，尤其是社群網路的內容審查問題。電子郵件與全球資訊網路都不會審查內容，它們的工作只有一項：如實輸出資訊。協定網路之所以這樣設計，是因為如果它具備監理功能，就會使網路無法互通，功能自相矛盾。每個地區的法律與習俗都不相同，在某個國家非法的行為，在其他國家可能合法。如果網路要連結整個世界，協定就必須嚴守中立。

當然，協定網路裡還是有內容審查機制，只是審查權完全交給使用者、用戶端，以及建立在網路邊緣的服務。這套系統乍看之下相當危險：網友是一盤散沙，怎麼可能把網路管好？但實際上他們管得相當好。用戶端與伺服器會執行法律、守護規範、進行仲裁。如果有人開設網站做非法的事，網域名稱註冊機構（domain name registrar）與網頁託管公司（web hosting company）會刪除網站，搜尋引擎也會將它下架（de-index）；除此之外，無處不在的軟體開發者社群、應用程式商、網站製作商、科技公司，以及管理網路的國際組織，全都會將這個網站列為拒絕往來戶。電子郵件也是一樣，在網路邊緣的用戶端與伺服器會過濾垃圾郵件、網路釣魚，以及各種惡意內容。光是靠法律與激勵機制，這套系統就能順利運作。

電子郵件與全球資訊網有了 DNS 的支持，便為網際網路帶來強大、功能廣泛的網路。這樣的設計讓每個使用者都能擁有最重要的東西：自己的名字。一旦擁有名字，就能擁有自己在線上的所有連結，以及在網路上打造的所有東西。

協定網路的優點

協定網路賦予使用者所有權，無論是創作者、企業家、開發者等網路參與者，都能因此獲益。

所有網路都會產生網路效應，協定網路也不例外，使用的人愈多，整個網路就愈有價值。電子郵件好用是因為它無所不在，畢竟許多人都有電子郵件地址。

電子郵件這種協定網路和推特這種企業網路的差異在於，電子郵件的網路效應會強化社群，而非壯大企業。電子郵件不是由任何一間公司擁有或掌控，每個人都可以用獨立開發者撰寫的軟體，根據底層的協定來存取郵件。要建立或使用哪些東西，完全由開發者與消費者決定。會影響社群的決策，都由社群來做決定。

由於協定網路沒有集中式的中介機構，網路上的金流不會被抽成，或是收取費用。（我將在第 8 章深入探討中介機構抽成的做法與影響。）而且，協定網路的結構，能夠完全確保使用者永遠不會被抽成。這項保證能夠激勵創新；如果你在電子郵件或全球資訊網上建立了任何東西，你知道自己可以投入時間與金錢，因為你很清楚所有成果與控制權都屬於自己。賴利・佩吉（Larry Page）與謝爾蓋・布林（Sergey Brin）、傑夫・貝佐斯（Jeff Bezos）、馬克・祖克柏（Mark Zuckerberg），以及無數網際網路創業者，都是受到這樣的承諾所啟發。

協定網路也保障使用者的利益。活絡的軟體市場加上低廉的轉換成本，讓使用者可以輕鬆選擇自己想要的服務。如果使用者不喜歡某個網路的演算法、某項服務蒐集資料的方式，大可以直接跳去別家。當使用者付費訂閱或是觀看廣告，這些錢不會進入網路中介商的口袋，而是直接流向創作者，鼓勵創作者繼續發展使用者喜歡的內容。

激勵機制愈穩定愈好，如同在物理世界中，財產權等相關法律夠明白，就會鼓勵人們投資。私人企業與高速公路系統之間的互動關係就是個很好的例子，因為高速公路必定是開放的、而且通常都可以免費使用，人們或企業就願意在高速公路周遭做建設，也就是說，他們願意投入資源，像是蓋房子、購買汽車、建立社群，而這些資源會因為高速公路而持續增值。這些投資相對來說，會提升高速公路的使用量，於是又能吸引到更多投資。網路也是這樣，如果架構設計得好，使用者增長會帶來更多成長，創造出一個健康的動態系統。

相比之下，臉書與推特等企業網路的激勵機制就很不穩定，第三方很難安心投資。這類網路的抽成率很高，他們占走網路上大部分的營收，吞掉原本可以流向網路邊緣的獲利。如今，現有的企業網路如臉書、Instagram、PayPal、TikTok、推特與 YouTube 等，都是由總市值高達數兆美元的公司所把持。想想看，如果這類網路都能變成協定網路，將會有很大一部分的利益流向網路邊緣的開發者與創作者。

這也可以解釋，為什麼許多創作者如今都回歸以往的做法，開始使用電子郵件或電子報。[16] 電子郵件直接觸及受眾，不受中介營運商的影響，成本效益、存取規則、內容排名都不會說變就變。以電子報服務公司 Substack 為例，這類服務都是以電子郵件為基礎，如果這間公司打算改變規則、提高收費，使用者可以直接離開，並且把訂閱者帶走。（目前，這類服務商大多都能讓使用者匯出訂閱者清單。）這正是協定網路的最大威力，它讓使用者的名字和網路服務脫鉤，當使用者可以選擇去留，轉換成本就跟著降低，抽成率也因此下降。使用者或許不了解網路架構設計的精妙之處，卻能直覺感受到自己的經濟風險。尤其，這些年來內容創作者和企業網路之間的矛盾衝突，都是有據可查。[17]

內容創作者已然如此，軟體開發者對企業網路的幻滅就更不用說。在 2010 年代初之前，臉書與推特等公司還表現出開放歡迎的姿態，之後卻一舉關閉網路，封鎖開發者的存取權。2013 年 1 月，短影片程式 Vine 首度公開時（在公開幾個月前剛被推特收購），祖克柏就親自切斷它和臉書的連結。[18] 根據多年後公開的法庭文件，祖克柏對一位高階主管下指令：「很好，切斷連結吧。」從此，Vine 再也無法使用臉書的應用程式介面（application programming interface，縮寫為 API，是應用程式用來彼此互通的軟體連結）。Vine 的成長因而受挫，被推特打入冷宮，最後在 2017 年關閉了服務。其實，Vine 還不是最慘的，他們的事蹟至少廣為人知。其他被臉書打擊的受害者如求職軟體 BranchOut [19]、文字通訊軟體 MessageMe [20]、社群軟體 Path [21]、GIF 檔製作軟體 Phhhoto [22]，或是語音通訊軟體 Voxer [23]，就連名字都幾乎被遺忘殆盡。

能夠確實保障所有權的機制，可以激勵網路建設者、也同樣可以吸引投資人。協定網路之所以能吸引大量新創企業打造各種服務，就是因為它不但不抽成，而且能夠讓大家確定永遠不用擔心被抽成。舉例來說，早期的全球資訊網不管是瀏覽或搜尋都很困難，於是數十個頂尖的科技團隊，紛紛成立公司解決這個問題，然後我們就有了知名的雅虎（Yahoo）與 Google。同樣的，在 1990 年代末，當垃圾郵件騷擾全球，創投業者資助數十間公司來解決這個問題，結果頗有斬獲。[24] 當然，垃圾郵件還是存在，但我們因應這個問題的能力，已經比當年優秀非常多。

相比之下，推特這種企業網路，就很難吸引外部公司去處理垃圾訊息、機器人帳號之類的問題，他們只能設法自己解決，可以利用的人才與資源都少很多。許多企業網路就是因為這樣，到現在還無法擺脫機器人帳號與垃圾訊息的騷擾。

我在創業時期之所以能夠獲得各種機會，都和開放的協定網路有關。2000 年代初期，網路釣魚與間諜軟體等問題相當猖獗，遠遠超過今日的想像。當時大多數人使用的，都是以缺乏安全著稱的微軟網頁瀏覽器，惡意軟體很容易偷偷鑽進使用者的電腦。[25] 2004 年我和朋友共同創立資安公司 SiteAdvisor，開發出一項工具來防止這些威脅。由於全球資訊網屬於協定網路，我們能夠抓取（crawl）並分析各個網站，然後建立一套軟體在瀏覽器與搜尋引擎當中運行。全球資訊網與電子郵件不屬於任何一間公司，我們不需要徵求許可。

協定網路讓開發者在打造用戶端與應用程式之前，不需要先問過任何人。這些網路都是開放的，獨立開發者社群如果想解決問題、開發新功能，都可以直接動手去做。更棒的是，網路上的建設者與創作者，可以拿到他們創造出來的經濟利益。這些條件與激勵誘因，讓市場可以解決協定網路無法解決的問題。

我所創立的新創企業，根本不可能在企業網路上發展。企業網路對創業者並不友善，大多數創投業者對此瞭若指掌，也不會想投資打算在企業網路上發展的創業者。我們的公司最後被防毒軟體公司 McAfee 高價收購，因為他們知道我們完全擁有自己打造的產品。全球資訊網不能改變規則、無法向我們抽成，也不會有更高權力的單位奪走我們的成果。全球資訊網的角色就像社群，我們則是其中的一份子，而我們得以成功，正是受惠於協定網路的結構與隨之產生的激勵機制。

RSS 的沒落

打從電子郵件與全球資訊網興起至今，就沒有協定網路能夠成功擴大規模。不過，並不是因為沒有人嘗試這麼做。過去三十年來，科技專家創造出許多可靠的新協定網路。2000 年代初期，開源即時通訊協定 Jabber（後來更名為 XMPP）試圖挑戰 AOL 即時通（AOL Instant Messenger）與通訊軟體 MSN（MSN Messenger）。[26] 幾年之後，跨平台社群通訊協定 OpenSocial 試圖和臉書與推特分庭抗禮。[27] 在 2010 年上市的分散式社群網路 Diaspora，也嘗試過一樣的事。[28] 這些協定網路都推出嶄新的技術，建立起熱情的社群，卻都無法進入主流市場。

電子郵件與全球資訊網的成功，部分和當時特殊的歷史因素有關。在 1970 至 1980 年代，網際網路只有一群同心協力的研究人員在使用，在沒有任何集中式組織競爭的情況下，協定網路逐漸成長。但是，到了後來，才剛崛起的協定網路，突然被迫要和提供更多功能、坐擁大量資源的企業相互競爭。

要了解協定網路的競爭劣勢，我們可以從 RSS（really simple syndication，簡易資訊聚合）的命運窺知一二，因為這項協定曾經幾乎快要能和企業社群網路抗衡。RSS 是一項功能類似社交網路的協定，可以讓你列出想要追蹤的使用者清單，並且讓他們寄送內容給你。網站管理員只要在網站嵌入程式碼，發表新文章之後就能以 XML（extensible markup language，可延伸標記式語言）的格式輸出更新內容。這些更新會被推送到訂閱者自訂的摘要（feeds）當中，而訂閱者會自己選擇要追蹤的網站與部落格，並且以偏好的 RSS「閱讀器」軟體來存取資料。這套分散式的系統簡單優雅，可惜沒有任何漂亮的功能。

在 2000 年代，RSS 還能和推特、臉書等企業網路分庭抗禮。但到了 2009 年，推特開始取代 RSS，人們不用 RSS，改為透過推特來訂閱部落客與其他創作者的內容。當時，RSS 社群有一些成員樂觀其成，因為推特的 API 開放存取，並且明確承諾將和 RSS 繼續互通。對這群人而言，推特只是 RSS 網路裡的一個大節點。不過，我很擔心事情會怎麼演變，便在部落格中寫道：

> 問題是推特並沒有真正開放。如果它真心要開放，應該要讓我們完全不需要透過「推特」也能使用。但事實剛好相反，所有資料都必須經過推特的集中式服務。目前網際網路的三大核心服務，分別是全球資訊網（HTTP）、電子郵件（SMTP）與訂閱訊息（RSS），都是分散在大量伺服器的開放協定。如果推特取代了 RSS，就會成為第一個單獨以營利為導向、握有決定權的核心服務提供者……到了某個時候，推特就會為了實現股價估值，而必須瘋狂賺錢。然後，我們就會看到由單一公司提供的網際網路核心服務，變得多麼可怕。

不幸的是，我的烏鴉嘴應驗了。當推特的網路逐漸變得比 RSS 更受歡迎，唯一能阻止推特過河拆橋的力量，就只剩下（毫不可靠的）社會規範。2013 年，推特判斷時機已到，立刻為了公司利益停止支援 RSS。同一年，Google 也關閉公司的主要 RSS 產品 Google 閱讀器（Google Reader），接下來 RSS 的死亡便是板上釘釘。[29]

RSS 曾經是一項以協定為基礎、可以建立社群網路的方法。儘管到了 2010 年代，還有一些小社群繼續使用 RSS，但這對企業打造的社群網路根本無法構成威脅。RSS 的衰亡直接影響整個網際網路，網路上力量都集中到幾大網路巨頭手中。[30] 有一位部落客說得好：「那小小的橘色波紋，」他指的是 RSS 的橘色 LOGO，「已經成為一種螳臂當車的夢想。當集中式網路開始入侵，沒有人再能抵抗那幾個科技巨頭的力量。」[31]

RSS 失敗的主要原因有二。第一，功能太弱。RSS 的方便性與功能都遠遠比不上企業網路；使用者只要在推特上註冊帳號，選擇好名稱並且找到要追蹤的帳號，輕鬆點幾下滑鼠，就能立刻收到推播的內容。相較之下，RSS 則只是一組標準，背後沒有公司負責營運，沒有任何集中式的資料庫用來儲存名稱或是追蹤者列表。根據 RSS 打造的相關產品也是功能限制重重，使用者很難尋找有趣的內容、很難整理內容之後進一步分享、也很難分析粉絲的喜好。

RSS 嚴重高估使用者的能力。這種協定網路和電子郵件與全球資訊網一樣，都使用 DNS 域名，這表示創作者必須先付錢註冊網域，再將網域轉移到自己的網路伺服器或 RSS 託管服務供應商。在電子郵件與全球資訊網時代，像這樣上手熟悉功能的過程不算什麼，因為當時人們沒有其他選擇，而且大部分使用者都是科技專家，很習慣動手解決問題。但是，後來一般大眾開始上網，他們既沒有意願也沒有能力處理這類問題，RSS 自然失去競爭力。免費、服務精簡、容易上手的推特與臉書，讓人們可以簡單的發表內容、聯繫朋友、閱讀貼文，因此使用者人數很快就從數千萬成長到數億，臉書更是成長到數十億人之多。

其他類似的協定網路，也都沒有成功趕上企業提供的服務。《連線》雜誌（*Wired*）在 2007 年發表一篇文章，記錄他們如何用 RSS 等開放工具，試圖打造自己的社群網路。[32] 但是就在他們即將完成時卻迎面撞上牆壁，開發人員發現，他們缺少一項關鍵的基礎建設，那就是分散式的資料庫。少了這項建設，整個計畫注定前功盡棄。（如今回想起來，開發人員缺少的東西，剛好就是後來的區塊鏈能提供的技術。）開發團隊在文章中表示：

> 《連線》雜誌在過去幾週內，試圖用免費的網路工具打造自己的臉書。我們差一點點就成功了。我們複製

出臉書大約九成的功能，但敗在最重要的一塊——我們無法像臉書那樣把人們連結起來，並顯示使用者之間的人際關係。

其中一些開發人員，例如 1999 年創辦部落格網路 LiveJournal 的布萊德・菲茲派翠克（Brad Fitzpatrick）建議打造一個社群圖譜資料庫，交由非營利組織經營。[33] 他在 2007 年發表的文章〈社群圖譜隨筆〉（Thoughts on the Social Graph）中提議：

打造一個非營利開源軟體（版權由非營利組織持有），從所有社群網站蒐集、整合、重新分配資料，彙整出一個全世界的總體社群圖譜。這樣一來，其他網站與使用者，就可以透過針對小型與一般使用者的公用 API、可下載的資料轉儲檔（data dumps）彼此互連，或利用針對大型使用者的更新串流或 API，持續更新圖譜資料。

這種想法認為，只要用傳統的資料庫整合社群圖譜，就能讓 RSS 像企業社群網路一樣簡單又好上手。將資料庫掌控權交給非營利組織，就能保持中立。然而，這項計畫要能成功，就需要一群軟體開發者與非營利組織，不斷的彼此來回協商。

這麼麻煩的事情當然一直找不到人來做，而且其他用非營利模式來營運的新創組織，大多也都做得心力交瘁（詳情請見第 11 章）。

反觀企業網路，根本不需要任何協商。只要「快速行動」就好，即使過程中會「打破很多東西」。

這剛好就是 RSS 沒落的第二個原因：沒錢。營利事業可以用創投的資金做很多事，例如雇用更多開發者、打造更先進的功能、補貼託管成本等。企業長得愈大，能募到的資金愈多；臉書、推特等公司，還有幾乎所有的大型企業網路，最終都從政府與民間募到數十億美元。相比之下，RSS 只是幾群開發者零零散散的聯繫在一起，無法籌到創投資金，只能用自願捐款來募集資金。這場仗從一開始就不公平。

直到目前為止，市場力量都一直影響著開源軟體，有時候這些影響對網際網路有利，有時候卻不然。2012 年，相當受歡迎的網路加密軟體開源專案 OpenSSL，在更新時出現一個稱為 Heartbleed 的嚴重漏洞，威脅到整個網際網路的通訊安全。[34] 安全工程師在推出兩年後才發現這個漏洞。當人們開始調查為什麼沒有及早發現問題時，才終於得知，負責維護網際網路通訊協定的非營利組織 OpenSSL 軟體基金會（OpenSSL Software Foundation）窮得可憐，每年收到的捐款大約只有 2,000 美元，完全只靠幾個爆肝的志工來維持運作。[35]

某些開源專案之所以很有錢，是因為計畫方向符合大企業的利益，能夠向企業伸手要錢。世界上最多人使用的作業系統之一 Linux 就是這樣。那些會因為開源作業系統普及，而賺到更多錢的公司，例如 IBM、英特爾（Intel）、Google，全都很挺 Linux。[36] 但是，建立新的協定網路通常都不符合企業的利益，因為實際上大多數企業的生存策略，就是占領、控制、壟斷整個網路，它們最不想做的就是幫助潛在的競爭對手成長。當然，協定網路對整個網際網路有利，但是網際網路自從脫離早期發展階段，政府不再資助之後，就一直沒有穩定的資金來源。

電子郵件與全球資訊網這類協定網路之所以能夠成功，都是因為當時沒有人認真來搶生意。它們設計的激勵機制，開啟了創意與創新的黃金時期，即使經過科技巨頭的侵蝕，如今的網際網路依然充滿活力。不過，後來人們試圖建立的協定網路，都沒有成為主流。RSS 衰亡的悲劇，彰顯出協定網路面臨的挑戰。同時，這篇警示故事也顯示，協定網路培植出一種全新、具競爭力的網路架構，將網際網路推向下一個時代。

第 3 章

企業網路

我上大學的時候對自己說，網際網路實在太棒了。因為你可以找到所有想要的東西、可以讀新聞、可以下載音樂、可以看電影、可以在 Google 上找到資訊、可以在維基百科上找到參考資料。網際網路唯一缺少的，就是人們最在意的東西：其他人。[1]

——馬克・祖克柏

仿古與原生

人們使用新科技的方法有兩種：一、拿來做一些目前已經可以做到的事，但是再把事情做得更快、更低成本、更簡單、品質更好；二、拿來做一些以前完全無法做到、嶄新的事。新科技還在發展早期時，第一種用法通常比較受歡迎；然而，真正影響整個世界的用法，其實都是第二種。

看到新科技，人們第一直覺想到的都是拿來改良既有的事物。之後還需要一段時間，才能真正發現新科技的潛力。約翰尼斯・古騰堡（Johannes Gutenberg）在 15 世紀發明活版印刷機，印製古騰堡聖經時，刻意把版面設計得像是手抄本，畢竟當時的人對「書」還能有哪些想像空間？不過，圖靈獎得主暨電腦科學家艾倫・凱（Alan Kay）說得好：「活版印刷的真正價值不是模仿手抄聖經，而是翻轉一百五十年後人們討論科學與政治治理的模式」，即新科技的真正潛力，在於能夠掀起革命。

要找到全新的使用方法，需要石破天驚的想像力。電影剛出現的時候，導演拍攝的手法都把它當成戲劇在拍，片商也以為電影與劇場的差異，只在於前者販售起來更容易。直到人們發現電影的視覺語言和劇場完全不同，才開始用新的方法來拍電影。電力的發展也是這樣；人們一開始只把電力當成比煤氣燈與蠟燭更好的照明工具，幾十年後才開始用四通八達的電網驅動各種機器，從烤麵包機、電視到特斯拉電動車。

這種模仿既有科技的方法有時稱為「仿古」（skeuomorphic），原本的意思，是指在藝術作品中刻意保留不必要的設計元素。這個詞彙因為賈伯斯時代的蘋果電腦而廣為人知，蘋果公司用物理世界的物體圖像來代表電腦程式的功能，例如，用木紋書架的圖案來代表閱讀應用程式，或是用垃圾桶圖示來代表被刪除的檔案。[2] 這種設計可以讓使用者更快熟悉新介面。如今，科技業的人用這個詞彙，來描述模仿既有活動或體驗的科技。仿造已經存在的事物，可以讓人們覺得新事物令人熟悉，也更容易接受它。

1990 年代的網際網路以仿古為主。當時大部分的網路功能，都是網際網路出現前的物理世界的數位版，例如網站模仿手冊與型錄的樣式、電子郵件是書信的延伸、網路購物則讓人想起郵購的交易方式。人們稱這個時代為「唯讀時代」（read era），因為網際網路雖然可以用來寄送電子郵件、填資料、購物，但資訊通常都是單向通行：從網站流向使用者。感覺就像看著唯讀的電子檔，儘管可以開啟、檢視，卻不能編輯內容。當時製作網站的門檻相當高，是一門專業技術，網路上絕大多數活動都不是為了發布給廣大的受眾看。

當代人大概很難想像，但是 1990 至 2000 年代初期的網際網路，和如今隨時通暢連線、高速的行動網路完全是兩回事。[3] 當時的人必須坐在笨重的個人電腦前，偶爾用數據機「登入」一下網路，檢查電子郵件、規劃行程，或是瀏覽網頁。網路上每一張圖片都要下載很久，串流影片幾乎不存在，即使有也慢得令人生氣。大部分人都是透過數據機，用龜速的固網撥接登入網路，連線速度又慢又卡，對現代人而言根本難以忍受。

即使在網路泡沫的高峰，人們的熱情也只讓網際網路發展到這個程度。泡沫在 2000 年 3 月達到巔峰之前，美國國家工程院（National Academy of Engineering）所列出的 20 世紀最偉大工程成就百大發明中，網際網路位居第十三名。[4] 名次比無線電與電話（第六名）、空調與冷藏冷凍（第十名）、太空探索（第十二名）還要低。

過了不久，泡沫就破了，相關股票全面下跌。2001 年，亞馬遜股價跌至歷史新低點，市值僅剩 22 億美元，不到現今市值的 0.5%。[5] 著名民調機構皮尤研究中心（Pew Research Center）在 2002 年 10 月的調查指出，大部分美國人都不想使用寬頻。[6] 人們使用網際網路多半只是為了收發郵件，或是在網路上隨意瀏覽網頁。難道這樣還需要更快的網路嗎？當時主流的民意認為，網際網路的確很酷，但功能卻相當局限，大概很難用來發財做生意。市場的崩盤正好反應這一切。

然而，其實那個時候，網際網路正要進入復興時期。雖然產業一片愁雲慘霧，一場小眾運動卻正在崛起。

2000 年代中期，電腦阿宅開始尋找網際網路原生的產品設計。如果「仿古」是模仿現狀，「原生」（native）就是**從頭定義**。他們擺脫物理世界的思維模式，開始根據網際網路的特性，不斷設計出各種全新服務，主要包含：部落格、社群網站、線上交友、線上履歷、照片分享。API 等創新科技，使網路服務彼此無縫整合，網站開始彼此互通、變得動態，還可以自動更新。一時之間，應用程式與資料的「混搭」有如雨後春筍，網際網路的運用變得更靈活。

早期極具影響力的科技部落格「讀寫網」（ReadWriteWeb）創立者理察・麥曼努斯（Richard MacManus），於 2003 年 4 月在網站的第一篇文章中指出：「網際網路從來都不應該是單向發布內容的系統，只是過去十年一直被網路瀏覽器這種唯讀工具給主導而已。如今，我們要把單向系統變成雙向系統，要把網際網路上的書寫，變得像瀏覽與閱讀一樣容易，讓每個人都能輕鬆使用。」[7]

這種全新的願景，激勵了一整個新世代的匠人與使用者。也許網際網路不僅可以用來**閱讀**，還能用來**發表**。如果能讓每一個人輕鬆的發文，觸及到廣大受眾，網路的格局將徹底不同。這開啟網際網路的下一個時期，讓人以前所未有的規模，自由免費的**收發**資訊，徹底打破世界在網際網路出現之前的遊戲規則。

被稱為「讀寫時代」（read-write era）的 Web 2.0 就此降臨。

企業網路的興起

網際網路進入「讀寫時代」之後，設計架構也開始改變。一開始還有一些科技專家堅守開放的協定網路架構，試圖制定新協定，甚至撰寫新的應用程式。但是，另一批後來功成名就的傢伙，則轉身擁抱了企業網路。

企業網路的結構很簡單：在網路中心，有一間公司掌控著支援整個網路的集中式服務。這間公司握有整個網路的所有生殺大權，可以根據任何理由，隨時修訂服務條款、修改存取權限、引導資金流向。這是一個集中的結構，因為所有規則最後都會由某個人來決定，那個人通常就是企業的執行長。

至於使用者、開發者，以及其他參與者，則都被推到網路邊緣，任憑位於中央的企業恣意擺布。

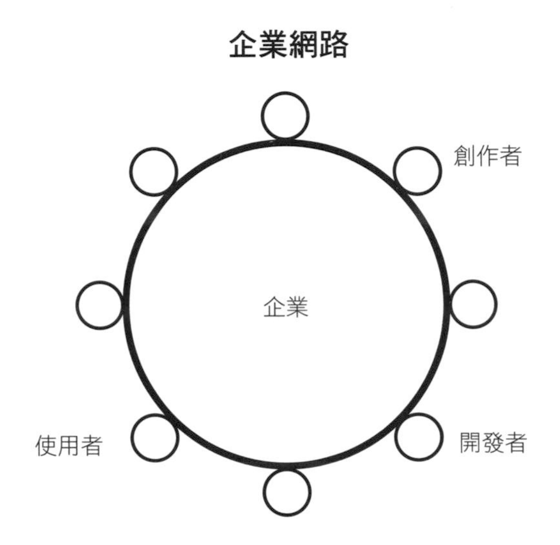

企業網路的模式讓新一代的建造者行動更迅速。開發者可以快速增加功能並且疊代，不需要花時間先去聯絡訂立標準的團隊，或是其他利害關係人；他們還能用資料中心打造集中式的服務，提供先進的互動體驗。最重要的是，企業模式容易募集擴張資金，創投業者很難抗拒這種誘惑，畢竟拿下一個網路就等於擁有一棵搖錢樹。

1990 年代的網路新創企業嘗試過各種不同商業策略。到了 2000 年代，最佳答案呼之欲出，那就是自己擁有一整個網路。eBay 的成功有目共睹，[8] 這間公司原名為 AuctionWeb，在 1995 年成立之後，很快就成為股票市場的寵兒，同時也成為人們用來研究網路價值的著名案例。[9] eBay 的利潤比主要競爭對手亞馬遜高很多，[10] 對大多數人而言，它的商業模式也比亞馬遜更好，因為網路效應更強，而且不需要持有庫存，成本當然更低；相較之下，亞馬遜的網路效應比較弱，必須持有庫存，成本自然更高。自從 eBay 與 PayPal 等公司紛紛靠著網路效應一飛衝天，便掀起一股創投浪潮，投資想要建立網路的新創企業；eBay 於 2002 年併購 PayPal，但十三年後又分拆出去。

YouTube 的故事，證明企業網路的力量崛起。2002 年中，隨著網路基礎建設改良、成本下滑，家用的寬頻網路開始成為主流，每一個市井小民都能串流高品質的影片。[11] 發現這個趨勢的企業家，開始建立網路影片新創企業。其中某些企業專門從供應商那裡取得電視上的既有影片，再搬到線上；有些企業則專門支援開放協定，例如 Media RSS 與 RSS-TV 這類 RSS 協定下的多媒體擴充（multimedia extensions）；也有一些企業是以「社群影片」為訴求打造企業網路，任何人只要能上網就能輕鬆發布影片。

YouTube 採用最後一種策略，並大獲成功。它原本是影片交友網站，後來拓展領域、轉移重心成為影音網站。[12] 第一項熱門的功能，是讓使用者把影片嵌入自己的網站。當時，YouTube 網站的受眾很少，而儘管影音創作者的網站有很多粉絲，也都只留在他們的網站上。不過，影音託管的服務既昂貴又複雜，於是 YouTube 把這件事變簡單，還不收費。

YouTube 這種嵌入影片的策略，我稱為「為工具而來，為網路而留」；[13] 也就是說，先以工具吸引使用者，而這項工具能夠順勢利用既有的網路，例如影音創作者的網站，然後誘惑這些網站的使用者參與另一個網路，像是 YouTube 的網站與應用程式。這個工具能幫助一項服務達到群聚效應（critical mass），此時網路效應將開始發酵。過了一段時間，使用者後來才加入的那個網路，會比原本既有的網路更有價值，也讓競爭者更難以模仿複製。雖然隨著公司的發展，工具的功能將會愈來愈多，但網路的價值卻會更急劇的如同滾雪球一般飆升。如今市場上有那麼多免費的影片託管服務，而 YouTube 依然領先群雄，正是因為受眾很多，也就是說，它的網路相當大。工具永遠只是釣魚的餌，網路才能真正為企業、為使用者創造長期價值。

羽翼未豐的企業網路經常使用這招。例如 Instagram 最開始撒的魚餌是一個免費的照片濾鏡工具。當時也有其他應用程式提供照片濾鏡，但大多數都要付費。此外，Instagram 還讓使用者可以輕輕鬆鬆把加工過的照片，分享到臉書或推特等既有的網路上，分享的同時也上傳到 Instagram。[14] 隨著日子一天天過去，人們想都不想就只會選擇用 Instagram 分享照片。

YouTube 的發展顯示這項策略的力量有多強大。它補貼串流影片的儲存費用與網路頻寬成本，藉此吸引創作者參與。所有影片都可以上傳到 YouTube，並且在任何一個網站上播放。這是因為 YouTube 知道，控制線上影片發布的網路能夠帶來高額利潤，這些成本相較之下只是九牛一毛。

當然，YouTube 還是得想辦法找人幫忙付帳單。託管大量影片非常花錢，而且不能完全仰賴外部投資。2000 年代中期，創投業的規模比現在小很多，也尚未從網路泡沫的舊傷中恢復。此外，當使用者上傳的資料有侵權問題，YouTube 還會官司纏身。[15] 因此，YouTube 在 2006 年賣給了 Google。Google 當時已經坐擁大量廣告資金，而且創辦人深富遠見，不僅知道網路的潛力，也知道自己原有的事業勢必因此如虎添翼。他的猜測果然沒錯，根據多位華爾街分析師的說法，至今，YouTube 已經讓 Google 的市值增加超過 1,600 億美元。[16]

企業有能力補貼使用者，正說明了為什麼協定網路很難和企業網路競爭。像 RSS 這種只能靠社群支援的網路，無法和企業支援的網路服務相提並論，根本拿不到那麼多錢去補助託管的成本費用。和科技巨頭為了長遠未來而募集到的資金相比，靠著善款來運作的計畫完全相形見絀。如果想要靠著提供補貼來賺錢，就得像企業網路一樣，把整個網路握在自己手裡，不能放給社群，這樣才能確保網路擴張之後的經濟效益，能夠掉進自己的口袋。

加入企業網路的宿命：韭菜循環

說起企業的競爭，大多數人都會想到相同產業製造商彼此的競爭關係，例如可口可樂（Coke）對百事可樂（Pepsi）、Nike 對愛迪達（Adidas）、蘋果電腦對個人電腦。在商業界，像這樣本質上可互換的產品叫作替代品（substitute）。

替代品之間的競爭關係很好懂。一頓麥當勞或漢堡王（應該）可以填飽一個人的肚子，所以通常不會有人在用餐尖峰時刻一次跑兩間店吃午餐。同樣的，想買敞篷小貨車的人，會從福特汽車（Ford）或通用汽車（GM）當中選一台買，不太可能花大錢同時買兩台。正因如此，如果顧客只會買一項產品，企業就會想盡辦法拿下訂單。

不過，有些產品則是要彼此搭配或一起使用才更有價值，這些產品就稱為互補品（complement），像是咖啡配奶精、義大利麵加肉丸、汽車要用汽油、電腦需要軟體。此外，社群網路與內容創作者也是彼此的互補品，YouTube 和 YouTube 最熱門頻道主持人「野獸先生」（MrBeast）都是靠對方才能大紅大紫。互補品能為彼此增值，想想看，沒有熱狗還叫什麼熱狗堡？或是沒有應用程式的 iPhone 要怎麼運作？

人們可能以為互補品都是彼此的最佳夥伴，但這樣的關係同時也是彼此的勁敵。如果顧客只願意支付一定的金額購買某組產品，互補品就會想辦法爭取這筆組合銷售當中最高的金額。瓜分大餅的過程往往是殘酷的零和賽局，實際上，許多最激烈的割喉戰都發生在夥伴之間。

就拿快餐車的供應商為例，假設顧客最多只願意花 5 美元購買一份熱狗堡，熱狗商一定會想盡辦法拿到 5 美元當中比較大的那筆收入，不讓錢流到麵包商那邊。他們可能會以批發價購買麵包，然後用更便宜的麵包搭配自家的熱狗來削價競爭。或者，他們會推出某些不配麵包、單吃熱狗的新吃法，例如開發無麩質有機熱狗之類，試圖引領流行。當然，麵包商也不好惹，作為反擊，他們會飼養家禽家畜，增加市場上的肉類供給量，來相對壓低熱狗商的價格；甚至推出純素熱狗堡，把熱狗商直接踢出遊戲。

這些例子也許過於簡化，但重點在於，它們顯示出互補品之間經常是零和賽局；你多分到一塊錢，我就少拿一塊錢。在擴張熱狗的市場同時，雙方都想跑贏對方，最適合用來描述這種狀況的形容詞，沒錯，正是「狗咬狗」。

網路效應設下的誘因彼此衝突，導致企業網路互補品之間的競爭更加複雜。一方面，當兩個企業網路彼此互補的時候，可以幫助網路成長、壯大網路效應；另一方面，企業網路的互補品可以吸走所有收入，不讓錢跑到網路擁有者的手上。這些目標之間的緊張拉扯，使企業網路和他們的互補品幾乎注定反目成仇。

微軟在 1990 年代大力干預 Windows 作業系統互補品的策略，就是個非常有名的例子。[17] 微軟希望第三方應用程式開發者使用 Windows 作業系統，但又不希望這些應用程式太受歡迎。當某款應用程式開始竄紅，微軟就會在 Windows 作業系統裡硬塞一個免費版本搶生意，例如媒體播放器、電子郵件程式，或是最有名的網路瀏覽器。這種策略讓大部分能夠倖存的第三方應用程式，市占率都低到對微軟毫無威脅。從獲利最大化的角度來看，對 Windows 作業系統這樣的平台而言，最棒的結果就是有很多小型互補品，分開來看力量弱小又分散，而聚集在一起時，可以讓平台整體更有價值。當然，微軟這種刻意打壓互補品的策略，後來也成為美國司法部於 1998 年以《反壟斷法》（*Antitrust Laws*）指控他們的主要原因。[18]

社群網路最主要的互補品是內容創作者，兩者也有一段相愛相殺的歷史。當代的社群網路以網路為主，致力賺取獲利。這些網路通常固定成本很高，軟體開發與基礎建設都很花錢；但是邊際成本卻很低，只要擴充伺服器與頻寬，就能賺取比成本更高的營收。所以，在大多數的狀況下，全力衝營收就對了，營收愈多，利潤就愈高。就這麼簡單。

社群網路提高營收的方法有兩種：第一種是擴大網路，其中最有用的方法就是製造一個良性循環，用更多內容吸引更多使用者，更多使用者就能創造更多內容。當人們花更長時間待在網路裡，企業就可以賺進更高額的廣告收入。

第二種提高營收的方法是推播內容。社群網站上的內容通常分為兩種：原生內容與推播內容。演算法會根據使用者的喜好，把原生內容放進他們的動態消息；而推播內容會出現，是因為創作者付費推播。願意付費推播的創作者愈多，社群網路的營收就愈高。這些網路可以提高推播的價碼，也可以增加動態消息上出現推播內容的比例。不過，這樣做有風險，到了某個時間點，可能會讓使用者體驗降級，超過使用者可以容忍的廣告數量。

社群網路要讓人付費推播的常用策略，是先讓創作者吸引到夠多粉絲，然後調整演算法，讓創作者無法再得到以往的關注量。也就是說，內容創作者一旦獲得可觀的收入，經濟上仰賴網路時，網路擁有者就會降低觸及率，內容創作者便被迫付錢推播，才能維持或增加粉絲人數。於是，他們在社群網路經營愈久，想要再增加粉絲的成本就會愈高。如果你和創作者聊過，應該早就聽到過他們有多麼討厭這種「偷天換日」（bait and switch）的把戲。

不只個人創作者，企業也面臨一樣的問題。只要讀過上市公司的公開報告，就會發現他們花在社群網路的廣告費用大半都在增加。[19] 社群網路非常擅長從最重要的互補品（也就是內容創作者，以及廣告商）身上盡量奪取利潤。「偷天換日」不見得是企業管理者使出的邪惡陰謀，這只是表示，如果企業網路夠聰明，懂得盡量擴大利潤，就一定會做出這種行為。為什麼放眼望去，目前的社群網路都在「偷天換日」，歷久不衰？因為如果你賺得不夠多，就會被市場淘汰。

除了內容創作者，獨立或第三方的軟體開發者，也是社群網路的重要互補品。這些開發者對網路而言相當有價值，因為他們可以幫忙打造出新的軟體。所以，社群網路一開始都很鼓勵第三方應用程式成長，[20] 但是等到應用程式大到足以構成威脅，社群網路就切斷存取權以絕後患，就像臉書對待 Vine 與其他軟體那樣。

就算企業網路不打擊互補品，也經常會仿製他們，或是偶爾收購他們。2010 年，推特首次推出 iPhone 應用程式，但上架的其實是改名後的第三方應用程式 Tweetie，[21] 推特只是在當年收購這款應用程式，改名後當成自己的產品推出。過了不久，推特切斷第三方應用程式的連結，[22] 不讓各種摘要訂閱器（feed reader）、動態儀表板（dashboard）、過濾器（filter）繼續存取推特。對開發者而言，這無異於過河拆橋。[23] 其中一個受到影響的應用程式是 Twittelator，它的創辦人安德魯・史東（Andrew Stone）在 2012 年對科技媒體《The Verge》表示：「無論推特能靠著切斷第三方應用程式獲得多少利益，這間公司在人們眼中都已經變得貪得無厭。」

史東說，推特這種行為無異於「希臘神話中的泰坦神克羅諾斯（Cronos），吃掉自己每一個即將出生的孩子」。

在這場劇變發生之前，社群網路是 2000 年代後半葉的新創沃土。當時大部分的新創業者，都把社群網路當成手機之後的下一個創業大平台。許多最紅的新創企業都靠著社群網路打出江山，例如廣告商 RockYou [24]、社群應用程式 Slide [25]、股票追蹤軟體 StockTwits [26]，以及社群應用程式 UberMedia [27]。當年我也有很多創業圈朋友在臉書、推特等社群網路上推出應用程式，或是建立新創企業。就連 Netflix 也在 2008 年推出 API，[28] 鼓勵第三方開發應用程式，直到六年後才關閉存取。

其中最受歡迎的就是推特。在推特改變政策、切斷第三方的開發生態系之前，它都是人們心中最開放的企業網路。[29] 當時我擔心新創企業過度仰賴推特，2009 年便在部落格發表文章〈推特總有一天會和推特相關應用程式鬧翻〉。[30]

但是，就連我也沒聽自己的建議，犯下同樣的錯。我創立的第二間公司，是我在 2008 年共同創立的 AI 公司 Hunch。我們仰賴推特提供的 API，以此讓機器學習使用者的偏好，並根據推特提供的資料推薦產品給使用者。不過，我和創業夥伴在 2011 年把公司賣給 eBay，部分原因在於我們賴以維生的眾多公開資料，都已經無法取得；eBay 有自己的資料庫，可以餵給我們的機器學習技術軟體。

社群網路從開放轉為如今這種封閉環境的關鍵時刻，可以追溯到 2010 年。根據我當時的記述，Google 開始警告那些想把通訊錄匯入臉書的人：「請稍等。您真的確定要將朋友的聯絡資訊，匯入一項再也無法取出資料的服務中嗎？」[31] 當時臉書沒有提供任何簡單好用、能與外部互通的 API，使用者想要下載個人資訊，例如照片、個人檔案等資料，唯一能拿到的就是龐大的 zip 壓縮檔。這間公司試圖將社群圖譜封在自己的企業網路中，不希望任何人輕鬆下載朋友名單。Google 不禁發聲譴責，斥其為「資料保護主義」。

社群網路關上大門之後，創投業者對相關應用程式也失去興趣。既然社群網路不允許任何人坐大，為什麼還要投資這個領域？這樣的做法和電子郵件與全球資訊網的協定網路時代非常不同，當時人們相信這個網路會永遠開放存取權、不收任何費用，只要市場許可，事業就可以不斷擴大規模。企業網路世代的到來，將這些心照不宣的期待完全扼殺。想要在企業網路上做生意，就要踩著隨時都會破碎的浮冰。平台風險（platform risk）這個好聽的概念，成了這個時代的噩夢。

沒有第三方開發者的幫助，企業網路就只好完全仰賴內部員工來研發新產品。我們根本不用另外找案例，只要看看眼前的推特，就會知道網路誘因失調將帶來什麼後果。即使成立至今已逾十七年，推特還在和惱人的垃圾訊息纏鬥。昇陽電腦（Sun Microsystems）的共同創辦人比爾・喬伊（Bill Joy）有句名言：「世上最聰明的人無論走到什麼位置，幾乎都在解決別人的問題。」[32] 電子郵件網路的垃圾信，能夠吸引一大堆聰明人幫他們（或幫他們的老闆）解決問題。然而，沒有人會出手幫推特解決問題。平台風險把所有人都嚇跑了。

絕大多數新科技都以「S 曲線」（S-curve）成長；圖表上的曲線和英文字母 S 長得很像。在成長的第一階段，這項技術的開發者必須尋找市場與早期採用者（early adopter），因此曲線相當平緩。等到產品開始符合市場需求（product-market fit），曲線會陡峭向上攀升，表示產品進入主流市場。最後市場逐漸飽和，曲線再次變平。

網路的成長通常也呈現 S 曲線。當網路的成長沿著曲線向上爬升，企業網路與互補品的互動模式有跡可循。兩者的關係一開始總是很好，企業網路總是盡力吸引開發者與創作者等互補品，讓自己的服務更有價值。此外，在這個早期階段，網路效應還不夠強，使用者與互補品有許多選擇，不必被綁在特定網路裡。這時候的各種津貼也源源不絕，人們做得很開心，一切都很美好。

然後，雙方的關係開始變質。隨著網路沿著 S 曲線向上攀升，平台開始累積更多權力，凌駕於使用者與第三方之上。這時候的網路效應更強，成長速度卻變緩；正和逐漸變成零和。平台為了繼續維持利潤進帳，開始用各種方法把網路上的資金放進自己口袋。就是這個時候，臉書封殺 Vine 等應用程式，推特吞併所有第三方開發商。原本和平台共榮的互補品，最終都成為平台碗裡的韭菜。

有一個案例可以解釋，為什麼網路壯大之後通常不再彼此互通。假設世界上有兩個網路，比較小的 A 網路有十個節點，比較大的 B 網路有二十個節點。如果兩個網路彼此互通，雙方的節點都會增加至三十個。節點的數量會影響網路的價值，估算的方法有很多，在此我們採用第 1 章提過的梅特卡夫定律。根據這條定律，網路的價值是節點數量的平方倍數，當兩

網路和使用者、開發者與內容創作者關係的變化週期

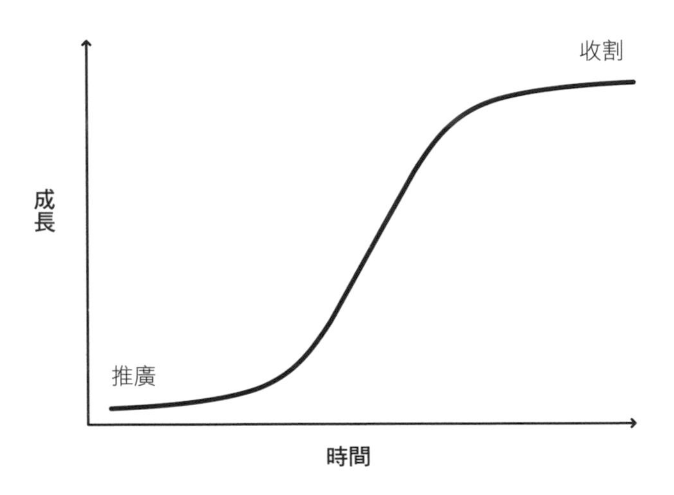

個網路互通，A 網路的價值從 100（十個節點的平方）躍升至 900（三十個節點的平方）；B 網路的價值則從 400（二十個節點的平方）增加至 900。A 網路的價值增加 9 倍，B 網路的價值卻僅增加 2.25 倍，網路互通顯然對 A 網路有利。

這個簡單的例子，可以證明為什麼網路一旦長大，就不會想要繼續和互補品合作，也不會想要和其他網路互通。當網路平台拿到最大的談判籌碼，就最有可能為了增加獲益而翻臉不認人。對大型網路而言，開放互通難以增加收益，反而可能蒙受損失。為什麼要幫助競爭對手壯大？

臉書和遊戲開發商 Zynga 曾經交情相當好，他們分手的故事就是很好的例子。自 2007 年成立以來，Zynga 一直是臉書平台上最轟動的產品。他們推出的《Zynga 撲克》（*Zynga Poker*）、《黑手黨戰爭》（*Mafia Wars*）、《填字朋友》（*Words with Friends*）等熱門遊戲吸引千萬名玩家。2011 年，這間公司第一款爆紅遊戲《農場鄉村》（*FarmVille*）推出時，《紐約》雜誌（*New York*）的一篇文章寫道：「每一個在臉書待得夠久的人，或者說，幾乎如今每一個人，一定都收過通知邀請你飼養一頭牛。」[33]

線上的乳牛成為 Zynga 的搖錢樹。到了 2012 年，這間公司的收入已經占臉書總收入的 10％以上，其中有些收入正是來自銷售虛擬家畜。[34] 華爾街分析師當時就注意到，Zynga 營收的巨大貢獻可能會威脅到臉書，因為遊戲開發商一聲令下，就可以把玩家吸到自己的社群平台。於是，臉書分散營收來源，[35] 並終止和 Zynga 的合作關係。[36] 這使 Zynga 幾乎滅亡，這間公司經過很長一段時間的徹底改革，才好不容易重啟業務，最後在 2022 年由 Take-Two Interactive 遊戲公司以 127 億美元的價格收購。[37]

這告訴我們，大型網路如果開放互通，即使在某些環境下能夠獲益，還是可能給競爭對手更多籌碼。這種權衡妥協的策略在早期偏向建立合作關係，而後就會轉變成競爭關係。

這種機制我稱為「韭菜循環」（attract-extract cycle），是企業網路必勝的萬靈丹。對互補品而言，從合作轉變為競爭的過程簡直是背叛。經過一段時間之後，世界頂級的創業家、開發者、投資人，就會對在企業網路上做生意保持戒心。數十年來的證據顯示，和他們合作只會招致失望。這個韭菜機制至今不知道已經扼殺多少創新。如果想要看到企業網路還是由社群擁有的另一個宇宙，最近的窗口就是觀察和電子郵件與全球資訊網有關的創業活動，即使經過這麼多年，這些活動依然相當活躍。每一年，都有許多企業家打造無數網站、電子報以及新媒體、新興小型電商等。

許多吃過苦頭的企業創辦人與投資者，都對企業網路失去希望，我自己就是其中之一。企業網路的問題不在人，而在架構。我認識很多好人都在這些企業上班，但是，企業和網路參與者的利益就是互相對立，導致使用者體驗惡化。選擇拒絕偷天換日的企業網路，最後也會被韭菜割好割滿的競爭對手擊垮。

企業網路還有一個缺點，那就是規則不透明。排名演算法、垃圾訊息過濾、刪文禁言等決策的過程，一旦由營利事業的黑盒子決定，人們就會失去信任。你的帳號為什麼被暫時停權？你的應用程式為什麼無法上架？你的網路影響力為什麼不如以往、愈來愈低？你不知道，我也不知道。如今企業網路大幅影響人們的生活，卻不斷引發爭端、使人無所適從。這些平台的政策朝令夕改，上一秒還是你的盟友，下一秒就刪你的文。而且，真正的問題還是在於架構。所有人都隨企業平台的喜好呼來喚去。

相比之下，協定網路極為透明。電子郵件與全球資訊網的樣貌，一直都由執法機構聯盟，以及使用者與開發者社群制定的技術規則來決定。這兩種治理流程都很開放民主。雖然撰寫用戶端軟體的人，可以添加各種規則來調整過濾內容，但只要使用者不喜歡，就可以直接改用其他軟體，不會損失任何連結。這樣的架構讓社群持續保有權力，當利害關係人的範圍擴大，人們也能彼此信任。

從好處來看，過去二十年來，臉書、推特、LinkedIn、YouTube 等企業網路扮演重要的角色，讓網際網路發展突飛猛進。2007 年問世的 iPhone 以及一年後出現的 App Store 引發一波企業網路浪潮，使 WhatsApp、Snap、Tinder、Instagram、Venmo 這些優秀的產品先後出現。這些企業網路為網際網路上五十億名使用者帶來更先進的服務，讓每個能夠上網的人發表意見、建立粉絲群，甚至以此謀生。[38] 企業網路大幅降低上手使用的門檻，即使沒有大量時間與技術建立網站，人們也可以觸及大量受眾，而且也比使用電子郵件更有效率。在這方面，企業網路確實比協定網路更優秀，得以實現 2000 年代初科技專家的夢想，把網際網路從「唯讀時代」升級推向「讀寫時代」。

企業網路之所以能夠擊敗協定網路，是因為功能更強，資金來源更穩定。在諸多早期的網際網路遺產中，只有電子郵件與全球資訊網能靠著獨特的歷史背景、歷久耐用的功能，以及人們累積的使用習慣存留至今。這兩種協定網路是「林迪效應」（Lindy Effect）的典型案例：既存時間愈久的東西，未來愈不容易消失。即使它們理論上還是可能遭到企業網路吞併，實際上也很難發生。

但是，那些更晚出現的協定網路，全都沒有這種特權。在三十年的不斷嘗試之後，至今都沒有任何新秀成功進入主流。新的協定網路如同鳳毛麟角，無論科技專家多麼努力，都無法獲得市場的接受。企業網路如同藤蔓植物，不斷延伸到每個角落，侵犯並支配著新興協定網路，成功的網路最終也會屈服於不可避免、由利益驅使的「韭菜循環」，就像推特和 RSS 與其他案例一樣。企業網路實在變得太有效率了。

幸好軟體是能夠孕育創意的媒介，還有無盡的空間可以拓展，而且網際網路也仍在發展早期。新時代的網路架構，可以解決企業網路帶來的問題。尤其是以區塊鏈打造的全新網路，可以重拾早期網際網路的優點，使打造網路的人，以及內容創作者與消費者同時受益，將網際網路推進第三個時代。

第二部

我讀、我寫、我擁有

第 4 章

區塊鏈

大部分科技促進的自動化，都會把邊緣勞工推去做瑣碎的工作；區塊鏈促進的自動化，反而是拆掉中心。區塊鏈不會搶走計程車司機的工作，反而會搶走優步的生意，讓計程車司機可以直接接洽顧客。[1]

——維塔利克・布特林（Vitalik Buterin）

電腦的特色：平台與應用程式會彼此強化

在電影《回到未來》（*Back to the Future*）1989 年的續作中，主角從 1989 年穿越到 2015 年，看見滿城盡是飛天車。但這個世界中沒有智慧型手機，大家還是在用公共電話。

這種景象在網路時代前的科幻小說中很常見，幾乎沒有人預見電腦與網際網路的絕佳成功。為什麼這些小說家總是搞錯？為什麼在現實中，可攜帶、可上網的超級電腦已經出現，飛天車至今卻仍未普及？電腦與網際網路為什麼比其他事物進步得更快速？

其中一個原因出自科技背後的原理。物理定律允許我們不斷縮小電晶體（電腦的最小零件），讓晶片愈來愈小，計算能力愈來愈強。描述這個成長速率過程的名詞，就是所謂的摩爾定律（Moore's law），是以晶片公司英特爾創辦人戈登・摩爾（Gordon Moore）命名。[2] 摩爾定律指出，晶片上可安裝的電晶體數量，大約每兩年增加一倍。這項規則多年以來一直成立，在 1993 年，桌上型電腦的電晶體數量大約是三百五十萬個，而當代 iPhone 手機隨便都有超過一百五十億個電晶體。史上極少科技的進展能夠這樣一日千里，大自然對其他工程領域的限制，遠比對電腦嚴苛許多。

除了科技限制，另一個原因就是經濟。應用程式和支撐它們的平台能夠不斷協助彼此成長。如今的 iPhone 不只電晶體比初代 iPhone 更多，還新增許多零件，而且應用程式的數量也變多了。這些應用程式遠比它們的老祖宗更有用、更先進。新的應用程式可以幫忙銷售手機，於是資金再度投入開發，新手機又催生出更厲害的應用程式。這就是平台和應用程式之間的正向回饋，iPhone 等平台能孕育出新的應用程式，新的應用程式使平台更有價值，魚幫水，水幫魚，在正向循環之中不斷攜手並進。

科技的進展，加上平台與應用程式之間的正向回饋循環，使電腦變得更快、更小、更便宜、功能更多。這些力量在電腦發展史中不斷重複出現：創業者推出個人電腦的文字處理軟體、繪圖軟體、電子試算表；開發者將搜尋引擎、電子商務平台與社群網路放上網際網路；建設者讓手機可以彼此通訊、分享照片、線上隨選外送。投資人的資金來回往返於平台與應用程式之間，使資訊產業的力量連年飛升。

平台無論掌握在社群或企業手中，都會和應用程式彼此形成正向回饋。正向回饋讓電子郵件與全球資訊網等協定網路受惠，如同 Linux 等開源作業系統也因此獲得好處；另一方面，企業網路如微軟公司，也在 1990 年代因為這個回饋而獲益，當時的開發者幫 Windows 電腦撰寫應用程式。而現在的應用程式開發者也在做一樣的事，只是作業系統換成蘋果與 Google 手機的作業系統。

有時候，好幾種不同的趨勢會疊在一起互相作用，就像兩股波動疊加之後產生建設性干涉（constructive interference），形成震幅更大的波動。對手機而言，社群網路就是殺手級應用程式（killer app），讓手機變得更受歡迎。同時，雲端運算的出現，提供有彈性的基礎設施，新創企業能夠快速擴大自己應用程式的規模，例如社群網路，並且支援數十億名使用者。手機則提供經濟實惠的方法，讓人們可以隨時隨地上網。上述幾種趨勢交疊起來，就締造當代這種人手一台手持型超級電腦的神奇世界，遠遠超越過去大多數科幻小說的想像。

電腦的世代大概每十年到十五年革新一次。[3]1950 至 1960 年代流行的是大型電腦主機（mainframe）；1970 年代則是由迷你電腦（minicomputer）所主宰；1980 年代個人電腦出現；網際網路在 1990 年代起飛；後來到了 2007 年 iPhone 問世之後，手機就隨處可見。沒有任何原理可以判斷這種規律會不會繼續下去，但它背後有一個共同邏輯：根據摩爾定律，每隔十到十五年，電腦運算能力會提高 100 倍；而每隔十到十五年，也剛好會有許多研究計畫邁向成熟。如果這樣的革新規律持續下去，下一個世代就近在我們眼前。

將電腦推向下一個世代的力量有幾種，人工智慧就是其中之一。人工智慧模型的複雜度，由底層神經網路的參數數量決定，這些參數似乎正在指數成長。照現在的速度進展下去，未來的人工智慧模型，勢必勝過目前市場上所有讓人眼花撩亂的產物。另一個技術革新則是自動駕駛汽車、虛擬實境頭戴式裝置等硬體設備，這些新設備在感測器、處理器與其他零件的發展之下迅速翻新，蘋果、Meta、Google 等科技巨頭也都投下巨資。[4] 這些趨勢都獲得科技業者的共同肯定，認為是下一代電腦運算的重點，幾乎所有人都認為它們相當重要。

不過，區塊鏈則是完全不同。業界目前對區塊鏈的價值沒有共識，很多人（包括我）認為它極具潛力，但大多數企業並不認為。真要說起來，科技業大半都認為，科技進展的下一步，只會來自既有企業已經投下巨資的趨勢當中，如更大的資料庫、更快的處理器、更大的神經網路規模、縮小設備體積。這種觀點相當短視，它過度高估目前企業著重的科技，而忽視來自其他地方的科技，例如從外部開發者的長尾效應發展而來的項目。

科技的兩種普及方式：「來自中心」與「來自邊陲」

新科技嶄露頭角的方式有兩種：「來自中心」(inside out)與「來自邊陲」(outside in)。[5] 科技巨頭所研發的科技都是「來自中心」，由既有的企業培養，進展速度比較明顯，隨著員工、研究人員或其他企業協力者改進，就會愈來愈強大。但這種新科技通常需要大量資金與正規培訓，入門的門檻相當高。

「來自中心」的新科技也比較好懂，大部分人甚至在科技出現之前就能理解它的價值。我們不難想像，能夠上網的袖珍超級電腦會大受歡迎，蘋果公司就以 iPhone 證明了這一點。我們也不難想像，人們會想要能夠做出靈活反應、完成各種任務的機器，而這正是大學與企業研究實驗室展現的人工智慧科技。既有企業投資研發這些科技，正是因為它們的潛力顯而易見。

相比之下，「來自邊陲」的科技則是從遠離中心的地方開始。它們是由業餘愛好者、科技愛好者、開源軟體開發者與新創企業創辦人，在主流以外的地方孕育而成。這類新科技的資金通常比較少，也不太需要正規培訓，更適合讓外部人士公平參與競爭；但另一方面，門檻較低也會讓內部人士低估新科技的潛力，輕視擁護者的意見。

「來自邊陲」的科技進展很難預測，而且經常遭到低估。打造這些科技的人通常都是利用工作以外的時間，窩在車庫、地下室、宿舍或者各種非正常的空間裡，把東西做出來。然後在下班後、休息時間與週末修修補補。在外界看來，這些人是受到奇怪的文化或世界觀驅使，才會打造這些科技，其他人根本無法理解。他們打造的產品半生不熟，用途不明，在大多數旁觀者眼中，這些就像玩具：詭異、胡鬧、昂貴，甚至有危險。

但是，正如之前所說，軟體是一種藝術形式。既然各位不會期待所有偉大的小說家或畫家，都在知名企業上班，我們大概也不該期待，所有偉大的軟體都出自這些企業。

所以這些打造「邊陲」科技的人是誰？看看賈伯斯吧，他二十多歲的時候非常反主流，參加「自製電腦俱樂部」（Homebrew Computer Club），這是 1970 年代由著迷微電腦的阿宅，每個月在加州舉辦的迷你電腦研究會。[6] 林納斯・托瓦茲（Linus Torvalds）也是，1991 年在赫爾辛基大學（University of Helsinki）念書時，一個人埋頭寫程式、做自己的個人專案，後來專案變成以他為名的 Linux 作業系統。[7] 賴利・佩吉與謝爾蓋・布林更不用說，他們 1998 年從史丹佛大學輟學，搬進門羅帕克（Menlo Park）的車庫，把原本的超連結分類程式 BackRub 改寫成 Google。[8]

「來自邊陲」的科技在發明之前往往看不出價值何在，甚至在發明出來之後也可能有好多年乏人問津。提姆・伯納斯－李 1989 年在瑞士的物理實驗室發明的全球資訊網只是半成品，直到更多開發者與創業家看出它的潛力，才開始一飛衝天成長。我的科技專家友人賽普・卡姆瓦（Sep Kamvar）曾經開玩笑說：如果你問當時的人想要獲得什麼東西讓生活更美好，大概沒有人會提到，想要一個用超連結打造的分散式資訊節點網路。然而，只有事後回過頭來看，人們才知道自己需要那種東西。

大眾的興趣是打造未來產業的燃料。開源軟體最初只是一小群人為了反對著作權壟斷而發起的運動，後來才成為主流；社群媒體一開始只是懷抱理想主義、熱愛發文的人殺時間用的東西，最後才打入大眾。科技業有個奇怪的規律：能創辦大企業的人通常都是穿著 T 恤、夾腳拖的業餘愛好者。但仔細一想就會覺得這很合理，商人用鈔票來決定世界的樣貌，而他們大部分人都期待短期就能得到回報。工程師用自己的時間來決定世界的樣貌，而他們大部分人都覺得有趣的新玩意比較重要。

世上最聰明的那些人一旦不用擔心下個月的薪水，就會把時間投入自己有興趣的事。所以我常說，那些最聰明的人在週末做的事，十年之內就會變成其他人上班時得做的事。

「來自中心」與「來自邊陲」這兩種模式，通常會相輔相成推動科技發展，電腦產業過去十年來，正是由這兩種模式的好幾股趨勢所推動成長。正如我先前所說，手機這種來自中心的科技，是由蘋果、Google 等公司所開發，它讓無數人們隨手都有電腦可以使用。而從哈佛輟學的馬克・祖克柏與其他駭客，則拼拼湊湊寫出社群網路，從邊陲一路推廣進入大眾，進而大發利市。另一項來自中心的科技，是亞馬遜帶頭開發的雲端運算，它讓各種後端（back-end）網路服務快速擴張。[9]「來自中心」與「來自邊陲」結合起來，就像兩顆原子核融合一樣，釋放出巨大能量。

區塊鏈是典型「來自邊陲」的科技。目前大部分主流科技公司都忽視區塊鏈的發展，有些員工甚至不屑一顧；而且，很多人低估區塊鏈，是因為他們根本不認為區塊鏈也是一種電腦。在這種環境下，區塊鏈的進步都來自新創企業創辦人與開源軟體開發者組成的獨立團體。這些人在主流產業以外引領著全新的電腦運算革命。歷史上那些打造出全球資訊網的協定網路，以及 Linux 等開源軟體的故事，正在產業的邊陲再次上演。

區塊鏈是一種新型態的電腦

2008 年，有一個人，也可能是一群人（這件事至今仍是謎團），以中本聰（Satoshi Nakamoto）的筆名發表一篇論文，為世界帶來第一個區塊鏈。[10] 雖然論文中並沒有將這項新科技稱為「區塊鏈」，只單獨出現「區塊」（block）與「鏈」（chain）這兩個詞，但根據中本聰的思想所組成的社群，最後依然將這兩個詞連起來組成「區塊鏈」。這篇論文也提到比特幣，敘述它是一種新型態的數位貨幣：「一種根據加密證明而非信任所構成的電子支付系統，允許人們在不需要可信第三方認可的情況下，雙方直接交易。」如果要在交易過程中排除可信第三方的角色，交易系統就必須獨立運算，因此中本聰發明出一種新型態的電腦，也就是區塊鏈。

電腦是一種抽象概念。[11] 判斷一個東西是否為電腦，是根據它能行使哪些功能，而非具備哪些零件。英文中的「電腦」（computer）最早甚至指的是進行計算的人，到了 19 與 20 世紀始，這個詞才用來代表進行運算的機器。到了 1936 年，英國數學家亞倫・圖靈（Alan Turing）用一篇著名的數理邏輯論文，為「電腦」奠定更穩固的基礎。[12] 這篇論文討論演算法的本質與局限，定義如今電腦科學家所說的「狀態機器」（state machine），也就是我們所說的電腦。

「狀態機器」分為兩大部分：一、儲存資訊的地方；二、修改這些資訊的方法。儲存的資訊稱為「狀態」（state），相當於電腦記憶體。稱為程式的指令集將指定如何採用一種狀態（輸入），並產生新的狀態（輸出）。我喜歡用語言文字來描述電腦的運作過程，畢竟能夠讀寫文字的人比會編寫程式的人多很多。語言中的名詞就像是電腦中的狀態或記憶體，它們是可以被操作、控制的事物。語言中的動詞則像是程式碼或程式，我們用它來描述操作、控制某項事物時的行動。接下來我將不斷重述同樣一句話：只要你想得到的東西，都可以寫成程式碼。因此，我總是把編寫程式比作寫小說等創作藝術，電腦能做的事情遠比我們以為的多更多。

「狀態機器」是我們看待電腦的最純粹概念。中本聰的區塊鏈不像是桌機、筆電、手機、伺服器那樣的實體電腦，而是一種虛擬電腦，也就是說，它具備電腦的功能，只是不像傳統的電腦一樣有實體機器。區塊鏈是用軟體組成的「狀態機器」，覆蓋在實體設備之上。如同「computer」這個詞的意義不斷延伸，從指稱某些人轉變成指稱某種機器，如今這個詞的意涵更從硬體擴張到包含軟體。

自 IBM 在 1960 年代末開發出第一台「虛擬機器」（virtual machine），並於 1970 年代初發布以來，以軟體打造的電腦就一直存在。[13] 到了 1990 年代末，資訊巨頭 VMware 公司讓這項科技更加廣為人知。如今每個人都可以下載「虛擬機管理程式」（hypervisor）軟體，在自己的個人電腦上運作虛擬機器。企業通常用虛擬機器來精簡管理數據中心，雲端服務商也用它來提供服務。區塊鏈的問世，進一步拓展這種以軟體為基礎的電腦運算模式。它讓人們以更加多元的方式來打造電腦；也讓電腦這項科技是根據功能特質來定義，而不是以外觀來定義。

區塊鏈的運作原理

區塊鏈的設計本來就能對抗各種操弄與竄改。[14] 它位於實體電腦的網路中，所有人都可以加入，但要掌控整個網路卻難如登天。它用大量的實體電腦來維護虛擬電腦的狀態（儲存的資料），並控管轉換到新狀態的過程必須滿足哪些條件。在比特幣網路中，這些實體電腦稱為「礦機」（miner），現今更通用的說法則是「驗證器」（validator），因為它們是驗證「狀態轉換」的機器。

如果「狀態轉換」的說法聽起來很抽象，用類比的方式來看或許會有幫助。請各位把比特幣網路想像成某種花俏的表格或帳本，上面有兩個直欄。（實際的狀況更加複雜，但還請耐心聽我說。）第一欄的每一列都寫著一個獨一無二的位址，第二欄的每一列則寫著這個位址持有多少顆比特幣。所謂的「狀態轉換」，就是根據最新一筆交易，來更新第二欄每一列所記載的比特幣數量。核心原理真的就這麼簡單。

但是，如果所有人都能自由加入這個網路，我們怎麼知道虛擬電腦的狀態無誤，資料保證沒問題？用前文提到的類比來說，如果所有人都可以編輯這份表單，還有誰會相信表單上的數字正確無誤？答案就是：透過研究通訊安全的密碼學（cryptography），加上研究策略決策的賽局理論（game theory），用數學證明解決這個問題。

每當有人要求修改狀態，要讓這個人提出的狀態變成電腦中的新狀態，會經歷下列流程。在每一次的狀態轉換過程，驗證器會執行一項流程，確保新的狀態獲得大家的共識。首先，驗證器如同其名，會驗證並確保每一筆交易都有合格的數位簽章（digital signature）。接下來，整個網路會隨機選擇一個驗證器，將所有合格的交易捆包成一個新的狀態。至於其他驗證器，則會負責檢查新的狀態是否有效、所有被捆包起來的交易是否有效，以及新的狀態是否遵守區塊鏈的核心承諾（以比特幣網路為例，就是確認比特幣的數量是否保持在二千一百萬枚以內）。如果新的狀態滿足所有條件，驗證器就會「投票」給它，也就是說，電腦會開始運算，轉換到新的狀態。

有了這套流程設計，就可以確保所有驗證器會根據同一套正確的版本來作業，以此產生**共識**。如果有某台（或者是某幾台）驗證器想要作弊，其他驗證器很快就會發現問題，拒絕修改狀態。在大部分的區塊鏈設計中，只要沒有超過半數的驗證器串通起來作弊，有問題的狀態修改提議就無法通過。

從前文的說明來看，贏得投票的驗證器就可以決定表單的內容，但這只是簡化說明的結果。當然，實際上的區塊鏈並不是一張表單，而是一連串的狀態轉換。狀態轉換是電腦運算的本質，每一個狀態轉換稱為一個「區塊」（block），而每一個區塊是鏈（chained）在一起的，只要檢查這些區塊，就能驗證一台電腦的完整歷史紀錄。正因如此，才會叫作區塊鏈。

「狀態轉換」不僅能夠表示出簡單的帳戶餘額，更可以在區塊中容納整套電腦程式。比特幣網路在推出時還附帶名為「比特幣腳本」（Bitcoin Script）的程式語言，可以讓軟體開發者創造出修改「狀態轉換」的程式。但是，這種程式語言的設計功能很有限，主要只能讓人在不同錢包之間傳送資金，或者建立由好幾個使用者共同控制的帳戶*。不過，後來出現的新區塊鏈，例如2015年首次亮相、史上第一個通用區塊鏈以太坊（Ethereum），就能讓開發者用更強大的程式語言來撰寫更多不同功能的區塊鏈程式。[15]

將高等程式語言加進區塊鏈，是一項非常重大的技術突破，就像蘋果將應用程式商店App Store放進iPhone上那麼重大；唯一的差別只在於，應用程式商店裡的產品是由蘋果精心挑選，而區塊鏈則是對所有人開放、無須許可。它讓全世界的開發者，都可以在以太坊等區塊鏈上編寫並執行應用程式，使用範圍橫跨電商市場到元宇宙。這是一項極為強大的特性，能讓區塊鏈搖身一變，從會計師的筆記簿變成性能豐富又多功能的機器。因此，我們不該把區塊鏈視為僅僅是用來製表記錄數字的帳本。區塊鏈不只是資料庫，而是功能齊全完整的電腦。

不過，在電腦上執行應用程式需要資源。無論是比特幣網路這種只有特定用途的區塊鏈，還是以太坊這種通用區塊鏈，都得想辦法讓人們為驗證「狀態轉換」的運算過程付費，因此必須找出一套理由，讓人願意為這個網路掏錢。為了達到目的，中本聰想到一個絕佳的點子：為系統打造一種數位貨幣，以比特幣網路為例，就是比特幣，如此一來，人們會為了貨幣

* 譯注：在此指的是「多簽錢包」，需要取得多個授權，才能執行交易。

而支持驅動整個區塊鏈的電腦。自此，其他區塊鏈一一跟進。

每一個區塊鏈都內建一套獎勵機制，吸引人們參與。在大部分的系統中，網路都會在更新區塊或轉換狀態時，向幸運的驗證者發放少量獎勵。驗證者可以是投票表決狀態轉換是否通過的電腦，也可以是操作這些電腦的個人或團體。只要驗證者誠實行事，認真驗證數位簽章，並且只向區塊鏈提出合理正確的更新，就會獲得獎勵。這種經濟誘因鼓勵驗證者持續支持區塊鏈網路，並且安分守己。在此同時，區塊鏈也從使用者那邊收費，獲得資金。關於這套機制，以及加密貨幣的價值如何評斷，我會在第 10 章詳述。

區塊鏈無須許可，只要能夠上網的人就能參與。中本聰認為目前的金融系統過於崇尚菁英主義、嘉惠銀行這類中介機構，因此他設計出最初的區塊鏈，也就是比特幣網路，試圖使鏈上的所有人都平起平坐。如果加入區塊鏈需要申請，或是得經過篩選流程，將會出現新的掌權中立機構，現有系統的問題就會重演。然而，這樣的機制設計必須面對一項挑戰：如果每台電腦都可以投票，就一定會有很多人不負責任亂投票，也會有壞人刻意鑽漏洞，輕易就能癱瘓網路。

中本聰的解方是設置入場投票的「費用」。礦工（驗證者）需要計算數學問題，提出完成工作的證據，才能投票決定是否轉換區塊鏈的狀態，而計算問題需要耗費能源。這套系統如同其名，就稱為「工作量證明」（proof of work，縮寫為 POW），它能夠讓網路保持開放，讓人們參與投票前無須申請任何許可，同時還能過濾掉亂投票的行為，並阻擋有心人士的惡意操弄。其他區塊鏈，例如以太坊等，則是採取另一種方法：權益證明（proof of stake，縮寫為 POS）。這種做法讓驗證者不需要花錢耗電計算數學題，而是要押上抵押品，把資金交給區塊鏈託管。如果驗證者乖乖投票，就會獲得報酬；如果他們圖謀不軌，例如投票支持有問題的狀態轉換，或者同時提出好幾個有問題的狀態轉換，他們的抵押品就會被「砍掉」（slash），也就是被沒收。

人們對比特幣網路最常見的批評之一，就是它非常耗電，會汙染環境。雖然水力與風力這類清潔的再生能源，可以減少工作量證明對環境的影響；然而，更好的做法是，用權益證明這種比較不耗能源的系統，來完全取代工作量證明，更能釜底抽薪解決區塊鏈的環保隱憂。[16]

權益證明不僅和工作量證明一樣可靠，甚至更可靠，而且還更便宜、更快、更節能。2022 年秋天，以太坊從原本採用的工作量證明轉為權益證明，成果斐然。下面這張圖就可以看出，以太坊改用權益證明之後，和當時其他主流區塊鏈的耗能差異多大。

除了比特幣網路，本書中提到的大部分區塊鏈都是使用權益證明。我相信權益證明未來將成為區塊鏈的主流動力。我們不該讓耗能問題阻礙區塊鏈這項強大的新科技。

另一個常見的誤解是，區塊鏈會助長保密與匿名的非法交易，我們也不該讓這樣的誤會阻礙區塊鏈的發展。「crypto」（加密）在字面上的意思是「密碼」或「隱藏」，但也同時帶有「治國」、「陰謀」的意涵，讓許多不熟這個產業的人望文生義，誤以為區塊鏈可以暗藏資訊，適合用來犯罪。這種誤解如今依然相當常見，舉例來說，在電視劇與電影中，經常會描述罪犯使用加密貨幣祕密轉移資金，嚴重誤導觀眾。

實際上，無論比特幣網路、以太坊，還是其他主流區塊

以太坊權益證明機制和各產業的年度能源消費量比較表[17]

單位：百萬兆瓦時（TWh）

金融體系	239	92,000 倍
資料分析諮詢公司 Global Data Centers	190	73,000 倍
比特幣網路	136	52,000 倍
黃金開採	131	50,000 倍
美國境內的電子遊戲總耗能	34	13,000 倍
採用「工作量證明」時的以太坊	21	8,100 倍
Google	19	7,300 倍
Netflix	0.457	176 倍
PayPal	0.26	100 倍
Airbnb	0.02	8 倍
採用「權益證明」時的以太坊	0.0026	1 倍

鏈，上面發生的所有事都完全公開、有紀錄能夠追蹤。區塊鏈就像電子郵件，使用者註冊時可以填寫假資料，但是有些公司專門幫司法單位執行去匿名化（de-anonymization），讓他們能輕鬆找到使用者的身分。[18] 區塊鏈的初始設計就講求公開透明，甚至透明到會讓人不敢使用。這樣說或許很違反直覺，畢竟一般大眾都將加密貨幣視為黑盒子，不過我說的都是真的。如果人們擔心自己的敏感性個資，例如薪資、醫療帳單、發票等，會被攤在陽光底下，就不會願意用區塊鏈來進行某些活動。目前已經有一些計畫，正在致力於解決這個問題，讓使用者能夠選擇隱藏交易資訊。其中，最先進的計畫採用尖端密碼學科技，特別是「零知識證明」（zero knowledge proofs）這類創新技術，[19] 不僅完成加密資料的審計，並且減少鏈上的非法活動，同時滿足監理規定。[20]

區塊鏈之所以是「加密」的，並不是因為它們可以讓使用者匿名（實際上無法匿名），而是因為區塊鏈的技術，是根據 1970 年代一項數理學的突破「公開金鑰加密」（public-key cryptography）為基礎。[21] 這項突破的重點在於，它可以讓從未通訊過的好幾個使用者共同進行加密操作，其中最常見的兩項操作分別是：一、**加密**（encryption）：將資訊編成密碼，只有指定的收件人能夠解密；二、**驗證**（authentication）：讓個人或電腦在資訊上簽章，證明資訊為真且來源屬實。當人們說區塊鏈是「加密」的，指的是第二項操作「驗證」，而非第一項所說的「加密」。

區塊鏈以公鑰與私鑰為基礎，來保障交易安全。人們會使用私鑰，也就是一組不外流的數字，來建立網路交易。相較之下，公鑰會辨識出交易發生地點的公開位址。公鑰與私鑰之間是透過數學關係連結在一起，要從私鑰找到公鑰很簡單，但從公鑰算出私鑰卻很困難，需要大量的運算能力。當使用者想在區塊鏈上交易，只需要簽署一份「我給你這筆錢」的命令，交易就能執行。過程就和我們在線下簽署支票或法律文件一樣，只是防偽的方法從辨認筆跡改成通過數學運算。

目前的電腦運算已經常常使用數位簽章，來驗證資料的真實性與完整性。瀏覽器用數位簽章確保網站正當合法；電子郵件伺服器與用戶端用數位簽章，來確保資料沒有在傳輸過程中遭到假冒或操縱；大多數電腦作業系統都會用數位簽章，來檢驗下載的軟體來源是否正常，或者是否經過竄改。

至於區塊鏈，則是利用數位簽章來經營無須信任（trustless）的分散式網路。「無須信任」乍聽之下可能難以理解，但是在區塊鏈領域中，這個詞表示鏈上的交易不需要一個更高的權威機構來監督，不需要任何金融中介，也不需要權力集中的大公司。區塊鏈的共識機制，能夠可靠的自動驗證發送交易的人，而且沒有任何一台電腦能夠改變鏈上的規則。

設計精良的區塊鏈會利用激勵機制，讓驗證者循規蹈矩的維持整個系統。有時候，它們也能夠懲處行為不當的人，如同以太坊的做法。我再提一次，共識機制是保障區塊鏈安全的基礎。只要攻擊區塊鏈的成本夠高，而且大多數驗證者都會為了保護自己財務上的利益而誠實行事（大多數最熱門的區塊鏈都符合這項條件），整個系統就會安全無虞。即使不太可能發生，但要是有人攻擊成功，區塊鏈的參與者也可以岔出一條新鏈，這稱為「硬分叉」（hard fork），然後把整條區塊鏈復原到攻擊之前的狀態，進一步嚇阻攻擊者。

即使某些不誠實的使用者願意為了利益鋌而走險，整個區塊鏈也會讓大部分的人誠實行事。這套機制最天才的地方，就是用激勵的方式讓整個系統能夠自我監控。透過精心調整的經濟誘因，區塊鏈讓使用者互相監督。這麼一來，即使每個人不信任彼此，依然能夠信任他們共同努力維護的分散式虛擬電腦。

這套「無須信任」的機制，讓人們用區塊鏈設計出運作方式和傳統線上系統截然不同的網路。大多數網路服務，例如網路銀行或社群網路，都需要登入系統，才能存取資料與資金。這些公司是將使用者資料與登入憑證儲存在公司的資料庫中，可能遭到駭客竊取或濫用。雖然企業網路也會使用加密技術，但大多採取「圍牆式資安」（perimeter security）的架構，例如利用防火牆與入侵偵測系統等技術，阻止未經授權或外部的使用者接觸內部資料。這種架構注定一事無成，因為它就像是在一座裝滿黃金的堡壘周圍建立圍牆，然後用盡心力保護這堵牆。難怪如今的資料外洩事件，已經普遍到幾乎沒有人想費心報導。這種架構對攻擊者來說好處多多，他們只要輕鬆一躍，就能進入圍牆內。

相較之下，區塊鏈的架構完全不同，使用者可以在鏈上儲存資料與金錢，但卻不能登入，因為**沒有任何地方可以讓你登入**。不過，如果使用者想要轉帳或進行類似交易，只要簽名之後向區塊鏈送出要求即可。你的個人資料完全保密，只要你不願意分享，提供服務的一方就無從得知。[22] 區塊鏈和企業網路不同的是，它沒有「單點故障」(single point of failure)的問題；一般網路服務會有可以「攻進」的內部伺服器，但區塊鏈是開放的公共網路。如果想要「攻進」區塊鏈網路，就得掌控整個網路中半數以上的節點，執行成本簡直高到完全不切實際。

在資訊安全領域，有個關鍵的概念叫做「攻擊面」(attack surface)，指的是攻擊者可以找到弱點來攻擊的地方。區塊鏈的資安理念，就是用密碼學來盡量縮小攻擊面。在區塊鏈的架構中，沒有裝著黃金、讓人覬覦的內部堡壘；必須保持私密的資料都已經加密，只有用戶（以及得到授權的人）擁有解密資料的金鑰。金鑰當然需要好好保管，有些使用者也會用第三方託管軟體，但這些託管軟體只能加強資安，無法接觸金鑰本身。這解決了企業網路的資安問題，我們再也不用讓各種缺乏資安素養的組織，去接觸、甚至保管重要的資料，再也不用把醫療保健紀錄交給醫院，把財務紀錄交給汽車經銷商。有了區塊鏈，就能在完全不接觸到資料本身的狀況下，強化資料的資安條件，讓資安專家處理他們最擅長的事情。

當你聽到區塊鏈被駭的時候，遭到駭客入侵的通常都不是區塊鏈本身，而是指使用加密貨幣的組織遭到攻擊，或者是個別使用者受到傳統的網路釣魚攻擊。即使駭客真的能夠攻擊到區塊鏈，也幾乎都只能攻進那些沒有名氣、不安全的小型區塊鏈。要真正攻擊區塊鏈，就得干擾鏈上的交易過程，或者攻擊者必須「雙重支付」（double spend），把同一筆錢重複轉給好幾個不同的交易目標。這類攻擊稱為 51％攻擊（51 percent attack），因為共謀者必須在系統中掌握半數以上驗證者的控制權，攻擊才能成功。[23] 以太坊經典（Ethereum Classic）與比特幣 SV（Bitcoin SV）等比較脆弱的區塊鏈網路就曾經遭受 51％攻擊；然而，攻擊比特幣、以太坊這類大型區塊鏈的成本非常高，高到根本不可行。

當然，即使如此，不信邪的人還是很多。攻擊比特幣、以太坊等主流區塊鏈的人多如過江之鯽，但全都無功而返。某種意義上，這變成有史以來最大的漏洞回報獎勵計畫（bug bounty program），證明區塊鏈的資安品質卓越。一旦攻破主流區塊鏈，就能獲得超高額的財務回報，駭客可以把價值數千億美元的虛擬貨幣轉給自己，但是，這種事從未發生。設計精良的區塊鏈的資安品質保證，不僅通過理論驗證，而且至少到目前為止也在現實世界中屹立不搖。

爲什麼區塊鏈很重要？

怎樣做才能吸引更多人去編寫在區塊鏈上使用的軟體，而不是只編寫在網路伺服器或手機等傳統電腦上使用的軟體？我們將在本書第三部闡明這個問題的答案，但是，我們可以先簡單快速檢視區塊鏈的創新特質。

首先，區塊鏈是民主的，每個人都可以使用。區塊鏈繼承早期網際網路的核心價值觀，提供平等的參與機會。能夠連上網路的人，都可以上傳並執行自己想要的程式碼；所有程式碼與資料在網路上一律平等，也沒有任何一位使用者擁有特權。和目前被科技巨頭霸占的網路現況相比，區塊鏈網路的框架更卓越。

其次，區塊鏈是透明的，程式碼與資料的所有歷史紀錄完全公開，任何人都可以查看。如果整個網路的程式碼與資料掌握在某些人手裡，其他人就會陷入弱勢，使網路不再平等。區塊鏈則沒有這個問題，任何人都可以檢查歷史紀錄，確保整個系統的狀態沒有被竄改。即使你沒有時間檢查所有程式碼與資料，你也知道其他人會去檢查。透明帶來信任。

但這些都不是最重要的。區塊鏈的關鍵特徵，是可以保證鏈上的所有程式碼都會乖乖照著設計執行，使用者無法竄改。在傳統電腦上，軟體由硬體所控制，自然無法做出這種承諾，個人電腦的控制權直接掌握在使用者手中，公司電腦的控制權掌握在公司內部人員手中，無法防止使用者暗度陳倉。區塊鏈就沒有這種問題，權力掌握在程式碼手中，程式碼怎麼寫，區塊鏈就怎麼運作。根本不用擔心其他使用者是否正直，其他公司是否可信，之前提到的共識機制以及無法竄改的軟體，讓區塊鏈電腦不可能被外人操弄。

Google、Meta、蘋果等企業的工程師，都把電腦想像成聽令行事的機器，只要控制住電腦，就能任意修改軟體。關於這些電腦會如何運作，使用者能得到的保證就只有又臭又長的「服務條款」。而且這些由軟體供應商撰寫的法律協議，冗長到幾乎不會有人好好讀完，遑論拿來和供應商談判。難怪網路上有一句老話說：「所謂的雲端服務，其實只是借用別人家裡的電腦。」

但是區塊鏈完全不同。它們之所以獲得大量關注，不只是因為它們辦得到某些事，也因為它們辦不到某些事。人們會認為區塊鏈更像是資料庫而不是電腦，就是因為區塊鏈具備不受人為操縱的特質。區塊鏈軟體可以在別人的電腦上運作，但軟體怎麼寫，電腦就會怎麼運作。這是區塊鏈的關鍵特質，無論個人或企業如何試圖竄改，軟體都會照著原本的設計來執行，想要在區塊鏈這種虛擬電腦上偷偷動手腳，都只會白費功夫。

這種抵抗竄改的能力，不僅適用於區塊鏈，也適用於在區塊鏈上執行的軟體。在以太坊這類程式化區塊鏈上面運作的應用程式，將和這些平台同樣安全，如果我們用這些區塊鏈平台來執行社群網路、電商市場、遊戲，都可以確定程式不會被竄改。這一整個技術堆疊（tech stack）*，也就是區塊鏈以及區塊鏈上的所有東西，都能遵守同樣的承諾。

不了解區塊鏈力量的批評者，大多更在意其他事情。舉例來說，許多人，甚至包含科技巨頭企業的員工，都很在意要從既有的角度來改進電腦的能力，像是擴大記憶體與增進運算能力。他們將區塊鏈的能力視為限制、弱點，而非優勢。他們習慣任意支配手中的電腦，很難想像一個沒有支配權威的電腦架構，能帶來哪些好處。

同理，人們很容易低估那些超乎常理的創新。因為新科技剛出來的時候，絕大多數人都會被先入為主的觀念束縛想像力，把新東西當成既有產物的改版，而非從零開始思考創新者的設計原理。

不過，各位可能還是會想問，為什麼電腦和應用程式，需要對使用者保證自己的行為永遠不會變動？答案如同中本聰所說，因為要創造數位貨幣。要成功打造一個金融體系，就必須取得社會的長期信任。比特幣網路承諾，整條鏈上最多只會有兩千一百萬枚比特幣，保障它的稀缺性；此外，它也保證將完全杜絕「雙重支付」的狀況，沒有人能夠將同一筆錢同時用在不同的地方。如果沒有這些承諾，比特幣就沒有價值，但只有

* 譯注：指撰寫程式時使用的一系列技術服務、編程語言、框架與工具。

這些條件還不夠。(比特幣還需要穩定的貨幣需求來源才有價值,我會在第 10 章詳細說明。)

在傳統電腦的架構下,承諾沒那麼重要,因為電腦掌控在個人或組織手中,可以隨心所欲的改變。舉例來說,假設 Google 用資料中心的標準伺服器鑄造 Google 幣(Google Coin),還宣布只會鑄造兩千一百萬枚,大概很難取得社會的信任。Google 的管理階層可以單方面下決定,隨時隨地更改規則、修改軟體。

企業的承諾並不可靠。即使 Google 在服務協議中許下諾言,也可以隨時修改協議、玩文字遊戲避開協議內容,甚至直接關閉服務,他們至今已經在將近三百個產品上做過類似的事。[24] 我們無法相信企業會對使用者守信,因為對企業而言,受託人責任(fiduciary duty)* 永遠是第一要務。無論在理論上還是現實世界中,企業的承諾都是白紙一張。這也就是為什麼史上第一個可靠的數位貨幣,是建立在區塊鏈上,而不是由企業所創立。(至於非營利組織,雖然理論上能夠長期對使用者信守承諾,卻同時會遇到其他挑戰,詳情請見第 11 章)。

區塊鏈的全新潛力當然不是只有數位貨幣,區塊鏈就和所有電腦一樣,能夠讓技術人員揮灑發明與創意。而且不僅如

---

* 譯注:指受託管理資產的人(在這裡是指企業)有義務篤行受託人(在這裡是指股東)的要求,並符合他們的期待。

此，許多傳統電腦無法具備的功能，都因為區塊鏈的獨特屬性而得以實現。有了區塊鏈，人們可以改善現有網路，來打造全新的網路，並提供全新的功能、收取低廉的費用、提高資料與程式的互通性，並且讓治理更加公平，同時共享財務報酬。時間過得愈久，人們就會發掘出愈多區塊鏈的潛力。

因為區塊鏈，未來將有許多金融網路以更透明、更可預測的條件，提供借貸與其他服務；將有許多社交網路以更透明的方式，更加保障資料隱私，並給予使用者更好的經濟機會；將有許多開源的遊戲與虛擬空間，給予創作者與開發者更好的經濟報酬；將有許多媒體讓報導者獲得更好的利潤，提出新的合作方式；將有許多集體協商網路以公平的方式，讓文字工作者與視覺創作者，分得 AI 算圖與編寫文章的收益產出。本書接下來（尤其是在第五部）將陸續介紹，區塊鏈與其他各種即將出現的網路，將如何帶來更好的成果。但是，在此之前，請先容我說明，區塊鏈具備哪些機制，可以將網路的所有權還給每一個人。

第 5 章

代幣

只有能夠改變人與人互動的科技，才能改變社會。[1]

——塞薩爾・伊達爾戈（César A. Hidalgo）

單人應用科技與多人互動科技

想像某天你流落荒島，孑然一身，金錢根本無用武之地。電腦網路沒了連線能力，也只能擺著好看。這種時候，一把錘子、一盒火柴或是糧食可能比較有用。電腦如果可以獨立運作，也能派上用場，但是你必須要有電源。

科技的價值，取決於所在的情境。有些科技是社群性的，有些則不是。像貨幣與電腦網路就是社群性的科技，它們幫助人們彼此互動。有些科技則只需要一個人就能產生效果。套用電玩領域的說法，這種科技是「單人遊戲」，社群科技則是「多人遊戲」。

區塊鏈也是多人科技。使用者可以在上面編寫絕對會執行承諾的程式碼。個人與組織不太需要對自己做出約束力很強的承諾，所以嘗試在既有企業組織內創建專屬的「企業區塊鏈」，目前成效並不彰。區塊鏈非常有用，可以幫助尚未建立關係的人彼此協調合作。而且，當使用者不只是一群人，而是一大群人、在網際網路上大規模應用這項科技的時候，區塊鏈的威力最是強大。

要服務大量使用者，社群性的科技就必須在設計之初適度簡化。原始碼資料庫中的每一行程式碼都是邏輯語句，整個軟體本身可能非常複雜。以現今網際網路的規模，使用者高達五十億人，狀況更是複雜。每一道程式碼環環相扣，牽一髮動全身，出錯的機率很高。程式碼愈多，漏洞可能就愈多。

要解決這個複雜的問題，有一項有效的方式，就是採取軟體常用的「封裝」技術。封裝可以解決程式碼太複雜的問題，一組一組的程式碼會被限制在定義明確的介面中，讓程式碼使用起來更方便。如果上述說法讓你覺得很陌生，從物理世界找一個例子來說明應該會很有幫助。封裝就像是我們周邊一個簡單到人們從來沒有思考過的裝置：電源插座。

任何人只要把插頭往插座一插，就能取得電力來使用各種電器設備，比如燈具、筆電、警報器、空調、咖啡機與相機、攪拌機與吹風機、Xbox 與 Model X 電動車。插座可以解鎖電網，讓人們有電可用，任何人都不需要了解插座另一頭的複雜原理，就能享有超能力。因為插座把繁瑣細節都隱藏起來，如同軟體介面的封裝技術，只留下重要的部分給使用者操作。

由於軟體非常靈活有彈性，封裝的程式碼還有另一項優點，那就是可以輕易的重複使用。被封裝起來的程式碼就像一塊樂高積木，可以和其他積木組合在一起，打造更龐大、更精妙的架構。當大型團隊協作開發軟體時，封裝技術就格外重要，這也是現今軟體開發的普遍做法。開發人員可以先做出幾塊樂高積木，也就是程式裡基礎的部分，例如儲存、檢索、操作資料的功能，或是建立電子郵件、支付系統等各種服務的連結。其他開發人員可以直接使用這些元件，不需要了解彼此的程式細節，只要將元件嵌入自己的開發流程之中。

區塊鏈的狀況也類似。簡單來說，區塊鏈讓人擁有網路的方式就是「代幣」。* 一般人往往將代幣視為數位資產或貨幣，但是從技術角度來看，代幣更準確的定義是一種資料結構，它讓使用者可以在區塊鏈上追蹤各種數值、權限，以及詮釋資料（metadata）†。這聽起來很抽象，因為代幣本身就是**抽象化**的結果。之所以如此，是為了讓它更方便使用與程式化。代幣就像電源插座，將複雜的程式碼封裝到包覆程式（wrapper）中，讓使用變得更為便利。

---

* 譯注：因此，也有人將token翻譯成權杖、令牌、通行證等。

† 編注：用來解釋或幫助人理解資訊的資料，也稱「後設資料」。

代幣就代表所有權

代幣是什麼並不重要，重要的是它們可以用來做什麼。

代幣可以代表數位世界中任何東西的所有權，包括金錢、藝術品、照片、音樂、文字、程式碼、遊戲道具、投票權、存取權，任何你想得到的東西，都可以用代幣來表示。如果額外再加上一些組件，它們還可以代表物理世界的事物，例如實體商品、房地產，或是銀行帳戶中的美元。任何一項可以用程式碼表示的事物，都可以包覆在代幣中，用來購買、出售、使用、儲存、嵌入或轉移等，使用者拿它來作任何用途都沒問題。這或許聽起來很簡單，甚至理所當然，正是因為它原先就是這樣設計。簡單是一種美德。

代幣能賦予使用者所有權，而所有權代表控制。傳統電腦網路發行的代幣，就像前一章我們假想的 Google 幣，可以隨意任人拿取或更改，使用者的控制能力也因此遭到破壞。然而，如果代幣是發行在可以強力自我約束未來行為的電腦上，也就是在區塊鏈上，這項科技就能發揮出真正的潛力。

以電玩遊戲為例。數位物件與虛擬商品早已存在電腦世界中。像是《要塞英雄》（*Fortnite*）與《英雄聯盟》（*League of Legends*）等熱門遊戲，每年光是販售虛擬商品就能賺進數十億美元，這些商品包括裝飾玩家虛擬化身用的道具等。[2] 但是，玩家其實並沒有真的買下這些數位商品，而只是租借商品來用。玩家只是租客，遊戲公司隨時可以刪除或變更服務條款。玩家不能將商品轉移到遊戲之外、不能轉售商品，也不能做任何和所有權有關的行動。真正擁有商品的是平台，一切都是它說了算。如果商品的價格上漲，玩家並不會獲得報酬。可以說毫無疑問的是，哪天遊戲公司下架或關閉遊戲，遊戲的虛擬物件也會隨之消失。

大多數熱門的社群網路也是如此。我們在前文討論過，使用者並不是真正擁有帳號名稱與追蹤者；所有權在平台手上。我們可以從科技巨頭近期的大動作中看到案例：2021 年 10 月，當臉書改名為 Meta 後，過沒幾天竟然撤銷一位藝術家的 Instagram 帳號 @metaverse。[3]（此舉引發公眾抗議，《紐約時報》還發布一篇專文報導，Meta 才終於恢復這位藝術家的帳號。）2023 年也發生類似的事件，推特在更名為 X 的同時，把一名長期使用者的帳號 @x 據為己有。[4] 像這樣強取豪奪的例子所在多有，更別提許多政治人物、社運人士、科學家、研究人員、名人、社群領袖與其他使用者，帳號遭到停權的經驗比比皆是。[5] 主宰網路的公司，也同時完完全全掌控著帳號、評分、社交關係等資料。想在企業網路中尋求所有權，不過是緣木求魚。

區塊鏈將控制權轉移給軟體，而軟體一但寫好就不會變更，反而真正落實了所有權。藉由代幣這樣的組件，所有權得到更堅實的保障。

在全球資訊網的早期階段，網站是構建網路世界的元件。打造全球資訊網的人把世界想像成一片資訊自由流通的汪洋大海，由來自世界各地的人共同掌控。這樣的構想深遠且極具野心，但也因為過於複雜而差點陷入泥沼。不過幸好，網站的設計是要成為一個一個簡單的部件，為更複雜的結構提供基礎，也就是說，他們如同組件，一旦擴大規模，就能形成一個如城市街區般的數位建設。

「唯讀時代」的網路由網站組成；網站降低資訊的獲取門檻。「讀寫時代」的網路由貼文組成；貼文功能大大降低發表門檻，讓不會架網站的人也能輕鬆觸及大量受眾。如今來到「我讀、我寫、我擁有」的時代，網路由全新的概念「代幣」所組成；代幣降低所有權的門檻，讓人們共同擁有網路。

代幣的用途

代幣雖然看似簡單，但學問可多了。代幣的應用範圍很廣，可以分為兩大類[6]：同質化代幣（fungible token），如比特幣與以太幣，以及非同質化代幣（non-fungible token），也就是 NFT。

同質化代幣可以互相交換。同一種同質化代幣中，任何一枚代幣都可以和其他代幣相互交換。這就像是拿一顆蘋果和另一顆蘋果交換，兩顆都一樣是蘋果。金錢同樣也具備可以交易的特質。如果某人有 10 美元，他們不會管自己手上拿的是哪一張 10 美元鈔票，只要是 10 美元就可以。

至於 NFT 的每一個代幣都是獨一無二，就像物理世界中許多物品也都是絕無僅有。比如說，我的書架上有一排書，他們各不相同，書名不同，作者也不一樣，即便它們都是書，但彼此之間無法交換替代。

同質化代幣有很多用途，其中最重要的一項用途，是讓軟體能持有與控制貨幣。傳統的金融應用程式並不持有貨幣；它們可以操作貨幣，但貨幣本身存放在其他地方，比如銀行。由軟體來持有與控制貨幣是全新的概念，在區塊鏈出現之前根本是天方夜譚。

舉世聞名的同質化代幣，就是比特幣這類加密貨幣。許多公開討論都認為，區塊鏈最主要的應用方式就是加密貨幣，尤其眾多名人都大聲嚷著，在由政府控制的既有貨幣之外，要讓比特幣成為另一種流通的正式貨幣，更是加深這類誤解。因此，即使區塊鏈和代幣實際上並沒有政治意涵，依然有許多人誤以為區塊鏈和代幣內建了政治的自由放任主義（libertarian）。

加密貨幣這種新的貨幣系統，只是區塊鏈與代幣的眾多用途之一。同質化代幣也可以用來代表國家貨幣。和國家貨幣掛鉤的代幣稱為「穩定幣」（stablecoin），幣值通常比其他代幣更不容易波動。[7] 很多人因此誤以為，穩定幣會威脅美元的國際準備貨幣地位。然而，事實似乎恰恰相反。許多網路原生應用都仰賴美元，大多數的穩定幣發行方都選擇將他們的穩定幣和美元掛鉤。紐約區民主黨眾議員里奇・托雷斯（Ritchie Torres）是美國眾議院金融服務委員會（House Financial Services Committee）的成員，這個組織負責監督穩定幣的應用。托雷斯認為，這項技術會「加強而不是挑戰美元的霸主地位」，而且「讓美國即使沒有發行中央銀行數位貨幣（central bank digital currency，縮寫為 CBDC），也能夠在數位貨幣的領域超越中國這類國家」。[8]（截至目前為止，美國政府並未發行中央銀行數位貨幣，中國央行則已經鑄造了數位人民幣。）[9]

目前市場上並沒有獲得美國政府支持的穩定幣，因此私人企業推出為數眾多的穩定幣，只不過這些穩定幣維持掛鉤的方式各自不同。某些穩定幣發行方是在銀行存放等值的法定貨幣，來維持代幣的價值。其中，USDC 就是一種頗受歡迎、以法定貨幣為後盾的穩定幣，由 Circle 金融科技公司管理。[10] 根據設計，它的運作機制是一枚代幣可以兌換 1 美元。當人們信任這些代幣可以兌換成美元，即使他們很少會真的去兌換，都會認同這個代幣的價值等同於美元。市面上有許多應用程式會使用 USDC 代幣進行程式化的資金轉移，其中包括分散式金融（decentralized finance，縮寫為 DeFi）的應用程式。

還有一類叫做「演算法穩定幣」（algorithmic stablecoin），發行方透過自動化流程來調節貨幣供應量與價格，藉此穩定代幣的價值。當市場價格下跌時，造市者會自動出售抵押品，例如第三方託管的代幣，藉此維持償付能力。有些演算法穩定幣會精心管理貨幣儲備量，其中最著名的例子是加密貨幣當鋪 Maker，它在幣價大幅波動的時期也成功穩住錨定的匯率。有些穩定幣的抵押機制設計得很草率，因而崩盤，比如 2022 年聲名狼藉的 Terra。[11]

許多用途不同的軟體，都需要代幣這種基礎元素（primitive）。它們可能設計完善，也可能設計簡陋。值得一提的是，有些人會把「硬幣」、「加密貨幣」與「代幣」分開來看。各位可能已經注意到，我是把這幾個詞混著交替使用；不過，我和業界當中許多人確實更偏好「代幣」這個詞，因為它傳達出這項技術的抽象性與普遍性。「代幣」聽起來比較中性，也更貼近本質：它不像「硬幣」那樣過度強調金融特質，也不像「加密貨幣」那樣容易引發政治聯想。

同質化代幣的另一個用途，是促進區塊鏈網路的發展。以太坊有一個原生的同質化代幣「以太幣」，就同時扮演兩種角色。第一，它在以太坊的網路中，比如 NFT 市場、分散式金融服務與其他應用程式上，是一種支付工具。第二，它可以用來支付在以太坊網路上執行電腦運算的「燃料」（gas）費用 *。許多區塊鏈也有相同的機制設計，必須用代幣來購買電腦運算資源。也就是說，你用多少資源就付多少代幣（pay-as-you-

* 譯注：亦即所謂的「礦工費」（gas fee）。

go）。這種模式曾經出現在 1960 與 1970 年代，當時在大型電腦上的分時處理系統（time-sharing）相當流行，而現在這種模式又回來了。

非同質化代幣也有很多種用途。NFT 可以代表實體物品的所有權，比如藝術品、房地產與演唱會門票。有些人買賣像公寓這類的財產時，會使用綁定有限責任公司的 NFT 來轉移所有權，並保存交易紀錄，這和契約的作用很類似。然而，NFT 最為人所知的用途，還是用來代表數位媒體的所有權。所謂的「媒體」可以是任何事物，包括藝術、影片、音樂、GIF 檔、遊戲、文字、迷因與程式碼。其中有些代幣附帶程式碼，可以執行管理版稅或添加互動功能之類的操作。

由於 NFT 太過新穎，購買一個 NFT 究竟代表什麼意義，目前還眾說紛紜。在物理世界中，當你買下一幅畫，實際上你買的是一件物品與使用這件物品的權利。一般來說，你不會購買某項藝術品的版權，也不會購買某種權利來阻止其他人發行類似的作品。同樣的，當你購買某張藝術圖像的 NFT，你買下的通常也不會是那幅作品的版權。（不過根據這枚代幣的設計，你也是有可能買下它的版權。）

現今大多數的 NFT 比較像是簽名版的副本，和親筆簽名的畫作或音樂專輯相當類似。藝術品的價值取決於許多因素，比如稀缺性和嚴謹專業的藝術評鑑，但主要還是社會與文化層面交織的結果。比如藝術品、棒球卡、手提包、跑車與運動鞋等，人們的出價會高於這些東西的使用價值。同理，那些有文化或藝術意義的代幣也能獲得更高的賣價。價值會受到各種不同因素的影響，其中一些是客觀的，一些則是主觀的。

NFT 在數位世界也有實用功能。其中一項最普遍的用途就是追蹤交易，讓藝術家可以從二級市場的銷售中獲得版稅。在電玩遊戲中，NFT 可以代表物品、技能與經驗值等，而這能讓遊戲玩家獲得特殊道具或能力，比如戰士的刀劍、巫師的魔杖，或是一段新舞步。NFT 也可以代表具備某種權利，像是讀取訂閱內容、參加某項活動，或是參與某場討論。現在有一些熱門的社群俱樂部就是以持有代幣作為門票，會員可以參與線上與線下的聚會。

NFT 的另一項用途，是將數位世界和物理世界的物品連結起來。蒂芙尼（Tiffany & Co.）與路易威登（Louis Vuitton）都打造過可以兌換珠寶、手提包與其他商品的 NFT。[12] 藝術家達米恩・赫斯特（Damien Hirst）則創作出一系列 NFT 計畫，鑄造數位版本畫作的 NFT，買家可以用來兌換實體的版本。[13] 還有些 NFT，則是讓數位世界和物理世界更加彼此交疊。像是 Nike 就推出代表數位球鞋的 NFT，持有者可以在電玩遊戲《要塞英雄》中展示球鞋，甚至穿上它們。[14] 除此之外，還可以參加新品發表會等活動，和專業運動員見面聊天。

對使用者來說，NFT 就像是實體物品的數位孿生（digital twin），讓線上和線下世界不再壁壘分明。使用者不僅能享受擁有實體物品的好處，也能在線上享受擁有數位物品的好處，比如在市場上進行交易、在社群網站上炫耀，或是在電玩遊戲中當作角色的裝備使用。這些品牌用數位工具經營他們和顧客之間的關係，但是大多數品牌都還沒跟上。

NFT 也可以像網域名稱一樣，用來識別使用者。協定網路時代的 DNS 就是一種方便的工具，讓人以自訂的網域名稱，輕鬆連結各個不同的網路；在下一個世代的社群網路，你也可以拿著自己的 NFT，輕鬆前往各個不同的網路或應用程式，這些社群網路和上面的使用者，都能從獨一無二的 NFT 確認你的身分，繼續與你保持聯絡。

使用者是透過「錢包」（wallet）軟體來持有與控制代幣。公共加密金鑰會為每個錢包訂出一個公共地址，用來識別使用者。知道你的公共地址的人，都可以發送代幣給你；但你要有相對應的私密金鑰，才能控制和金鑰相對應的錢包裡的代幣。

過去人們只把代幣當作貨幣，所以使用「錢包」這個詞，但這個說法如今徒增誤解。錢包可以用來存放流通於網路上的代幣，也可以用來操作其他類型的代幣、應用程式或是和不同軟體互動。正如瀏覽器是全球資訊網的使用介面，錢包則是區塊鏈的使用介面。

除了錢包，還有一種介面叫作虛擬貨幣資金庫（treasury），可以統一管理多種資產，所以規模更大。錢包主要供個人使用，資金庫則是讓比較大的群體共同掌控。在以太坊上，你可以編寫一套資金庫應用程式來管理社群，這類社群通常稱為分散式自治組織（decentralized autonomous organization，縮寫為DAO）。社群可以投票決定如何管理與運用資金庫的資產，例如資助軟體開發、資安審核、組織營運、行銷、研發、公共財、慈善捐贈，或是教育活動。無論是錢包還是資金庫，都可以設定成自動化的操作，自動投資、分配資金，或是參與其他程式化的活動。

如果把代幣比喻成細胞，那麼資金庫就是一個完整的生物。資金庫是由多個利害關係人共同治理，有一套軟體可以確保代幣按照社群訂立的規則走。這些功能賦予區塊鏈力量，讓區塊鏈長出肌肉，得以和企業或非營利事業等線下組織抗衡。

數位所有權的重要性

各位讀者可能覺得這一切聽起來都太過遙不可及，或是無關緊要。人們很喜歡開玩笑說，DAO只是一個「有銀行帳戶的聊天群組」[15]，NFT只是美化過的JPEG圖檔，代幣和遊戲《地產大亨》（*Monopoly*）裡的錢沒兩樣。甚至「代幣」這個詞總會讓人想起電玩遊戲或遊樂場。但是，如果就此低估這類技術的重要性，那可是大錯特錯。

事實上，區塊鏈完全顛覆既有世界的運作模式。區塊鏈藉由代幣翻轉了數位所有權的關係，如今網路的擁有者不再是網路服務提供商，而是使用者。

這樣的狀況和大多數人原本的習慣相反。過去，人們習慣的模式是，網路上購買的所有東西都是別人提供的數位服務。下載資料也是如此；舉例來說，人們其實並不是真正擁有從 Amazon Kindle 訂購的那本電子書，或是從蘋果 iTunes 商店購買的那部電影。[16] 企業可以隨時收回人們購買的商品，你卻不能轉售這些商品，也無法將它們從一項服務轉移到另一項服務。每一次註冊新服務，你都得從零開始。

對大多數人而言，他們在線上唯一擁有的東西就是自己的網站，而且僅限於域名名稱屬於他們的網站。畢竟既然網域名稱是自己的，網站自然也是自己的，只要沒有違反法律，就沒有人可以把它奪走。同理，企業也擁有自己的公司網域。人們會覺得自己擁有全球資訊網上的這項數位資產並不奇怪，這是因為協定網路和區塊鏈網路一樣，都很尊重數位所有權。不過，企業網路則不然。

大多數人已經太習慣企業網路的規範，甚至沒有注意到它的特殊之處。在物理世界，假如每到一個新地方都必須重新開始，應該會把人惹毛。因為我們理所當然的認為，自己無論到哪裡都是同一個人，當然可以把物品帶來帶去。所有權的概念深深根植於我們的生活之中，很難想像如果沒有了它，世界會是什麼樣子。試想一下，你在某個地方買衣服，結果只能在那個地方穿；或是你買的房子、車子無法轉售或轉讓給別人使用；或者，無論你去到哪裡，就得再次改名換姓，這也太荒唐了吧？但企業網路就是這樣。

物理世界最接近企業網路的例子大概就是主題樂園，它由一間企業完全控制所有的遊樂體驗。去主題遊樂園玩或許很有趣，但應該沒幾個人會想要一輩子困在裡面。一旦穿過那道旋轉柵門，你就要從此聽從那間企業的規定，毫無抵抗之力。在現實世界中主題樂園以外的地方，人人都有自由行動的權利。我們可以自由處置自己的所有物，可以開店做生意，轉賣商品，也可以把物品隨心所欲帶去任何地方。擁有事物與投資事物能讓人們感受到價值，並且心滿意足。

所有權也會改善整個社會。大多數人的財富來自於他們擁有的資產（例如房屋）價值上漲。一般來說，屋主比租屋者更願意投資、關心自己住的房子，相較之下也更關心自己居住的社區。[17] 當一個人的環境改善，連帶也會讓大家的環境改善。

很多新創構想實行起來需要所有權，很多突破要能發揮作用，所有權也是必要條件。要創辦 Airbnb 這種新興服務，就得讓人們能夠自由處置自己的房屋，比如租給別人。實體商品的製造過程通常都是這樣，一旦買進其他商品之後就可以自由組合、自由應用，不需要回頭請求製作者的許可，反正商品的所有權在你手上。許多門生意都是這樣，人們買下既有的東西，改造成另一種樣子之後出售，原創者可能從未想過，甚至未必喜歡。只要不違反專利法之類的法律，所有權就是一種基本自由，你在創新之前不需要徵詢任何許可。

我花費這麼大的篇幅在講所有權，各位或許可以看出它有多重要，然而，很多人都沒有想過所有權在網際網路世界中的重要性。各位應該好好思考，因為如果數位世界就像物理世界一樣，讓人們擁有所有權，那麼數位世界一定會比現在更美好。

改變世界的大發明剛開始看起來都像「玩具」

現今有一小群網路愛好者在使用代幣，這群人大概就幾百萬人，只占網路使用者總數的一小部分。他們很早就開始接觸那些「來自邊陲」的古怪新科技，人們很常忽視他們，結果往往錯估情勢。許多驚人的大趨勢一開始都是不起眼的小漣漪。

科技業很奇妙，你會發現科技巨頭經常錯過重大的新趨勢，反而都是新創企業竄出來成為挑戰者。[18] 像是 TikTok 就領先群雄主宰短影音，讓 Meta 與推特等科技巨頭措手不及。這並不是因為既有企業自滿懈怠，事實上他們大多數都為了避免遭到淘汰，相當積極的在排擠、模仿、收購其他企業，不斷推出新產品。早在 TikTok 流行起來之前，Instagram 與推特就已經推出影音功能，但是他們都優先把資源投在既有產品上。2017 年，推特砍掉可以錄製短影片的應用程式 Vine。結果一年後，TikTok 在美國爆紅。

既有的企業會錯失良機，是因為改變世界的大發明剛開始看起來都像是玩具。[19] 這是已故商學院學者克雷頓・克里斯汀生（Clayton Christensen）的重要洞見之一。他注意到科技進展的速度，遠遠超越使用者需求增長的速度，因而提出「破壞性科技」（disruptive technology）的理論。[20] 光是從這項洞見，就可以隱約看出，市場與產品為什麼能夠不斷推陳出新，新創企業又是如何經常以黑馬之姿讓大企業措手不及。

首先我們先來看看克里斯汀生的理論。當企業成長茁壯後，就會傾向迎合高端市場的需求，著重改良既有產品。最終，他們幫產品附加的性能，可能超出大多數客戶的要求與需求。這時候的企業漸漸變得短視近利，只專注服務有利可圖的利基市場，而漠視低端市場的需求。因此他們也忽略掉新科技、新趨勢與新構想的潛力。這為那些被排除在外圍躍躍欲試、充滿鬥志的新創企業開啟一扇大門，讓他們可以向更多要求不高的顧客提供更便宜、更簡單、更容易取得的產品。隨著新科技持續改良，新進者的市占率不斷爬升，最終超越既有的企業。

當那些破壞性科技初露鋒芒時，眾人都不是很在意，認為那不過是玩具，因為它們無法滿足使用者的需求。1870 年代，世界上第一台電話問世，但卻只能在短距離內傳輸語音。當時電信業的領頭羊西聯匯款（Western Union）拒絕收購這項科技，因為公司的主要客戶都是企業與鐵路，看不出這項設備有什麼用處。[21] 結果沒想到，後來電話和相關基礎建設的改良速度快得驚人，超乎他們的預期。一個世紀後，類似的情況再度上演。舉例來說，在 1970 年代，迷你電腦製造商迪吉多數位設備公司（Digital Equipment Corporation）與通用資料公司（Data General），完全小覷個人電腦的發展。[22] 又比如在後來的幾十年內，桌上型電腦龍頭戴爾（Dell）與微軟就錯失智慧型手機的發展先機。[23] 歷史一次又一次證明，如同大衛只拿投石索就成功撂倒巨人哥利亞，一些看似微不足道的新技術，往往能夠擊敗看似強大的既有巨頭。

然而，也不是所有看起來像玩具的產品，都會成為引領潮流的大發明。有些玩具永遠只會是玩具。要區分眼前的玩具究竟是不值得一提的無用之物，還是能夠顛覆業界的明日之星，就要從產品的整套發展過程來評估。

破壞性產品之所以能以驚人的速度不斷更新，源自於背後如滾雪球般的強大力量。那些按部就班改良的產品很難具備破壞性，因為循序漸進累積的影響力往往有限。要推動產品飛速成長，必須仰賴更強大的複利效應（compound effect），例如網路效應，以及平台和應用程式之間的正向回饋。此外，軟體的可組合性（composability）也能加速指數成長；「可組合性」指的是程式碼可重複使用，讓開發人員可以更輕鬆的擴展、適應既有的程式碼，並且在已有的基礎上建構新的功能（詳見第 7 章）。

破壞性科技的另一個關鍵特點在於，它們不會服膺既有的商業模式。（代幣是最典型的例子，我會第五部中詳述。）想當然，蘋果公司肯定持續在開發電池續航力更好、相機功能更佳的手機。對一間新創企業來說，試圖在這方面和蘋果競爭相當不智。蘋果很清楚，不斷提升手機的性能可以提高手機的價值，進而拓展銷售，藉此賣出更多手機。比較有趣的新創構想，可能會降低手機的價值。這是蘋果最不樂見的情況。

當然，產品不一定要具有破壞性才有價值。許多產品打從一開始就非常好用，而且長期使用下來依然好用，克里斯汀生將它們稱為「延續性科技」（sustaining technology）。如果新創企業開發的是延續性科技，通常都會被既有的大企業收購或模仿。如果這間公司的機運與執行剛好都很到位，那麼他們可以利用這項科技建立起成功的事業。

現代科技趨勢如人工智慧與虛擬實境（virtual reality，縮寫為 VR），重要性已經毋庸置疑。這些發明正好完美契合 Meta、微軟、蘋果與 Google 等企業的優勢，因為他們擁有強大的運算能力、豐富的數據資料、雄厚的資源，足以支撐昂貴的技術研發。科技巨頭紛紛大力投資這些領域。相較之下，OpenAI 等剛起步的新興對手，則需要先募集數十億美元才能加入戰局。（根據報導，OpenAI 已經從微軟公司募得 130 億美元。）[24] 雖然有些人質疑這些科技將會朝向科技巨頭的傳統營利模式靠攏，但它們也很有可能會為既有的商業模式擴展出新的發展空間。換句話說，這些科技屬於延續性科技。

別誤會，我相信 AI 與 VR 具備巨大的潛力。事實上，我在 2008 年曾經和其他人共同創立一間 AI 新創企業；而且，我也是 Oculus VR 的早期投資者（2014 年臉書就收購這間公司）。我要說的是，那些大企業也很清楚這些科技的潛力，因此嚴格來說，它們並不符合克里斯汀生所謂破壞性的定義。儘管一般人很常把「破壞」掛在嘴邊，但這個詞在學術上有嚴謹的定義。根據定義，破壞性科技比延續性科技更難以識別，甚至連專家都可能看走眼，而這才是重點。就是因為既有企業沒有察覺，破壞性創新才會帶來破壞性的影響。

兩者之間的差異並沒有那麼直觀，即使是克里斯汀生這樣的專家也曾搞錯，一度把 iPhone 歸類為延續性技術，誤以為它只會擴大手機市場。[25] 然而事實上，它的出現把電腦這類更大的潛在市場搞得天翻地覆。這就是創新的兩難；即使經驗豐富的創新者也難免誤判。

如今，既有企業再次面臨破壞性的威脅。迄今為止，大多數企業仍然繼續將目光投在 AI 與 VR 上，並未正眼看待區塊鏈與代幣。市場上這些老玩家還沒有意識到它們的潛在影響力。自比特幣與以太坊問世以來，只有一間科技巨頭曾經認真涉足代幣領域。2019 年，Meta 推出一項名為 Diem（原名 Libra）的區塊鏈專案。可惜兩年後，他們出售相關資產，並關閉專案的數位錢包產品 Novi。[26] 但在我看來，Meta 會做這樣的嘗試並不奇怪，他們正巧是目前唯一一間仍然由創辦人領軍的科技巨頭。唯有有遠見的人，才會嘗試打破慣例。

話說回來，代幣符合所有破壞性科技的特徵。和網站與貼文一樣，代幣屬於多人科技，而網站與貼文正是早期網路時代的破壞性運算基礎科技。愈多人使用，就變得愈有用，這種典型的網路效應，讓它們更有影響力，不再只是無足輕重的玩具。平台和應用程式之間的回饋也產生複利作用般的成長，讓支撐這些科技的區塊鏈不斷快速改良進步。而代幣具備可程式化的特性，讓開發者可以擴展、修改它們，作為不同的用途，例如社群網路、金融體系、媒體資產與虛擬經濟。同時，代幣也具備可組合的特性，也就是說，人們可以在不同的狀況中重複使用、重新組合它們，進而增強代幣的價值與影響力。

對這些科技抱持懷疑的人曾輕蔑的表示，網站不過是「網路失敗者」（dot-bombs）*，或是嘲笑社群媒體上的貼文都是無聊的八卦閒聊，他們全都低估這些科技蘊含的力量。他們不僅錯估網路效應的威力，甚至錯失參與網路時代變革的機會。當網路圍繞著新趨勢與新發明萌芽，並開始出現指數級的成長時，這些趨勢與發明便得以扎根立足。「唯讀時代」協定網路出現，帶動全球資訊網的普及；「讀寫時代」的臉書與推特等

* 編注：帶有貶意的稱呼，指的是在網際網路泡沫（dot-com bubble）時跟著一起化為泡影的網路公司或新創企業。

企業網路大行其道，帶動貼文的流行。

在這個「我讀、我寫、我擁有」的時代，代幣是最新的電腦運算基礎，它將在新形態的網際網路原生網路中持續成長、蓬勃發展。

第 6 章

區塊鏈網路

只有那些每個人共同打造的城市，才能提供每個人都需要的東西。[1]

——珍・雅各（Jane Jacobs）

偉大的城市是怎麼誕生的？

世界上最好的大都市，都是公共空間與私人空間的混合體。公園、人行道與其他公共空間吸引來遊客，改善人們的日常生活。私人空間則成為人們創業的動力，帶來各式各樣、不可或缺的服務。只有公共空間的城市，將會缺少企業家帶來的創意活力。由私人企業把持的城市，則會明顯失去靈魂、死氣沉沉。

偉大的城市是由技能與興趣彼此各異的人們，從頭開始一磚一瓦打造出來。公領域與私領域彼此互利共生。披薩店會吸引人行道上的行人，讓他們進門成為顧客；同時，店家會讓更多人來到街上，並且透過稅收為城市的營收貢獻己力，分擔人行道的維護費用。公私兩者利害與共，缺一不可。

網路的設計和上述的城市計畫相去不遠。在既有的大型網路中，和偉大城市最相近的，就是全球資訊網與電子郵件。正如之前所說，這些協定網路是由社群所治理，經濟利益歸於社群，網路效應也是由社群而非大企業來掌控。創業者受到非常強的動機所驅使，想要在這些網路上打造事業，因為當時的網路規則已經訂定、不會變動，能保證他們打造的東西屬於自己。

網際網路應該要像一座建設完善的城市，必須在公共空間與私人空間之間保持平衡。進入 Web2 時代之後，整個網路就像是有錢人可以任意開發的私有地。這種企業網路雖然進展更快、功能更多，然而，他們的成功卻經常會侵蝕公共空間、排擠競爭對手，並且剝奪使用者、創作者與創業者的機會。

要讓網際網路重獲平衡，就需要在協定網路與企業網路以外另闢蹊徑。我將這樣的新網路稱為區塊鏈網路，因為它們是以區塊鏈為核心。第一個區塊鏈網路就是比特幣，由中本聰與諸多貢獻者為了加密貨幣而量身訂做。但區塊鏈網路的能力遠遠超過加密貨幣，在許多專家的努力下，它的底層設計（以及「代幣」這個讓所有權得以分散的重要概念）已經陸續支援更多不同類型數位服務，無論是金融網路、社交網路、遊戲，還是電商。

在區塊鏈出現之前，網路架構的限制很多。在傳統電腦的時代，擁有電腦硬體的人就握有掌控權，他們可以隨時任意修改軟體。因此之前在設計電腦網路時，我們必須假設每一個能夠充當節點的軟體都有可能「墮落」，都會被操作軟體的人當成掠奪使用者利益的工具。這嚴重限縮網路架構的可能性，而且，現實中只有兩種設計能夠持久運作：第一種是協定網路，以各種五花八門的小型節點分散權力，如果某些節點墮落，使用者可以移到其他地方；第二種是企業網路，將所有權力集中在企業老闆身上，希望他們為了維持自己的收益而好好維護網路。

區塊鏈網路的想法和這兩者都不同。我們之前提過，區塊鏈顛覆硬體和軟體之間的主從關係，把網路的控制權交給軟體。這讓我們能夠用軟體的無限可能，來設計網路的樣貌。網路的規則寫在軟體中，只要軟體存在，無論底層硬體如何變化，區塊鏈網路的規則都始終如一。我們可以藉此設計網路的存取權限、付費的義務與價格、經濟果實的分配方式，以及修改網路的權限與條件。在區塊鏈網路中，只要設計好核心軟體，就不用擔心某些節點墮落，因為網路內建的共識機制會制衡墮落的節點，使整個網路繼續運作。

區塊鏈建立在一個可靠、穩定的基礎上，使網路的設計能夠像軟體一樣多元、用途豐富。我認為前文提到的網路設計，已經是區塊鏈網路的理想狀態，但軟體的強大表現力，將使區塊鏈網路擁有更多不同可能；甚至會出現某些目前完全沒人想過的想法，把前面提到的架構改得更棒。我非常希望出現這種發展，畢竟只要能夠想像得到的網路設計，都可以編寫在軟體當中。

附帶一提，我所說的「區塊鏈網路」是一個統稱，同時包含其中的基礎設施與應用程式。如果各位還記得，網際網路就像一塊多層夾心蛋糕。橫跨各個裝置的網路連結位於最底層；上面一層是區塊鏈的基礎設施網路，最受歡迎的通用基礎設施網路，包括以太坊、Solana、Optimism、Polygon 等；再上面一層則是區塊鏈的應用程式網路，其中包含 Aave、Compound 與 Uniswap 等分散式金融（DeFi），除此之外還有可以支援社群網路、遊戲、電商市場等功能的新形態網路。

（簡單說一下區塊鏈的相關術語。這個業界有很多人將區塊鏈的應用程式網路稱為「協定」；但是，如同前文提過，我不這樣稱呼是為了避免和電子郵件與全球資訊網的協定網路混淆。而且，在我的認知當中，這兩者完全是不同類別。除此之外，有些區塊鏈公司把自己打造軟體的底層應用程式網路，拿來當作公司名稱，讓人們對這兩種網路更加摸不著頭緒。舉例來說，生產客戶端軟體的公司 Compound Labs，就和他們所使用的底層應用程式網路 Compound 根本不同。Compound Labs 實際上是開發網站與應用程式的公司，協助使用者連結到底層網路 Compound，運作方式和 Google 開發出 Gmail 讓人存取電子郵件非常雷同。）

區塊鏈雖然已經問世十多年，卻一直要到最近幾年，才逐漸成長到網際網路的規模。這都是拜區塊鏈擴容技術（scaling

以電子郵件為例，比較區塊鏈網路與協定網路的差異

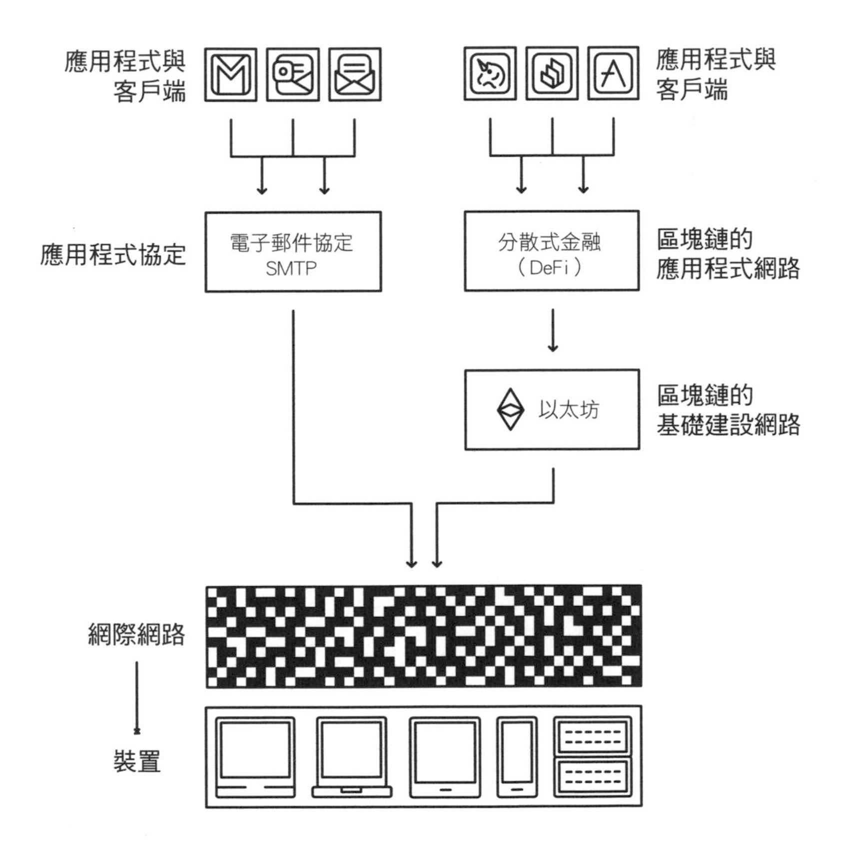

technology）的進步之賜，它降低區塊鏈的使用費，提高交易量與交易速度。以往，區塊鏈的使用費不穩定，而且社群類型的網路需要頻繁更新更是所費不貲。想想看，如果每次上傳貼文或是點「讚」都要支付幾美元，這也太不實用又不切實際。相較之下，分散式金融在擴展受限制的情況下依然成功發展，是因為交易的頻率不高，金額卻很大。當你經手的代幣價值數十、數百、甚至數千美元，幾美元的轉帳費就只是零頭。

在電腦發展的過程中，平台與應用程式總是處於魚幫水、水幫魚的回饋循環，隨後區塊鏈也是像這樣不斷進步。新的基礎建設會催生出更多新的應用程式，並且吸引資金投入基礎建設。比特幣網路與以太坊等早期區塊鏈，目前能夠處理的每秒交易次數（transactions per second，縮寫為 TPS）只有 7 ～ 15 筆；新一代區塊鏈的效能高出數百倍，好比 Solana 的每秒交易次數是 65,000 筆、Aptos 的每秒交易次數是 16 萬筆、Sui 的每秒交易次數則介於 11,000 ～ 297,000 筆之間。同時，以太坊也不斷更新鏈上的交易處理能力，未來的吞吐量可能超過目前的一千倍。當然，每個區塊鏈網路都各有特色，標準不同也會有所影響，所以我們可能很難公平、準確的評估每一個區塊鏈的性能；但可以確定的是，它們進步的速度可說是突飛猛進。

這些性能的改良是由好幾種科技所推動，舉例來說，在以太坊裡就是 Rollup（打包）技術，指的是第二層區塊鏈網路（Layer2）將繁重的運算工作轉移到「鏈下」的傳統電腦上，運算完再將結果傳回鏈上驗算。Layer2 之所以能夠成立，是因為電腦科學指出，讓電腦驗算比讓電腦從頭開始運算的效率更高。這些方法背後是先進的密碼學與賽局理論，能夠讓工程師在接下來的幾年內不斷改良。而且在改良之前，Rollup 就已經提高區塊鏈的處理能力，還能保證區塊鏈像之前一樣穩定。

過去寫在企業網路架構上的應用程式，如今有很多都能寫在區塊鏈網路上。不過，基礎建設經常需要精心調整，這代表開發團隊不僅要精通應用程式，還得了解區塊鏈基礎建設，這讓開發過程既困難又昂貴。

資訊產業的演化史告訴我們，基礎建設要能夠發光發熱，就必須成熟到無須應用程式開發人員費心思考。如果有個團隊要打造以區塊鏈為基礎的電玩遊戲，就要讓他們不必分心考量麻煩的基礎建設擴張問題；他們應該全心全意把遊戲寫得有趣。iPhone 問世之前，開發者就是面臨這樣的問題，他們必須同時精通應用程式設計與 GPS 科技，才能讓應用程式讀取使用者的所在位置。但是，iPhone 解決了基礎建設的難題，讓開發人員專心去做最擅長的事：打造絕佳的使用者體驗。從現在的趨勢來看，在未來數年之內，區塊鏈將成長到一個程度，爆發出某些應用程式的真正潛力。

在區塊鏈網路上寫程式的好處，就是它具備早期網路的理想特質，而且還更優秀。區塊鏈網路和企業網路一樣，都能夠執行支援高階功能的核心服務，只不過它們採用的是分散式網路，不須仰賴私人企業的伺服器。同時，區塊鏈網路也和協定網路一樣由社群治理，規則不會朝令夕改，抽成率也比企業網路低，甚至根本不抽成，因而能夠鼓勵位於網路邊緣的創新。

而且，儘管我長期以來一直相信並支持著協定網路，我還是得說，區塊鏈網路內建的經濟體系，將使它們更有影響力，甚至突破協定網路的成長極限。企業網路與區塊鏈網路的抽成率能夠帶來收益，藉此資助網路的核心服務，同時吸引資金來加速成長。然而，和企業網路不同的是，區塊鏈網路的定價能力很弱，也就是說，它們無法輕易提高抽成率（原因將於第 8 章詳述）。這種定價能力的硬上限（hard-capped）能夠維持社群的信心，進一步鼓勵人們參與區塊鏈網路，在網路上建設與創作。

每一種網路類型特有的性質，會決定它的樣貌與結構。我們已經見證協定網路是如何將權力廣泛的分給參與者，而企業網路又是如何由企業的主宰者所統治。區塊鏈網路的架構則使它具備「黃金比例」，權力既不集中又不分散，由小型核心系統組成，周圍環繞著來自創作者、軟體開發者、終端使用者，以及其他參與者的各種生態系。企業網路將大部分活動關進肥大的核心系統，協定網路完全沒有核心，區塊鏈網路則取得了平衡：它用一些核心來維持基本服務，但又使核心不可能擴大到壟斷網路。

區塊鏈網路在**邏輯上**是集中的，**實際組織**卻是分散的。所謂集中式的邏輯，是指它用少數程式碼來維護整個網路的規則。區塊鏈讓設計師把規則寫在軟體中，不用擔心硬體或硬體持有者篡改規則。區塊鏈則是一台虛擬電腦，核心軟體都在「鏈上」運作，其中有一個基本的系統服務，讓網路參與者都能對網路的狀態表達意見。根據網路類型的不同，這個核心狀態可以代表各種事物，包括財務報表、社群媒體貼文、遊戲活動、電商市場上的交易。核心軟體讓開發者可以輕鬆打造區塊鏈網路上的各種週邊功能，同時也建立起一套機制，像是打造一種只收取少量費用的能力，如此一來，可以累積資本再投入其中，讓網路不斷成長。

企業網路在邏輯上也是集中的，它的核心程式是在企業私有的資料中心，而不是在分散式的虛擬電腦上運作。而且除此之外，企業網路在組織運作上也是集中的。這樣的設計有好處，卻也有代價：整個網路的硬體都是由企業的管理階層掌控，企業隨時都能夠根據任何理由修改規則。因此，企業網路注定陷入第 3 章提到的「韭菜循環」，被吸引進來參與網路的使用者遲早有一天會變成企業手中的待割韭菜。

不過，區塊鏈網路將網路掌控權分到社群成員的手上，因而避免落入這樣的困境。社群中的利害關係人包羅萬象，例如代幣持有者、使用者、創作者與開發者。目前大部分區塊鏈系統，都需要通過投票才能變更鏈上的內容，而大部分的投票權都以治理代幣的形式掌握在使用者手裡。這種機制保證區塊鏈

網路架構	優勢	劣勢
企業網路（如臉書、推特、PayPal 等）	可以募集、持有並利用資本。 集中式服務：容易升級、功能先進。	由企業掌控網路效應；抽成率高，規則朝令夕改。 規模一旦成長到收割期（extract phase），使用者的參與動力，以及創作者與開發者在網路上建設的動力就會減弱。
協定網路（如電子郵件、全球資訊網等）	由社群管理，也由社群掌控網路效應。 提供使用者強大的參與誘因，吸引創作者與開發者在網路上建設。 不抽成。	無法募集或持有資本。很難募得資金支持核心軟體的發展。無法提供資金與經濟誘因。 沒有核心網路可以儲存程式碼與資料，功能注定受限。
區塊鏈網路	核心軟體可以募集、持有並利用資本。 維護核心服務，具可升級的先進功能。 由社群管理，也由社群掌控網路效應。 提供使用者強大的參與誘因，吸引創作者與開發者在網路上建設。 抽成率低。	使用者都剛加入網路，或是早期採用者，使用者介面與工具都不多。 網路效能限制鏈上程式碼難以發展成熟。

網路規則的改變，必須符合社群的利益，使用者可以放心仰賴網路進行活動。（關於區塊鏈治理的挑戰與機會，請詳見第 11 章。）

當然，大部分區塊鏈網路一開始的組織架構並沒有那麼分散。在這些網路的發展初期，它們幾乎都是由小型創始團隊從上而下管理。然後，建構者、創作者、使用者與其他參與者加入，形成更大的社群，由下而上的負責管理接下來的維護與開發。這類社群的規模沒有上限，其中許多都突破數百、數千人，甚至更多。創始團隊的工作，是設計區塊鏈網路的核心軟體與激勵社群成長的機制，之後就藉由逐步分散（progressive decentralization）的過程，將控制權移交給社群。

區塊鏈網路的成敗關鍵之一，就是決定哪些東西應該集中管理，哪些應該留給社群決定。最終目標不應該是模仿企業網路的做法，把所有內容都包進核心之中。一旦網路過度集中，就會再次生出企業網路所製造的問題。儘管某些事物需要集中計畫，但大部分功能都應該交由創業者開發。原則上，只要是可以轉交的工作，就應該轉交出去。核心軟體應該只負責區塊鏈的基本服務，例如維護激勵機制與鏈上的治理。

社群會掌控的東西通常是資金庫，也就是區塊鏈網路的財務核心。之前曾經說過，掌握資金庫的組織有時候又稱為 DAO，也就是分散式自治組織。DAO 這個名字可能讓人誤解，其中的 autonomous（自主、自治）不是指它們像自動駕駛汽車那樣由機器自動管理，而是指這些社群在鏈上自治。主宰它們的程式碼是在區塊鏈上運作，只要滿足某些條件，例如成員以手中的治理代幣投票達成共識之後，就會自動執行。鏈上的程式碼永久有效，可以透過程式編碼運作，而且無需依賴外部組織的協助就能持有資金。各位可以把 DAO 想像成社區管委會，為社區制定並執行規則，只是過程更加自動。

這再次提醒我們網路與城市的共通之處。一座設計良好的城市應該要有市政廳、警察局、郵局、學校、清潔人員，以及各種必要機構，居民與企業都仰賴這些基礎設施，城市才能持續發展。為了效率，有些基礎服務必須集中管理，但它們同時也得對人民負責。社群則透過選舉來掌握這些服務。

區塊鏈的功能就像一座城市的計畫圖，打造區塊鏈網路就像在一塊未開墾的土地上建造一座新城市。設計城市的人會先建造幾棟基本建物，然後再設計一套贈與土地與稅收減免的機制，吸引居民與開發商進駐。這時，財產權（也就是所有權）相當關鍵，它可以提供強力的保障，保證產權所有者可以繼續保有自己的東西，並且安心投資。城市發展之後，稅基將不斷擴大，稅金就可以再度投入街道、公園等公共計畫，將更多土地分發給居民，讓城市持續發展。*

如同城市用土地贈與吸引居民，區塊鏈網路則是用代幣回

---

* 編注：稅基（tax base，課稅基礎）指的是用來計算課稅金額的財產或權益。

協定網路

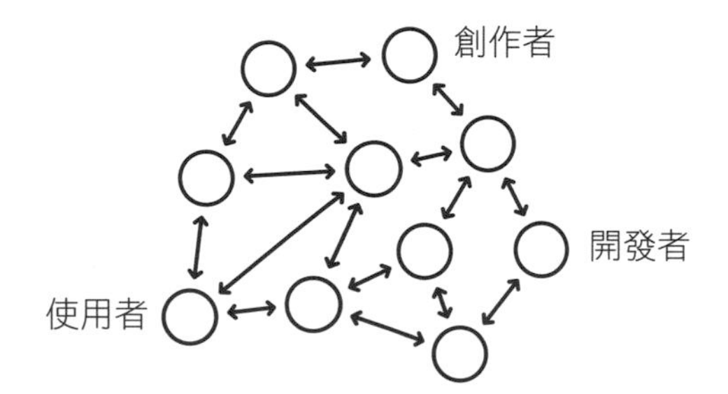

企業網路

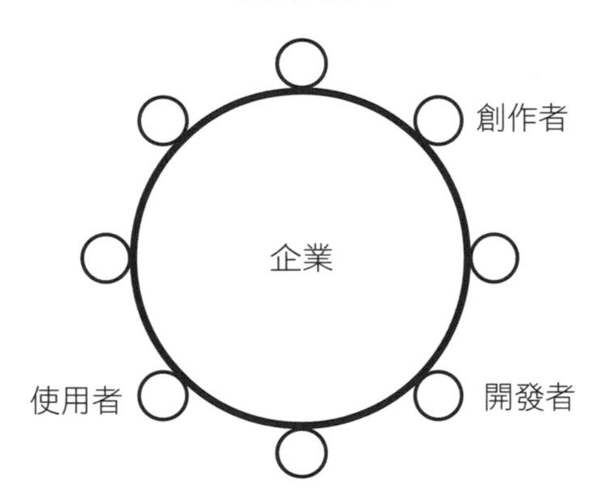

區塊鏈網路

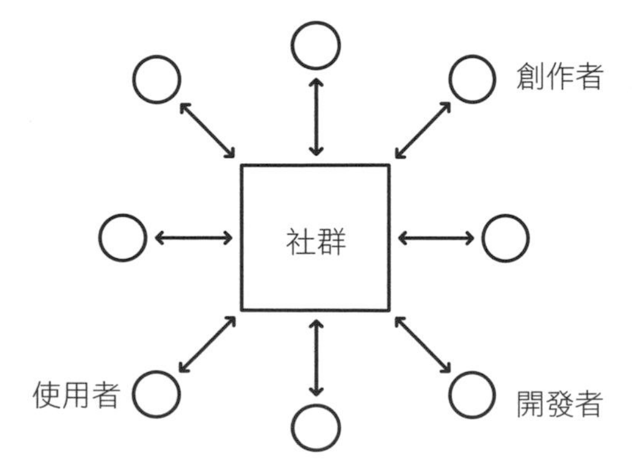

饋參與者，這些獎勵將分發給對各種活動有貢獻的人。區塊鏈以代幣保障所有權，讓人們知道只要做出貢獻就能確保獲得回報。區塊鏈的抽成率就如同城市的稅率，這筆錢是針對網路上的存取與交易收取費用。DAO 就如同市政府，負責監督基礎建設發展、解決爭議、決定如何運用資源來將網路的價值放到最大。成功的區塊鏈網路利用這些功能的組合，打造出由下而上的新興經濟體。

想像一下，如果你是一位企業家，正打算在當地做生意，第一個想知道的就是這座城市的規則。這座城市的規則會不會朝令夕改？修改規則時是否遵循公平程序？稅收合理嗎？如果事業成功，你能不能保有經濟果實？當你確定這座城市公平、安穩，才會投入時間與金錢，你的成功和城市的成功將互利共生。你會有動機幫助城市成長繁榮，城市也會有誘因幫助你事業興旺。以上的條件考量在城市和區塊鏈網路中都一樣。

對於那些更習慣由上而下的企業軟體開發模式的人而言，可能很難理解區塊鏈網路那種由下而上協作的軟體開發模式。但是，由下而上的開發模式至今打造出協定網路，隨後又再次孕育出各種開源軟體。群眾外包的協作模式也延續這樣的精神，因而催生出維基百科這類網站。區塊鏈只是把這種歷史悠久的開發模式，用來放在網際網路的殺手級應用程式，也就是「網路連結」上。

在本書第三部，我們將探討區塊鏈網路最吸引人的幾項特質。首先討論區塊鏈有多麼開放，然後深入解析區塊鏈如何靠著低廉的抽成，以及軟體的自由組合，獲得競爭優勢來勝過其他類型的網路。我們將一一梳理區塊鏈網路的經濟機制，包括它如何以堅定的承諾，來吸引使用者、開發者與創作者。接著，我們將看到，這些特性如何鼓勵真正的社群形成，廣納各種利害關係人群體，共同引導、管理並分享區塊鏈網路創造的價值。

第三部

新時代

第 7 章

社群打造的軟體

禪宗是怎麼說的？把手放開，你的計畫才能得到一切。[1]

——林納斯・托瓦茲（Linus Torvalds）

在 1970 年代之前，科技業都在賣硬體，例如晶片、資料儲存設備、電腦等。直到有一天，某個精明的年輕人突然反過來想：[2] 如果軟體也能變成一門好生意，會怎麼樣？甚至如果軟體比硬體**還好賺**，事情會怎麼發展？為了檢驗自己的假說，這個年輕人放棄法學院，大學中輟跑去創立微軟公司。

沒錯，這個人就是比爾・蓋茲。蓋茲發現，只要好好利用網路效應，個人電腦的作業系統效用可以一飛衝天。他預見到消費者會蜂擁集中在作業系統與應用軟體上，而不是個人電腦底層的硬體設備。應用程式開發人員會選擇最受歡迎的作業系統，而不是最暢銷的機器。這將打造出一個平台與應用程式彼此互相強化的回饋循環。放眼未來，軟體為王。

當時的產業大老一無所知未來將遭受打擊。IBM 在 1980 年向微軟買下他們早期的必殺產品 MS-DOS（微軟磁碟作業系統）的授權，還允許微軟繼續銷售這套軟體給其他製造商。[3] 這步棋錯得離譜。隨著愈來愈多個人電腦製造商加入戰場，抄襲 IBM 的設計，電腦硬體變得愈來愈普遍。至於微軟，則在這股浪潮期間不斷向外推廣自家的作業系統，最後成為整個產業的標準。在之後的二十年間，軟體變成科技業最賺錢的生意。

不過，風水輪流轉，在微軟逐漸如日中天的時候，科技業迎來另一波浪潮，有一群積極的軟體工程師反攻，發起開源軟體運動（open-source software movement）。科技出版巨頭提姆・歐萊禮（Tim O'Reilly）1998 年在部落格文章〈自由軟體：網際網路之心〉（Freeware: The Heart & Soul of the Internet）中描述道：「無論微軟花多少力氣，要讓世界相信網際網路的中心位於雷德蒙德（Redmond）*，或者網景（Netscape）宣稱網際網路的中心應該在山景城（Mountain View），真正的中心永遠在網路空間中，分散在全世界的開發者社群裡；這些人彼此交流構想、分享可以實現這些構想的程式碼，並不斷改進彼此的成果。」[4]

開源軟體運動重演微軟以軟體壓低硬體價格的變革故事，商業軟體，尤其是那些在資料中心運作的伺服器軟體，在開源軟體的競爭下紛紛降低售價。而科技業者的應對方式，則是將網際網路的堆疊「向上搬移」（moving up the stack），把重心

* 譯注：微軟公司總部的據點。

從軟體轉移到服務上，很快就創造出「軟體即服務」（software as a service，縮寫為 SaaS）的全新產業風潮。

時間快轉到現代，如今數位服務已經是大多數科技公司的主力，它們根據服務項目收費，或者幫提供服務的業者打廣告而獲利。Google、Meta、蘋果、亞馬遜全都是提供服務的公司，甚至就連靠著賣軟體鴻圖大展的微軟，如今也已經把自己定位成服務公司。

在 2000 年代，網際網路剛進入讀寫的 Web 2.0 時代，科技業的服務轉型浪潮看似燃起開放、互通的希望火光。當時連接各種線上服務的 API 風靡一時，開發人員混搭（mashup）既有的服務，將它們混合、修改、再利用之後打造出全新的服務。YouTube 提供影音小工具，讓人可以嵌入部落格與其他網站使用，並因此大受歡迎；早期的貨運與共乘應用程式則是連結到 Google 地圖上；部落格與社群網路放上 Disqus 等留言評論應用程式，並從 Flickr 等網站導入第三方的照片。這一切功能全都免費，使用前不需要徵求任何人的許可。

在當時的人看來，網際網路的互通精神似乎會永遠維持下去。[5]《大西洋雜誌》（*Atlantic*）的記者亞歷克西斯・馬德里嘉爾（Alexis Madrigal）在 2017 年的回顧文章中，提到十年之前的樂觀憧憬：

> 2007 年，網路上的人迎來勝利。沒錯，網路泡沫雖

> 然早已破滅，但是科技業卻將失業的開發人員，以及剩下來的旋轉電腦椅與光纖電纜，組合出一套全新的東西。Web 2.0 不只是短暫用來形容這段時間的詞彙，更代表一種全新精神。網路將完全開放，各式各樣的服務將問世，並藉由 API 串連起來，提供前所未有的線上體驗。

但不久之後，iPhone 出現了。智慧型手機大幅扭轉平衡，協定網路的地基不斷被企業網路所侵蝕。[6]如馬德理嘉爾指出：

> 隨著這場史無前例的全球性爆炸，平台大戰也跟著開打，Open Web（開放網路）一路兵敗如山倒、毫無翻身餘地。到了 2013 年，美國人用手機滑臉書的時間，已經幾乎等於他們在 Open Web 上瀏覽所有東西的時間。

整體生態之所以變成這樣，是因為資訊產業的殘酷競爭邏輯。之前我們說過，企業網路基於科技發展的 S 型曲線，打從設計之初就內建「韭菜循環」，只要普及度跨過某個臨界點，原本對使用者有利的機制就會轉而對持有網路的大企業有利。2010 年代初出現的智慧型手機，促進網際網路的平台化，而當企業網路逐漸普及，這些大公司的最佳商業策略，就變成收割網路內部的利益。好幾個企業同時切換到收割模式，網路的權力也迅速集中。API 串不到好東西，程式與資料之間不再互通，原本開放的網際網路被切成一座座孤島。

模組、混搭、開源

某些類型的網路服務至今依然保持互通，尤其是在有大量使用者創作「模組」（mod）的電玩遊戲中，網路互通的狀況更是常見。所謂的模組指的是，在遊戲中加入新元素或玩家自製的素材，其中包含變更美術設計、修改玩法、加入隨機遊戲元素，以及加裝擴充套件（add-on），如新武器、新工具與其他客製素材。

打從桌機電玩遊戲在 1980 年代興起以來，模組改裝就相當流行。當時的遊戲玩家大多是喜歡用軟體嘗試各種事物的程式設計師，換句話說，他們就是駭客。遊戲公司了解消費者想要什麼，因此欣然接受這件事。其中最著名的例子可能是 id Software，這間公司開發出第一人稱射擊遊戲名作《毀滅戰士》（*Doom*）。[7] 在 1994 年，一名遊戲玩家把模組玩到極致，在《毀滅戰士》的遊戲中重建 1986 年的科幻電影《異形》（*Aliens*）的場景，包含異形的外骨骼造型套裝和一切元素。1996 年，當遊戲公司推出續作《雷神之鎚》（*Quake*）時，更是直接放上遊戲的程式語言，方便玩家撰寫模組。

如今，改裝模組已經成為桌機電玩遊戲的主流，因為這個平台比遊戲主機與手機更開放。在熱門桌機遊戲商店 Steam 上，有數不盡由玩家創造的遊戲模組與組件。[8] 原先是某款遊戲的模組，後來自成一格成長為熱門遊戲的案例更是屢見不鮮，[9] 像是改編自《魔獸爭霸 III》（*Warcraft III*）「刀塔」模組（Defense of the Ancients，縮寫為 DotA）的《英雄聯盟》（*League of Legends*），以及原先是第一人稱射擊遊戲《顫慄時空》（*Half-Life*）模組的《絕對武力》（*Counter-Strike*）。除此之外，還有一個遊戲平台叫作《機器磚塊》（*Roblox*），上面大部分的內容都是由玩家提供，他們不只創造，也會混合既有的遊戲素材。平台的主要賣點，就是玩家可以創作與改造內容。

許多電玩遊戲都是改裝模組的沃土，但是說到模組化改裝最成功的領域，依然是開源軟體。開源社群的貢獻者大都是志工，通常利用下班時間參與。他們的組織鬆散，分散在世界各地，透過遠端協作與知識共享的方式作業。任何人都可以在自己的軟體中加入開源程式碼，完全免費，而且幾乎毫無限制。

開源軟體最初來自 1980 年代的小眾政治運動，當時的構想相當激進，[10][11] 支持者根據他們的意識形態反對程式碼有版權，他們認為每一個人都應該可以任意修改軟體。到了 1990 年代，雖然它轉為更務實的科技革新運動，但仍然留在軟體產業的邊陲地帶。一直到 2000 年代，開源軟體才開始成為主流，原因之一就是 Linux 這個現在無所不在的開源作業系統成功崛起。

開源軟體的卑微出身，可能會讓各位不敢相信，世界上大多數運作中的軟體都是開源軟體。當你的手機連上網際網路時會聯絡資料中心，而大部分資料中心的電腦都有安裝 Linux 等開源軟體。安卓手機可以安裝大部分的開源軟體，包括 Linux。大多數的次世代科技產物，例如自動駕駛汽車、無人機、虛擬實境頭戴裝置等，也都使用 Linux 與其他開源程式碼。至於 iPhone 與蘋果電腦，則同時裝有開源軟體與蘋果公司自家專屬的軟體。

開源運動為何能夠席捲全球？其中的主要原因之一，就是軟體具備可組合性。

可組合性：軟體就像樂高積木

所謂的可組合性是指軟體具備的一種特性，可以讓比較小的組件組裝成一個比較大的組件。軟體的可組合性必須仰賴軟體的互通性才能發揮作用，不過這樣的概念可以做更多事，我們可以像堆疊樂高積木那樣，把好幾個組件組合成一套系統，過程如同第 5 章所述。用這種方式編寫軟體，就像是創作音樂或文學，用小小的音符與字詞，組成宏大的交響樂或小說等作品。

可組合性對軟體而言極為重要，重要到大部分的電腦都預設所有程式碼都可以組合。其中最明顯的設計，就是電腦在執行程式碼時會經過兩個步驟。首先，電腦以「編譯器」（compiler）程式，將人類讀得懂的軟體原始碼，轉換為機器讀得懂的低階語言；然後，再用「連結器」（linker）程式，引入其他所有會使用到的程式碼，將所有程式碼連結起來，或是編寫，組合為一個更大的可執行檔案。所謂的軟體，其實都是程式碼編寫出來的藝術品。

可組合性點亮人性最美好的光輝。在開源軟體開發人員的線上資料庫 GitHub 上，其中幾乎所有專案都有使用到其他 GitHub 專案的程式碼。而且大多數專案中的大部份程式碼，都是從其他專案的程式碼中剪貼而來。這個集體促成的資料庫，由數百萬人互相交流而成的數十億種構想，開枝散葉形成一棵枝繁葉茂的大樹，這些人大多數都素未謀面，卻彼此合作、共同推進全人類的知識儲備。（如果各位還需要更多證據，證明開源運動已經進入主流，[12] 我可以告訴各位，GitHub 現在是由企業所有，而且相當諷刺的是，買下它的正是 GitHub 原本想要對抗的最大對手：微軟公司。）

可組合性的強大之處，就是只要有人編寫過軟體的某個組件，其他人就不用再寫一次。只要瀏覽 GitHub，無論你想做什麼，幾乎都可以在上面找到相應的免費開源程式碼，從數學公式、網站開發到遊戲繪圖一應俱全。只要直接複製這些程式碼，就可以當作組件放在其他軟體中。而其他人也可以從這個新的軟體當中，複製程式碼重新利用，就這樣不斷衍生出去。企業內部一旦出現這種共享環境，生產力一定會提高；開源資料庫一旦孕育出這種共享環境，世界各地的軟體開發都會明顯加速。

坊間有一種說法，說愛因斯坦認為複利是世界第八大奇蹟。[13] 但是，無論這句話是否出自愛因斯坦（大概不是 [14]），都不減損這句話中的智慧。本金生出利息，利息又放大本金，再滾出更多利息，累積出更高的獲利。複利成長的驚人效應不僅限於金融領域，世界上許多事情之所以能夠出現指數級的暴增，都跟潛在的複利成長機制有關。舉例來說，電腦硬體的性能之所以能像第 4 章中的敘述般一飛衝天，就是因為摩爾定律是一種複利成長。而可組合性正是在軟體領域扮演複利效應的機制。

可組合性之所以如此強大，是因為它結合了好幾股強大的力量：

- **封裝（Encapsulation）**：一個人打造出某個組件後，其他人就可以直接使用，無需了解製作細節。這使得軟體的代碼庫可以快速成長，但是軟體的複雜程度與出錯可能性，不會跟著一起增加。
- **重複使用（Reusability）**：每一個組件只要打造一次。無論是遊戲元素或是開源軟體的組件，一旦打造完成就可以不斷重複使用，無需尋求任何人的許可。它就像是永遠存在的積木。當這樣的功能在開放網路上的永久資料庫發揮效用，全球的蜂巢思維（hive mind）就能推動集體的軟體開發大幅提升。

- **群眾智慧（The wisdom of crowds）**：還記得昇陽創辦人比爾・喬伊曾開玩笑說，無論你有多聰明，或者雇用多少聰明員工，世上最聰明的人大部分都還是在幫別人工作。重複利用軟體，代表你可以援引這些人的智慧結晶。世界上厲害的設計師有數百萬、數千萬人，每個人都各有專精領域，而軟體的可組合性，讓你可以盡情汲取他們的專業知識。

當然，可組合性並沒有解決所有問題。它最大的極限就是只能共享資料庫中的既有程式碼，無法維護運作中的軟體服務。這是因為維運要花錢，開源軟體的貢獻模式，依賴慈善捐贈與臨時志工，很難有效維持服務。你可以找到工程師免費撰寫軟體，但你不可能找到公司幫你免費代管伺服器。開源軟體的商業模式，無法持續提供資金去供養電費、頻寬、伺服器等各種成本。

所以，企業網路一旦不再互通，軟體服務的可組合性就名存實亡。網路上還是有很多 API 可以存取 YouTube、臉書與推特等科技巨頭的網路，但這些 API 都受到各種規則限制，功能也相當有限。提供資料的大企業，可以自由決定他們在什麼情況下、要送出哪些資訊，以及要給哪些人。當「韭菜循環」進入收割期，企業網路的掌控就愈收愈緊，讓第三方軟體開發者陷入困境。於是，外部開發人員終究學會不要仰賴這些大企業。

值得一提的是，API 在企業對企業的 B2B 軟體中依然相當常見。例如支付服務商 Stripe 與雲端通訊平台 Twilio 都相當成功。這些 API 提供簡明易懂的介面，讓使用者無需費心處理複雜的程式碼。這正是可組合性的優點之一：「封裝」。不過，他們卻錯失另外兩大強項。驅動這些 API 的程式碼大多是閉源程式碼，這表示它們既不能從群眾外包的智慧獲得好處，成果又無法回饋給全球性的軟體資料庫。除此之外，使用這些 API 都需要取得許可，資料提供者還能任意更改費用與規則。在企業網路中，需要取得許可的 API 非常有用，然而，如果要建立一個由開源與混搭服務架構的網際網路，這樣的 API 對於實現願景毫無幫助。

理想上，API 和各種服務在開放他人使用的時候，都應該強力保證這些零件永遠不會消失。畢竟只要任何一項資料或服務需要經費來維持營運，用這些零件來打造新功能的人就永遠必須提心吊膽。

企業網路無法滿足這種條件，但區塊鏈卻能提供解決方法。區塊鏈網路承諾，保證提供的服務永遠開放取用混搭，無須徵詢許可。這樣的保證來自兩項機制：首先，區塊鏈網路提供強效、編寫在軟體中的承諾，保證價格與取用規則不會改變。初始開發團隊的程式碼一旦上線，區塊鏈網路推送的服務就是完全自動執行，或者，有些網路會設計成只能透過社群投票來修改。這讓平台非常安定可靠。

其次，區塊鏈網路用代幣建立的永續金融模型，來解決營運成本的問題。舉例來說，以太坊有數以萬計的驗證器或網路託管伺服器，分散在世界各地。這個網路會將代幣作為報酬分配給驗證者，以此用來支付管理所需的伺服器、網路頻寬、電力等成本。因此，只要人們持續使用以太坊，使用者與應用程式持續支付交易費，驗證者就能透過提供託管服務而獲得報酬。這種穩定永續的環境，讓開發者不需要擔心資料或零件突然消失，可以安心的在區塊鏈上打造軟體。

教堂與市集

在歷史的考驗中，可組合性一次又一次證明自己的力量，其中最成功的就是開源軟體。但是，由於企業網路的掣肘，要建立一個由可組合的服務建構而成的開放網路願景，已經逐漸離我們遠去。隨著企業網路不斷壯大，他們的視線從走向開放轉為走向封閉。就因為一間企業將「不作惡」（Don’t be evil）列為座右銘，就信任他們不會作惡，實在是很天真的想法。一般來說，企業都會不擇手段增加獲利，否則就無法長久經營，因為他們最終會輸給不擇手段獲利的對手。

然而，區塊鏈網路將「不作惡」的願景，轉變成「無法作惡」的現實。在區塊鏈網路的架構下，資料與程式碼將永遠保持開放、永遠可以任意混搭，而且這項擔保的效力非常強。

爭論重視整體規劃的企業網路比較好，還是方便使用者任意組合的區塊鏈網路比較好，讓人回想起 1990 年代的開源作業系統設計之爭。倡導開源軟體的軟體工程師艾瑞克・雷蒙（Eric Raymond），在 1999 年發表一篇知名文章〈教堂與市集〉（The Cathedral and the Bazaar），將這兩種軟體開發模型的差異對比列出來。[15] 第一種模型，是由微軟等閉源企業所推廣，在這個模型中，軟體「像是一座大教堂，由幾名天才或一小群專業人士完全獨立作業所精心設計出來」；第二種模型，則是因為 Linux 這類開源專案而大受歡迎，在這個模型中，社群「就像一個五花八門的大市集，還有各式各樣的目標與方法」，而他們的行動原則就是：「盡早發布、頻繁更新，凡是能交給別人的工作就盡量轉交出去，保持開放、甚至擁抱混亂。」

雷蒙偏好亂七八糟的市集，而非獨善其身的大教堂。在開源社群中，「每一個問題都會有人看到」，而且大家可以一起合作，比那些集中式組織的競爭對手表現得更好。他指出：

> Linux 在很多方面都像某種自由市場或生態系，每個

> 成員都盡可能的實現自己的願望與利益，卻在過程產生一種能夠自我糾正的自發秩序，而且比任何一種集中式的軟體計畫都更精緻、也更有效。

自從電腦程式近八十年前誕生以來，軟體開發的模式就一直在大教堂與市集之間來回擺動。如今的大教堂就是企業網路，市集則是區塊鏈網路。區塊鏈網路以全新的方式，將軟體循環利用與重新混合的力量，拉到能夠和企業網路分庭抗禮的程度。未來的網際網路會像偉大的城市一樣，藉由成千上萬人民的合作而建立起來，每個人貢獻自己獨特的技能與興趣，彼此共享資源共同努力，一磚一瓦的實現共同目標。

第 8 章

抽成率

你手裡肥厚的利潤，就是我搶生意的機會。[1]

——傑夫・貝佐斯（Jeff Bezos）

如果你是一間老牌企業的高階主管，在 1990 年代中期聽到某位知名的網路企業創辦人，說出上述語帶威脅的言論，你大概只會一笑置之，認為對方不知天高地厚。但是，之後你就會後悔。

亞馬遜創辦人貝佐斯用這句狂言，毫不掩飾的公開他搶奪市占率的策略。他的計畫很簡單：盡量縮減經常性費用，大幅降低售價，吃掉競爭對手的利潤。價格能多低就多低，利潤能多薄就多薄，不要讓對手喘息一分。

當時，亞馬遜的競爭對手是實體零售商，這些商店的成本結構，讓他們無法跟上亞馬遜的降價幅度。實體支出如租金、水電費、店員薪水等，對既有店家的定價設下嚴格的限制。而亞馬遜沒有實體店面，可以壓低售價，並且以此發揮優勢、削價競爭，讓許多競爭對手關門大吉。

亞馬遜靠著低廉的成本結構，建立起不斷壓低售價的商業模式：一方面維持、甚至提高既有服務的價值，一方面逐漸減少消費者的支出。這種策略打從電子商務網路出現之初就很流行。分類廣告網站克雷格（Craigslist）就是這樣搶走報紙的分類廣告收入；[2]Google 與臉書就是這樣吞併依靠廣告收入維生的媒體公司；[3] 貓途鷹（Tripadvisor）與 Airbnb 就是這樣分走傳統旅遊業的大餅。[4] 在這些案例中，顛覆市場的新創企業都大砍售價，並且將那些被既有成本結構卡死的早期主流業者一個個放倒。

下一個會以此顛覆平衡的科技就是區塊鏈。當年的網路新創公司打破既有業者的高售價，未來的企業網路也會因為抽成比例過高，而死在區塊鏈網路的手中。

網路效應推高抽成率

網路業者靠著向線上交易與廣告等網路活動收費來賺錢。各位大概還記得，流經網路的營收金額當中，由網路所有者獨吞的金額，和流到網路參與者手中的金額相對的比例，就叫作抽成率。只要沒有其他力量制衡，網路效應愈強的系統，抽成率通常就愈高，因為參與者被綁在這個網路上，幾乎沒有其他選擇。

在前網路時代，價格主要是由規模所決定。在網際網路上，則是由網路效應來決定價格。當今最大的社群媒體公司之所以能收取高額抽成，正顯示出企業網路鎖定使用者的力量非常強大。

在大型社群網路中，最慷慨的是 YouTube，只從收入中抽取 45％的費用，剩下的 55％都留給創作者。YouTube 在成立之初就面對許多新興影片平台的激烈競爭，這些平台都願意和創作者分享一半的廣告收入，因此，感覺受到威脅的 YouTube 在 2007 年底設立營收分成的「合作夥伴計畫」（partner program）來抗衡，並且一直持續至今。[5]

不過，這種好事並不常見。臉書、Instagram、TikTok 與推特都以廣告為主要收入，並且將 99％的廣告收入放進自己口袋。這些網路最近都推出以現金回饋為主的專案，來獎勵創作者，[6] 但是，他們大多採用有時效性的「創作者基金」（creator funds）[7] 與靜態的資金池，而不是像 YouTube 那樣直接給予廣告分成。創作者只能獲得網路抽成營收的一小部分，通常不到 1％，而且企業沒有義務要繼續長期資助這些專案。更糟的是，獎勵資金的總額有限，這樣的模式讓平台與創作者的關係只有你死我亡一途，逼得兩者爭奪有限的資源。[8] 資深 YouTuber 漢克．葛林（Hank Green）說得好：「TikTok 長得愈大，創作者從每一支影片觀看次數中分得的收入就愈少。」

即使拿錢出來成立創作者基金，最大的幾間社群網路企業分給網路參與者的錢，根本只是杯水車薪。這對網路而言很好，但是對創作者卻很糟，他們提供內容，卻完全得不到公平的營收分成回報。除了掌控網路，這些企業還利用自己的優勢，蒐集使用者的個人資料，這讓他們得以更精準的投放廣告、賺取更多收入。網路效應再加上鎖定使用者的能力，使得企業的議價能力愈來愈高。

蘋果能坐擁強大的議價能力，原因正是大量的 iPhone 死忠粉絲，以及 iOS 開發者生態系的網路效應。[9] 蘋果利用這樣的能力，來制定嚴格的付款規則，也因此招來下游公司的厭惡。[10] 你曾經在 iOS 應用程式上訂閱過 Spotify，[11] 或是購買過 Amazon Kindle 電子書嗎？[12] 實際上，你無法這樣做。因為這些公司不想支付最高可達 30% 抽成率的佣金給蘋果。許多應用程式開發者為了避免高額的抽成，刻意避開 iOS 應用程式，只在行動瀏覽器中接受付款。（全球資訊網與電子郵件是手機最後的淨土。）但這只不過是權宜之計，如果蘋果真的想榨乾每一分錢，還是可以強制規定所有交易都透過 App Store 進行。他們之所以還不敢這麼做，只是顧忌後續的強烈反彈與可能因此吃上的官司，以及監理機關的盯梢而已。

但是，有些公司寧願開戰，也不願白白奉上這麼多營收給蘋果。[13] 實際上，許多應用程式開發者都受夠蘋果高昂的抽成率，已經聯合起訴蘋果霸占市場的主導地位。[14] 只是在法院與監理機構更新規定，或者市場出乎意料的讓蘋果得到報應之前，他們依然可以放心收取極高的費用。這就是獨占一整個網路的巨大力量。

如果說壟斷會提高抽成率，競爭就能制衡人們的貪欲。支付網路至今依然保持相對低廉的費用，都是因為有普遍、可互相替代的支付選項。Visa、Mastercard、PayPal 等眾多支付網路都提供類似的服務。有這麼豐富多元的選項，自然會降低企業的議價能力。因此，信用卡網路的單筆交易手續費一直落在 2 ～ 3％之間，這筆費用不止低廉，而且大部分都會以積分的形式或其他回饋方案，歸還到消費者手中。如果各位認為這樣的手續費依然太高，我之後也會在第 14 章中詳細說明。

販賣實體商品的網路，抽成率通常位於中間值，比支付網路高，但遠比社群網路更低。舉例來說，主要賣二手商品的 eBay [15]、販賣手工藝品的 Etsy [16]、賣運動鞋的 StockX [17]，抽成率都介於 6 ～ 13％之間。使用者可以選擇要把商品上架到哪個平台販售，而且可以同時上架到好幾個平台。這類平台的抽成率比較低，部分原因在於賣家販售商品獲得的利潤比較低，此外也因為這些平台的網路效應沒那麼大。買家會看到商品頁面，都是透過搜尋結果而非社群網路的推播，這讓賣家轉換網路平台的成本變得很低。而且實體商品都掌握在賣家手裡，只要他們願意，隨時可以搬到其他平台繼續銷售。當網路參與者擁有真正對他們有價值的東西，轉換平台的成本會下滑，連帶抽成率也跟著壓低。

協定網路沒有企業卡在中間占取營收，所以完全不抽成。

使用者都擁有自己的網域名稱，隨時可以更換託管業者，不必經過任何人的審查或同意。有些業者會對特定的服務收費，例如電子郵件與網路託管；但由於協定網路不像企業網路，不會產生網路效應聚集到中心，因此提供託管服務的公司幾乎沒有議價能力，只能根據儲存服務與網路流量的成本來收費，不能直接從營收中抽成。因此，儘管協定網路參與者還是要支付這些稱為「實質抽成率」（effective take rate）的費用，也就是為了使用網路必須支付的實際費用，但這筆費用的金額一直非常低。

某些餐廳會在結帳帳單中加上各種隱藏費用，企業網路也會用各種方法偷偷提高實質抽成率。企業網路收取的抽成率，經常比真正的帳面數字還要高，因為他們會調整演算法，降低使用者在社群媒體與搜尋結果中的自然觸及率（organic reach），以此調高抽成金額。只要創作者、開發者、販售者，或是進行其他活動的使用者達到一定規模，企業網路就會逼你買廣告，來維持或擴大受眾。

舉例來說，各位可能早就發現，Google 與亞馬遜的搜尋結果中，愈來愈常出現贊助商的產品[18]（請查找有「贊助」或「sponsored」字樣的標籤）。這些大企業利用這樣的手法，提高從網路上的供應商所收取的實質費率；Google 的供應商就是網站，而亞馬遜的供應商則是賣家。在 Google 的搜尋結果頁面上，網站的原生連結不必付費，但必須透過競價才能登上贊助版位。* 在亞馬遜網站中，賣家上架要付費，如果想要刊登贊助廣告，還得額外再付一筆錢。[19] 這兩間大企業都知道，使用者更常點擊搜尋結果排名比較前面的連結，所以他們把原生連結往後面推，迫使網站與賣家額外付更多錢，卻只得到相同的曝光機會。如果這還不夠糟糕，這些公司還會用珍貴的版面來推廣自家商品，直接和供應商打對台。

Google、亞馬遜以及其他網路巨頭，都曾在「韭菜循環」的推廣時期顛覆當時的商業平衡；然而，如今到了收割時期，他們只在乎如何從自己擁有的網路中盡可能榨取利益。也就是說，這些企業網路的擁有者不僅奪走網路上幾乎所有的收入，更想方設法收取額外的費用。網路參與者因此進退兩難、孤立無援。他們花費多年心血經營粉絲，規則卻突然改變，他們被迫要付更多錢，才能繼續維持自己建立起來的受眾。

科技巨頭設下的高昂抽成率對網路參與者不利，卻對巨頭本身的利潤非常有利。Meta 的毛利率超過 70%，這表示每 1 美元的營收都有超過 70 美分流進公司的口袋 [20]（剩下的錢都是用來支付創造營收的直接成本，例如資料中心的營運費）。擁有網路的科技巨頭，將這些營收的一部分用來因應固定成本，例如人事費用與軟體開發費，其餘的則列為利潤。在這些

---

* 編注：原生連結（organic link）也稱自然連結，指沒有經過操控或付費改進搜尋引擎排名的情況下產生的網路連結。

公司內部，有成千上萬名員工在管理與業務部門工作，也有些人負責新的研發專案。但是，同時也有一層一層的中階主管，以及毫無效率的科層體制。

當大企業的會計師看見利潤，企業家看見的應該是激烈的流血競爭。貝佐斯大概也會說：**你手裡每一筆抽成率，都是我的致勝商機**。

你手裡每一筆抽成率，都是我的致勝商機

區塊鏈網路的出現顛覆這些尋租（rent-seeking）的平台中介公司，並且藉由讓他們降價，從這些敲詐勒索的企業手中取回市占率。當網路鎖定消費者的能力愈強，議價能力就愈強；議價能力愈強，就會推高抽成率。然而，當既有網路的抽成率愈高，顛覆他們的機會也愈大。

目前主流的區塊鏈網路，抽成率都非常低，從1%以下到2.5%不等。這表示，流經網路的絕大多數資金，都流向使用者、開發者、創作者等網路參與者。下列對比表格分別列出知名企業網路的抽成率，和以太坊與Uniswap等主流區塊鏈網路，以及區塊鏈上的交易平台OpenSea的抽成率：[21]

區塊鏈網路的抽成率之所以這麼低，是因為他們的核心設計原則早就設下各種嚴格限制，如下：

企業網路	抽成率	區塊鏈網路／應用程式	抽成率
臉書	～ 100%	OpenSea	2.5%
YouTube	45%	Uniswap*	0.3%
iOS App Store	15 ～ 30%	以太坊 **	0.06%

* 最常見的費率等級。

** 計算方式是根據 2022 年所有使用者支付的礦工費總額，除以同年以太幣（ETH）與以太坊上所有代幣（ERC20）排行榜熱門代幣的交易總額。（資料來源：Coin Metrics）

- **程式碼不會反悔**。區塊鏈網路在上線那一刻就得宣布抽成率，而且沒有經過社群同意便無法修改。這讓各個網路都得用低廉的費率來爭取網路使用者。在競爭激烈的市場中，抽成率就逐步降低到接近網路的維護與開發成本。
- **由社群掌控**。在設計良好的區塊鏈網路中，要提高抽成率，必須通過社群投票同意。這和企業網路的機制完全相反，在企業網路中，擁有網路的那一方可以任意修改費率，掠奪社群的利益。
- **開源程式碼**。所有區塊鏈程式碼都是開源的，很容易「複刻」（fork），或者是說：創造副本。如果某條鏈把抽成率提得太高，競爭對手只要「複刻」這條鏈，並提供低廉的費率，就可以輕鬆搶走使用者。這種機制能遏止人們任意漲價。

- **使用者掌握所有權**。設計良好的區塊鏈網路會和主流的標準系統互通，保證使用者可以保有他們在意的事物。舉例來說，許多區塊鏈網路都和以太坊的主流網址系統「以太坊名稱服務」（Ethereum Name Service，縮寫為ENS）互通。這表示我可以跨區塊鏈使用自己的ENS網域名稱 cdixon.eth，如果某條區塊鏈修改規則或提高抽成率，我就可以輕鬆轉換到新的區塊鏈網路，也不用擔心失去網址或人際連結。當轉換成本較低，網路的議價能力就愈低，抽成率也會因此下降。

人們對區塊鏈網路的一項批評是，[22] 低廉抽成率只會是暫時的假象。他們認為，當區塊鏈愈來愈普及，就會出現新的中介機構再把抽成費率調高。備受敬重的資安專家暨通訊軟體 Signal 創辦人莫西・馬林史派克（Moxie Marlinspike）在一篇熱門部落格文章中指出，使用者介面只要出現那麼一點點的阻礙，使用者就會立刻用腳投票，跑去使用簡單好用的前端應用程式。目前區塊鏈的使用者，遲早有一天都會回去使用最方便的程式。只要這些應用程式是由企業提供，我們就會繞了一圈回到原點：整個網際網路掌控在少數幾家企業手中，所有人都任其宰割。

馬林史派克的批評一針見血。這樣的狀況稱為「重新集中化」（recentralization），和本書第 1 章中提到 RSS 沒落的故事非常相似。推特等企業網路就是透過提供更順暢的使用者體驗，逐漸吸走使用者。設計不良的區塊鏈網路，很有可能會步上相同後塵。

如果區塊鏈網路要避免陷入如此困境，就必須讓使用者保有可信的威脅（credible threat）*，永遠都可以轉換使用其他客戶端軟體。即便使用者最終都聚集在少數主流軟體中，也要堅守承諾。要確保上述條件，區塊鏈網路的設計就必須滿足下列條件：

- **和時下企業網路同樣順暢的使用者體驗**。這就是為什麼區塊鏈網路需要一種和企業網路相似的募資機制，用來不斷開發軟體，並提供免費的託管服務與名稱註冊等使用者獎勵措施。協定網路從來就沒有完善的募資機制，這正是 RSS 敗亡的關鍵原因。（關於區塊鏈的募資機制，詳見第 9 章。）
- **由社群手中的區塊鏈，而非企業手中的前端應用程式，來產生網路效應**。帳號、社交關係、數位財產這些對使用者而言相當重要的東西，全都必須位於鏈上，並由使

---

* 編注：在賽局理論中，可信的威脅指的是當威脅者採取行動時，會出於自身利益考量而採取先前聲明的做法，並得以因此威脅另外一方。

> 用者持有。只要使用者可以輕鬆的改用另一款應用程式，來使用相同的帳號與財產，撰寫應用程式的企業就不敢輕易抬價，使用者也更不容易被應用程式綁架。

馬林史派克以 NFT 交易市場 OpenSea 為例指出，企業打造的應用程式可能會奪走區塊鏈網路的掌控權。只不過，OpenSea 所互通連接的區塊鏈網路設計得很好。使用者要註冊 OpenSea 時，可以使用既有的帳號，連上以太坊這類區塊鏈。你擁有的所有 NFT 都在區塊鏈上，而不是儲存在 OpenSea 等企業的伺服器上。這樣的機制讓使用者可以帶著帳號與想要買賣的 NFT，輕鬆轉換到其他市場上。

馬林史派克在 2022 年初寫下那篇文章後，就出現 Blur 這類新興市場，利用低廉的轉換成本，從 OpenSea 手中奪走 NFT 交易平台的市占率。[23] 為了因應競爭對手的做法，OpenSea 也降低抽成率，由此可以證明，區塊鏈保障的所有權確實能迫使平台降價。反觀企業網路，至今幾乎從來沒有為了吸引顧客而降低抽成率。

抽成率低廉的區塊鏈網路，是吸引開發者與創作者的商業沃土。舉例來說，新創企業可以安心撰寫第三方應用程式，為分散式金融增添更多功能，不用擔心分散式金融網路某一天突然改變規則，掠奪利潤，使新創企業的投資付之一炬。相比之下，願意仰賴 Square 或 PayPal 等企業金融網路的軟體開發者少之又少。他們的頭腦夠清楚，最多只會開放使用這些平台付款的選項，不會仰賴這些平台。

區塊鏈網路的設計，應該把抽成率定得夠高，足以資助基本的網路活動費用，但收費比例又要壓得夠低，足以逼退企業競爭者。這樣就能創造一種新的模式，把網路上大部分的經濟盈餘分給參與者，把流到損益表或人事費用的金額減少。

氣球效應

要了解科技業，重要的是要了解，當「技術堆疊」中任何一層變成大眾化的商品，另一層就會變得更加好賺。在這個前提之下，所謂的技術堆疊，是指好幾種科技一旦結合起來就可以賺錢。像是電腦硬體、作業系統、應用程式就是一個技術堆疊，每一層都建立在前一層之上。

當某一層變成大眾化的商品，就表示它已經失去議價優勢。在現實世界中，這通常表示這類商品會陷入極為激烈的競爭，產品愈來愈沒有差異性，最終利潤趨近於零。小麥、玉米這類大宗物資就是典型的例子。技術堆疊中的商品與服務一旦陷入下列三種情況，就很有可能變成大眾化的商品：一、免費贈送，例如 iPhone 上的計算機應用程式；二、開源，例如 Linux 作業系統；三、掌握在社群手中，例如電子郵件協定 SMTP。

前文最後一次提到克雷頓・克里斯汀生，是在第 5 章中討論代幣的破壞式創新（disruptive innovation），這些構想都統合在他的「誘人利潤不滅定律」（law of conservation of attractive profits）中。[24] 他認為，將技術堆疊其中一層變成大眾化商品，就像是在擠壓一顆氣球，氣球裡的空氣總量不變，只是轉移到其他地方。技術堆疊的利潤也一樣是總量不變（至少大致上八九不離十，畢竟商業不像物理學那樣確定）。總利潤還是一樣，只是轉移到其他層了。

我們來看一個具體的例子。Google 搜尋服務是靠著使用者點擊搜尋結果的廣告來賺錢，在廣告主付費到使用者點擊之間，有一連串科技支援：手機或桌機等硬體、作業系統、網路瀏覽器、電信業者、搜尋引擎、廣告網路。他們注定必須彼此搶錢，因為無論廣告的整體市場如何成長或萎縮，在每一個時間點，廣告的收入總額都固定有限，技術堆疊中的每一層，注定必須零和競爭。

Google 經營搜尋服務的策略，就是盡量買下技術堆疊中的每一層，或是將它變成大眾化商品，藉此將自己的利潤放到最大。否則，要是有競爭對手控制其中一層，都會侵蝕他們的獲利。所以，Google 才會在技術堆疊的每一層都推出產品：設備（Pixel 手機）、作業系統（Android，大多是開源軟體）、瀏覽器（Chrome 加上開源的 Chromium 專案），甚至電信服務（Google Fi）。當 Google 這麼大的公司支援開源專案，或是推出比競爭平台的商品更平價的產品，絕對不是出於善念。他們這樣做是為了自身利益。

以手機的搜尋引擎產業鏈為例：蘋果掌控 iPhone 作業系統與預設網路瀏覽器 Safari。據報導，Google 為了繼續成為 iPhone 的預設搜尋引擎，每年乖乖送給蘋果 120 億美元。[25] 在這個例子中，蘋果利用 iPhone 的市占率，壓縮 Google 在搜尋引擎產業鏈的獲利空間。[26] 如果 Google 之前沒有洞燭先機去開發 Android，搶下一大塊行動作業系統的市占率，如今就得為了維持搜尋引擎的地位，而交給蘋果更多錢。所以對於 Google 來說，Android 即使完全不賺錢也無所謂，只要行動裝置的作業系統足夠平價同質，就可以消滅蘋果這些對手在作業系統的議價空間，也就不用擔心搜尋引擎的市占率在這一層被對手牽制。這些大企業之所以會搶奪作業系統的市占率，其實都是在瓜分搜尋產業鏈的利潤大餅。

Google 之所以將 Android 開源，還免費捆綁在許多廠牌的手機上，其實是在執行一種經典的科技策略「將你的互補品變成大眾化商品」。[27] 這句話來自 Stack Overflow 與 Trello 的共同創辦人喬爾·斯波斯基（Joel Spolsky），他在 2002 年根據卡爾·夏培洛（Carl Shapiro）以及目前任職於 Google 的哈爾·范里安（Hal Varian）等經濟學家的研究成果，整理出這項規則。[28]Google 將行動作業系統市場中大部分的產品都變成大眾化商品，如此一來就能確保真正的金雞母，也就是搜尋引擎，在新的運算平台上毫無阻礙的成長壯大。這項策略在整個產業從個人電腦轉移到行動裝置時，有效降低 Google 所面臨的系統性風險，並且提高企業的議價能力，降低搜尋事業的獲利來源所面臨的威脅。

英特爾也採用類似的策略，大力協助開源作業系統 Linux，還貢獻最多程式碼。英特爾生產中央處理器，作業系統是它的互補品。每當有人購買 Windows 主機，微軟就分走應該進入英特爾口袋的利潤；每當有人購買 Linux 主機，大部分利潤反而會流向英特爾手中。英特爾支持 Linux 將作業系統變成大眾化商品，其實是在幫襯自家的金雞母處理器。

克里斯汀生的理論同樣適用於社交網路：終端使用者位於技術堆疊的其中一端，內容創作者、軟體開發者、其他網路參與者則位於堆疊的另一端。目前的企業網路卡在堆疊中間，以高額的抽成率壓縮兩端的利潤空間，將整個網路的價值從端點集中到他們擁有的中心，榨取互補品（也就是開發者與創作者）的利益。他們以網路效應把使用者綁在自己的平台上，強迫內容創作者付錢推播，強迫開發者撰寫他們想要的軟體。

在以廣告盈利的媒體公司中，廣告主是顧客、也是資金來源，使用者則是遭到擠壓的互補品。人們會交出自己的閱聽時間與個人資料，來換取網路連結。相較之下，協定網路與區塊鏈網路的抽成率低，利潤可以流向使用者、創作者、軟體開發者，以及其他網路參與者的口袋。他們是在網路的中心擠壓氣球，將利益推向網路邊緣。

綜合上述觀點，我們可以說企業網路很「胖」（thick），協定網路與區塊鏈網路很「瘦」（thin）。當網路愈胖，就愈容易集中利潤，壓縮內容創作者與軟體開發者的利益。愈瘦的網路則愈難將利潤集中到中心，愈能讓獲利空間留在端點的互補品。

想像一下，你正在為一個全新的社群網路設計技術堆疊。也許你在意公平，希望讓每個人根據自己創造的價值獲取相應的利潤；也許你在意社會願景，想用這個網路降低貧富不均。但是，假設你完全不管這些考量，只想要一個能培育新構想與創意的網路，還是會希望社群網路盡量「瘦」一點，不要像現在這麼「胖」。

這時候我又想起偉大城市的類比。網際網路就像城市的基礎建設，我們希望道路發揮基本功能，但不要壟斷整個城市的發展創意。道路只要能走就好，不需要太多花俏功能。真正的創意應該留給**道路周邊**的企業家，設立各種商店與餐廳、打造全新的建築、吸引更多人進駐社區。道路「瘦」一點才好，「胖」的東西應該留給周圍的環境。

社群網路應該和道路一樣，是「瘦瘦」的公用設施。它只需要穩定、高效率的提供基本功能，並且和其他網路相容互通，這樣就可以了，剩下的東西都可以交給其他人提供。社群網路應該把無限的創造可能，留在整個技術堆疊的頂層，也就是社群網路上面的各種媒體與軟體，使自己成為充滿資源的多元創新空間。（更進一步的討論，請詳見第五部。）

網際網路經過多年，已經發展成很「瘦」的網路，成果有目共睹。當時整個網際網路完全只由 HTTP 協定相連，所有創新都出現在技術頂層，也就是網頁那一層。這樣的網路結構，引領整個網際網路爆炸性創新，一路長達三十年。

然而，如今的社群網路設計卻完全相反，網路非常「胖」。臉書、TikTok 與推特等企業，都將網路上大部分的價值收進自己的口袋之中。在這種架構下，新創企業如果想要賺錢，就不可能在既有的網路裡做生意，不能在公共的道路上建造一個新城市，只能從頭打造一個自己專用的社群網路。而創新的能量，也就這樣死在企業網路手中。

當代的金融網路也是這樣。支付流程應該簡單又便宜，就像寄送電子郵件那樣如同基礎建設。目前的科技也早就能夠達成這樣的目標，我會在第 14 章中詳述，我們早就可以在金融與商業技術堆疊中，把支付功能做得「瘦瘦」一層。然而，眼前的狀況完全顛倒：市場上只有少數幾間公司靠著支付服務賺得盆滿缽滿，還可以用業界持續存在的高抽成率，不斷吸引新創企業與創投公司前來。這不是產業該有的模樣。

幸好區塊鏈網路像是橡皮筋，可以改變氣球的形狀，把胖胖的中間部位變瘦。像捆緊氣球一樣，把空氣擠回正確的地方。分散式金融降低支付、借貸、交易的費用；區塊鏈社群網路、遊戲、媒體也能達到類似的效果。如果要造福社會，我們就該打造新的技術堆疊，讓終端使用者、內容創作者、創業的企業家都不再被企業網路擠壓，能獲得原本應有的利潤。

當然，區塊鏈網路的經濟誘因除了降低抽成率以外，還要加上代幣激勵機制。代幣就像各種強大的工具那樣如同一把雙刃劍，為善為惡全看使用者一念之間。區塊鏈網路如果設計得好，就能用代幣鼓勵各種軟體開發與有意義的活動，吸引高手與企業前來實現自我。但這樣的設計並不容易，需要周密安排。

如果說抽成率是棍棒，代幣就是紅蘿蔔。

第 9 章

用代幣誘因建立網路

告訴我你使用的誘因，我就能告訴你結局。[1]

——查理・蒙格（Charlie Munger）

軟體開發的誘因

在網際網路商業化之前，最成功的協定網路都是政府在 1970 與 1980 年代所打造。當時電子郵件與全球資訊網遍地開花，不用擔心企業網路來搶資源。2000 年出版的《破繭而出》（*The Cluetrain Manifesto*）描述網際網路如何改變商業（以及社會中的各種面向）：「網路就像雜草一般，從窗明几淨的傳統商業帝國的夾縫之間鑽出頭來。」作者還認為，網際網路之所以能夠繼續壯大：「主因之一就是沒有引起注意」。[2]

想像一下，如果電子郵件與全球資訊網這類協定網路，在萌芽之初就必須面臨企業的新創產品鬥爭，很可能根本無法存活到現在。它們很可能會像 RSS 這樣失敗的協定網路一樣，就此步入歷史。科技公司擁有大量資金，財務條件極佳，可以用高額的薪酬吸引世界級的程式設計師建立大型的軟體開發團隊，協定網路根本毫無勝算。

網際網路不會從石頭裡迸出來。想要挑戰企業網路，就必須在財務上擁有優勢，並搶到夠好的開發者。天下沒有白吃的午餐，沒有誘因就別想找到好人才。

協定網路通常資源太少，開不出夠好的條件吸引開發者。它們沒有永續財源，只好靠社群的志工無酬貢獻。區塊鏈網路沒有這個問題，雖然它像協定網路一樣仰賴外部的個人或公司來打造大部分的軟體零件，但卻內建激勵機制讓開發者能夠獲得報酬。

區塊鏈網路的成功關鍵就是代幣獎勵。我們之前說過，代幣是在數位世界建立所有權的底層機制，每條區塊鏈都有自己的「原生代幣」（native token），代表那個網路上的經濟價值，例如以太幣（ether）就是以太坊區塊鏈的原生代幣（關於區塊鏈網路的經濟原理，請見第 10 章）。有時候，原生代幣除了扮演經濟誘因，還能賦予治理權，讓持有者參與區塊鏈的治理（詳見第 11 章）。

區塊鏈網路用代幣來吸引人們開發鏈上軟體，維繫競爭力，藉此打造出流暢的軟體使用體驗，足以媲美企業網路。

企業網路的軟體幾乎完全由公司員工開發。例如推特這類公司的員工，就必須開發與維護應用程式、調整演算法來改變推文排序、打造工具過濾垃圾資訊。區塊鏈網路則將這些任務轉交給外部開發人員與軟體工作室，用市場機制來取代企業管理高層的功能。開發軟體的報酬通常都是代幣，這種機制讓開發者獲得區塊鏈一部分的所有權與治理權，並成為網路中的利害關係人。

以代幣來獎勵軟體開發有很多優點。首先，這讓全世界的人都能做出貢獻，大幅擴大潛在人才庫與潛在利害關係人；而且貢獻者在獲得代幣、擁有一部分的區塊鏈網路之後，會更有動力在區塊鏈上撰寫軟體、創作內容，並以各種方式協助那條鏈繼續壯大。其次，代幣機制允許自由競爭，使用者可以像是自由選擇網頁瀏覽器和電子郵件程式一樣，自由選擇好用的鏈上軟體。第三，代幣的分配機制比股票的配發更透明、更能符合原本的規劃，也比企業網路更公平、更開放、使用起來更方便（相關內容詳見第 12 章）。

區塊鏈上的每個專案都想吸引一大群人來參加，但這需要時間。專案的初始團隊通常都是一小群充滿新構想的開發人員，他們有時候會私下合作，有時候會用法人建立正式關係。這些早期開發者通常至少會得到一部分的代幣報酬，精心設計的網路會讓代幣分配得剛剛好，使團隊完成第一階段的任務之後，持續獲得一些影響力與優勢，但優勢不會太多。

初期團隊寫好程式，準備放上區塊鏈時，就會啟動（launch）網路，限縮自己的控制權。早期開發者通常會繼續開發應用程式，但那多半只會是眾多程式之一。區塊鏈網路的最大潛力，來自各種點子與技能的百花齊放。在區塊鏈網路上做事無須徵求許可，而且設計得當的區塊鏈會使人人平等，沒有任何程式的開發者擁有特權，即使是最初打造網路的人也只是其中一個成員。

區塊鏈網路啟動後則會透過獎勵計畫（grants）來持續鼓勵開發。某些區塊鏈擁有大量資金，可以利用社群決策，或是根據預定指標自動分配代幣。[3] 例如，能夠讓那些打造區塊鏈基礎建設、前端應用程式、開發人員工具（developer tools）、網路分析等等的獨立開發者獲得代幣獎勵。只要生態系正常運作，就會有投資人為了獲取回報，去資助這些新專案、新程式、新服務或各種其他業務。這時低廉的抽成率會進一步鼓勵投資，正如上一章所說，當實作者與投資人都知道多做能夠多得，不會被網路突然抽成，就更願意認真建設。

有了代幣這種激勵機制，區塊鏈網路就能跟企業網路搶人才。獎勵計畫加上外部投資，使得區塊鏈網路能夠吸引夠多資金，像企業網路一樣不斷開發更好的軟體。而且，代幣機制不僅能夠用來鼓勵軟體開發，還能用來吸引使用者、內容創作者，以及更多人一起加入。

萬事起頭難

剛開始使用企業網路的人，為網路創造巨大的價值，卻幾乎都沒有獲得公平的回報。看看那些最早在 YouTube 上傳影片的人、臉書上最早的社群、最早進入 Instagram 的網紅、最早加入 Airbnb 的房東、最早使用 Uber 的司機獲得多少報酬，就知道事實多麼殘酷。但只要沒有人加入，就不會有網路。

幾乎所有的企業網路，都會把財富與權力集中到少數人手中。根據網路效應，掌握網路的人掌握一切。當網路屬於企業，通常就是贏者全拿，只有企業的創辦人、投資者，以及一小撮幸運的員工可以吃香喝辣，其他人注定要被剝削。企業網路發展到一定程度就會背叛早期使用者，把整個網路的利益，送進權力中心的親友口袋。其他共同打造網路的參與者無論如何懷恨，都無力回天。

相較之下，區塊鏈網路的方法就相當平等。它讓網路建造者與早期參與者獲得代幣獎勵，舉例來說，在鏈上社群網站撰寫熱門內容、在鏈上遊戲玩得夠好或撰寫有趣的模組、在鏈上電商導入新的買家，都可以獲得那個區塊鏈的代幣。最聰明的激勵機制，不會把獎勵送給那些在網路上買東西或支付費用的消費者，而是會獎勵那些讓網路更加豐富強大的人。

當網路逐漸茁壯，代幣獎勵就該慢慢退場。網路需要參與者；但只要人數多到發生網路效應，就不需要繼續用誘因來吸引參與。激勵機制的真正功能，是讓那些願意一開始就承擔風險共同打拚的人，能夠獲得最大利益。

這不僅對使用者與貢獻者有利，也對整個區塊鏈網路有利。打造網路的其中一項關鍵挑戰，就是「引導」（bootstrap）

或「冷啟動」（cold start）的問題：如何在網路沒人使用的時候找到重要的功能，吸引使用者與貢獻者參與。因為網路效應既能載舟，亦能覆舟，它能將使用者引進網路，也能讓使用者搬到其他網路。大型網路可以輕鬆吸引新人加入，小型網路光是要留住客群就得費盡千辛萬苦。

這時候，代幣獎勵就很有用。例如 Compound 這些分散式金融網路，就率先發現可以在網路剛建立的時候，用代幣來吸引使用者加入，如下圖所示：[4]

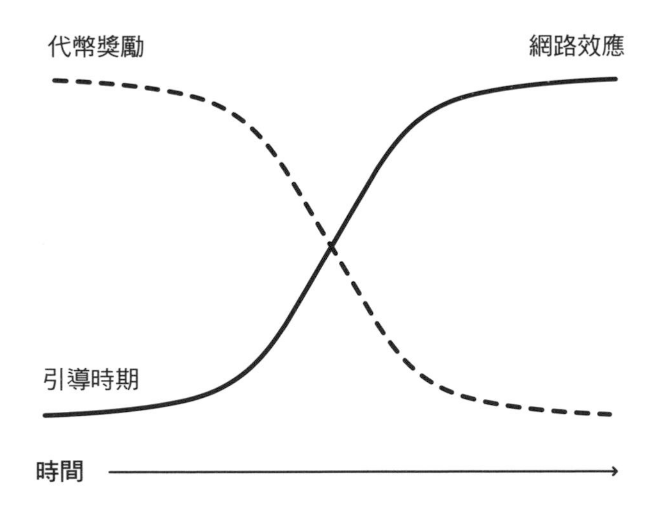

其實企業網路也用類似的技巧來招募客戶，只不過發放的不是代幣而是補貼。各位可能還記得 YouTube 剛成立的時候，他們會補貼影片託管費用，以吸引使用者上傳影片到網站上。

但補貼能做的事情相當有限。許多潛能無限的網路，都因為無法在一開始招募到夠多人加入，而早早夭折。但有了代幣的獎勵機制，打造這種網路就不再是夢想。

以電信為例，技術專家幾十年來一直想要打造草根電信網路（grassroots internet access provider），使用者可以在家中或辦公室安裝無線路由器等設備，讓其他人接入網際網路。這麼一來，即使沒有 AT&T、威訊通訊（Verizon）這類電信巨頭的基地台，依然可以順利上網。

過去這類草根電信實驗從來沒有成功。麻省理工學院的學生打造 Roofnet、新創企業 Fon 拿到創投資金、紐約市附近的熱心人士建造 NYC Mesh，嘗試者前仆後繼，卻都無法招募到夠多設備，無法擴大覆蓋範圍。[5] 大部分的計畫都沒能跨過啟動階段。

然後 Helium 來了。這個區塊鏈上的草根電信實驗，比其他計畫都成功許多。[6] 它用代幣鼓勵人們安裝並維護網路節點，希望在幾年內逐步擴及全美國。當然它還有很多工作要做，才能吸引消費者來使用；但它已經從小眾的網路標準，升級至更受歡迎的 5G 蜂巢式網路，而且突破過去前輩的困境，證明草根電信服務確實可行。這正是代幣激勵的潛力。

目前還有許多區塊鏈，正在採用類似的方法來打造電動車充電、電腦儲存、人工智慧培訓等網路。[7] 這些網路都相當有用，過去之所以沒有建立起來，都是因為無法跨出第一步。代幣激勵帶來全新的可能，也帶來翻轉企業網路的新希望。網路的利益不會繼續鎖在企業內部，不再是投資人與企業員工的禁臠，而會擴大到每個使用者，不再富者愈富。

代幣會自己帶來粉絲

每一位行銷人員都希望產品會透過口耳相傳自動帶來顧客：一個人帶來兩個人，兩個人帶來四個人，四個人帶來八個，時間過得愈久，顧客人數就呈指數成長得愈來愈多。這種一傳十、十傳百的行銷方式，是讓產品、品牌、社群、網路能夠成長，且效率最好、成本最低的方法。關鍵在於要有感染力（contagious）。

自從 Hotmail 在電子郵件加上預設注腳「PS：我愛你，前往 Hotmail 獲取免費電子郵件」以來，[8] 企業創始人就一直設法尋找有效的病毒式行銷技巧，推廣自己的產品或服務。臉書找上大學生社交圈；Snapchat 吸引到一群不想留下永久紀錄的青少年；Uber 想出神奇的點子，讓人按下按鈕就有司機或食物出現。

但在這些企業網路誕生之後，許多使用者都養成慣性。蘋果與 Google 商店上的應用程式排行榜就是最好的證據，[9] 大多數持續名列前茅的產品，都早在十多年前就已經出現：臉書誕生於 2004 年、YouTube 誕生於 2005 年、推特誕生於 2006 年、

WhatsApp 與 Uber 誕生於 2009 年、Instagram 誕生於 2010 年、Snapshop 誕生於 2011 年。就連 2017 出現的 TikTok 都比你想得更老，它的母公司字節跳動誕生於 2012 年。[10]

這當然不是說新產品無法出頭天，畢竟總是有例外。像 ChatGPT 這種人工智慧應用程式，未來可能成為新的頂級應用程式，突破重圍、雄踞榜單。即便如此，網路的大局依然底定。如果和投資消費者應用程式的人聊過，他們會告訴你，人們的手機已經被既有程式占滿，使用者慣性已經確立，新的應用程式很難搶到位子。

網路已經是科技巨頭的禁臠。新創企業在接觸使用者之前，得先獲得巨頭的首肯。正如第 8 章所言，企業網路一旦進入收割階段，就會縮減免費流量，迫使大部分新創企業投放廣告。如果新創企業想要獲得關注、維繫顧客，就得乖乖掏錢。

新創企業也用這套話術自我催眠，自認只要留住夠多客戶，廣告帶來的長期收益就能超過支出。[11] 但其實沒有人知道未來的獲益是否足夠，畢竟當新創公司規模擴大，廣告的邊際效益就會隨之下降。[12] 無論新創企業賣的是床墊、便當、串流影片還是其他東西，只要成長進入後期，爭取新客戶的成本就很可能飆高，邊際效益降為負數，成長潛力明顯受限。

代幣提供一種新的模式，讓企業不必投放廣告，也能透過點對點傳播來吸引新顧客上門。代幣能讓每個使用者都不只是參與者，而是網路的利害相關人。當使用者發現自己擁有所有權，就更願意做出貢獻，幫忙行銷。這不僅降低廣告開銷，而且比付錢買來的商業廣告更加真實有效。使用者會在部落格、推文、程式中提到產品或服務，會在網路論壇上討論，會在電腦前發奮力打字介紹。代幣的經濟模型與各種效益，使得它根本不需要買廣告，名聲直接不脛而走。

區塊鏈網路的成長，主要仰賴來自社群的口碑傳銷。它們不太仰賴廣告，不用撥一大筆錢討好科技巨頭。比特幣和以太坊不但都沒有大企業支持，更沒有行銷預算，卻依然吸引大量的使用者口耳相傳。他們會組織聚會、線上聊天、互丟迷因、撰寫貼文。很多區塊鏈也是類似的情況。目前的頂級區塊鏈，幾乎都沒有投入大量廣告經費。因為他們不需要；他們自己就有感染力。使用者就是最好的行銷人員。

當然，代幣的力量很大，但千萬不能濫用。發行代幣的區塊鏈網路，必須提供有用的服務，否則就會淪為空洞的行銷泡沫。行銷是為了打造區塊鏈網路，而不是為了騙錢。也正因如此，我特別在第12章指出，區塊鏈需要精心設計的監理機制。

這種時候，城市也是很棒的類比。偉大的城市用誘因鼓勵房東一起建造城市，吸引更多人潮。他們一起開發房地產、創立企業、支持當地的學校與球隊、參加民間組織和公民團體，真正成為一個共同體，共享穩定的收入與治理的權力。

建立真正的社群，才是讓網路爆紅的關鍵。

讓使用者成爲所有者

也許自我行銷的最佳案例就是狗狗幣（Dogecoin），這是一種著名的「迷因代幣」，甚至是惡搞代幣。[13]

狗狗幣和許多迷因幣一樣，都源自區塊鏈的開源精神。要打造區塊鏈網路很簡單，因為任何人都可以複製既有程式碼，「分叉」出自己的區塊鏈與代幣。狗狗幣就是這樣來的，它是分叉的分叉的分叉。狗狗幣分叉自幸運幣（Luckycoin），幸運幣分叉自萊特幣（Litecoin），萊特幣分叉自比特幣。某種意義上，這就是區塊鏈的可組合性。

打造狗狗幣的人，原本只是要諷刺比特幣這類加密貨幣；但多年以來，狗狗幣的區塊鏈上儘管沒有實用的應用程式，市值卻一直相當穩定，維持在數十億美元的程度。市場上沒有幾個地方願意接受用狗狗幣付款，但它依然擁有一群熱情的粉絲。狗狗幣的 Reddit 論壇超過二十萬人訂閱，[14] 著名支持者之一包括伊隆・馬斯克。某些網友在參加狗狗幣聚會之後，甚至結婚了。[15]

打造狗狗幣的人對這個結果非常不滿意，時不時就貶損加密貨幣，試圖阻止網友追捧他們催生出的發明。就算創辦人不斷批評，狗狗幣卻像《科學怪人》的故事一樣，脫離博士的掌控，獲得自己的生命，而且還比科學怪人更可愛。

狗狗幣毫不動搖的幣值證實，即使創始團隊甩頭走人，甚至反過來攻擊原始計畫，草根社群依然可以讓區塊鏈網路歷久不衰。也許對使用者來說，狗狗幣是個爛網路，但這個爛網路**屬於他們**。他們掌控這個網路，擁有這個網路。無論這個網路要不要發展下去，都由使用者決定。如果這個網路繼續發展，利益就會回到狗狗幣持有者手裡，這和企業網路的狀況完全不同。甚至可以說，目前最能夠撇除各種變因，檢測代幣擁有多大力量的區塊鏈，就是狗狗幣。

不過請別誤會，我不是狗狗幣的粉絲，至少以它目前為止的狀況來說還不是。而且，我對大部分迷因幣都不感興趣。我認為它們幾乎都是金融投機的工具，甚至可能只是發起人用來吸金的龐氏騙局。不過，如果各位不同意，也不需要得到我或任何人的首肯，這正是區塊鏈「無須許可、人人可用」的魅力。

以惡搞起家的狗狗幣社群十多年來一直充滿活力，除此之外，還有很多迷因幣同樣長時間都沒有崩盤。三十年來，網友一直都在協助網際網路發展，卻幾乎沒有獲得回報。他們被企業網路拋棄，卻在狗狗幣以及各種代幣上找到出路，終於能夠拿回掌控權與經濟果實。這在在證明，所有權能夠帶來多麼強大又持續不墜的力量。

這樣的力量一旦加上有用的服務，前途就變得無可限量。Uniswap 就是一個例子，它用區塊鏈網路的社群來協助經營分散式代幣交易所。[16] 自 2018 年底推出以來，已有超過 1 兆美元的資產透過這個網路流動。[17] 它在 2020 年「空投」（airdrop）

總量 15％的代幣，給每一位使用過這個網路的人，邀請大約二十五萬名使用者參與治理網路，每人獲得的代幣市價當時已達數千美元。[18] 另外，它也預留另外 45％的代幣，讓社群之後辦理獎助計畫。將這兩個數字相加，這個區塊鏈的代幣有 60％掌握在社群手中。

過去的科技新創企業，從來沒有這麼大規模的邀請使用者共同擁有企業。Uniswap 將大部分的經濟果實與治理權力**同時**交給社群。大多數企業網路在分享任何有價值的東西給網路參與者時，總是非常的吝嗇，只有少數員工能夠受惠。無論是臉書、TikTok、推特，還是多數大型企業網路，都不會把股份分給那些幫忙建立、發展、維持網路的無數網路使用者。

在本書中，我提到企業網路模式衍生出的各種弊端。不過當然，企業網路也做了很多好事。正如第 8 章所言，亞馬遜、Airbnb 與 Google 等企業採取不斷壓低售價的商業模式，不但為消費者節省成本，同時更維持、甚至提高產品品質。人們總是會用腳投票，為這些提供比以往更好的產品與服務的企業，獻上自己的金錢、注意力與資料。

不過，我們應該期待網際網路提供更多好處。幫使用者省錢當然很好，但如果能夠把企業的經濟果實不只分給股東，同樣分給為企業奉獻的使用者，豈不是更好？大型科技企業的市值往往高達數兆美元，而使用者，尤其是早期使用者的貢獻，往往是企業成功的重要因素。他們在亞馬遜銷售產品，上傳影片到 YouTube，在推特分享內容，貢獻族繁不及備載。他們和企業創辦人與投資人一樣，都早早下了賭注、投注心力。然而，大部分企業網路都把使用者視為二等公民，這待遇還算好，最糟的是，有些企業甚至把使用者當成商品，賣給他們真正的顧客，像是廣告商。

我們還是有一線希望。有些企業做出改變，在首次公開發行（initial public offering，縮寫為 IPO）時，為使用者保留一些股權。[19] 像是 Airbnb、Lyft 與 Uber，都在首次公開發行時保留部分股票給房東與司機，鼓勵他們用先前發放的獎金來認購股票。這些做法的方向相當正確，是很好的開始，可惜和企業總體的所有權相比，釋出的百分比實在太低，只占很低的個位數比例。

相較之下，區塊鏈網路就大方很多。大部分的主流區塊鏈，都將 50％以上的代幣，以空投、開發者獎勵、早期使用者獎勵等方式分配給社群。[20] 網路的所有權並非集中在一小部分內部人員手中，而是根據每個人對網路的貢獻程度，廣泛分配給使用者。

網路就應該這樣營運。如果企業網路能夠找到方法，仿效區塊鏈網路向來的做法，將重要的所有權交到社群手上，就能同時為世界與使用者帶來更好的結果。然而截至目前為止，企業網路都沒有這麼做，似乎也沒有意願這麼做。此外，即使企業網路確實找到某種方法來分享所有權，還是無法解決其他領域的問題，例如很難做出堅定可信的使用者承諾、抽成費用隨時可能提高、難以持續提供開放可組合的 API。

區塊鏈網路將社群所有權刻印在程式碼的設計當中；這是它們的 DNA。雖然狗狗幣等迷因幣看起來很可笑，卻證明使用者樂意擁抱各式各樣的代幣，無論這些代幣是愚蠢的、還是正經的，他們都想找到志同道合的社群，來填補企業網路留下的空白。最初的網際網路，就是希望建立一個眾人共有、眾人共治的分散系統。代幣重新點燃我們的願景。

第 10 章

代幣經濟學

價格之所以重要，並不是因為金錢至高無上；而是因為如果沒有價格，我們就無法在廣大無邊的社會中，快速有效的傳遞彼此擁有的零碎知識。[1]

——湯瑪斯・索威爾（Thomas Sowell）

有些人把支撐區塊鏈網路的激勵機制稱為代幣經濟學（tokenomic），這個詞的英文確實就是結合「代幣」（tokens）與「經濟學」（economics）兩個詞。

雖然代幣經濟學聽起來像是全新的概念，但其實只是把既有的觀念套在網際網路上而已，在概念上毫無創新之處，基本上就是經濟學。有些業界人士也將它稱為「規訓協定設計」（discipline protocol design），但我不採用這種說法，避免讓人和早期的協定網際網路搞混。

區塊鏈網路並沒有發明線上貨幣或原生貨幣的概念。遊戲領域在很多年前就發展出自己的貨幣經濟學，在 1970 與 1980 年代，遊樂場的機台就開始用專屬的代幣來取代法定貨幣。[2]當遊樂場逐漸擴張、愈來愈受歡迎、加入更多種遊戲，它們就會提高代幣的售價。不過，玩家還是可以使用舊代幣，所以如果你之前就先買下一大堆代幣，此時玩遊戲的成本就會比別人還低。

同樣的概念也出現在當代電玩遊戲裡，只是機制更複雜。2000 年代初推出至今的《星戰前夜》（*Eve Online*）便以線上經濟聞名，玩家人數高達數十萬名，都在「新伊甸」（New Eden）這個宇宙中交易與對戰。[3] 製作商 CCP Games 每個月都會發布遊戲內的經濟報表，包含 veldspar、cordite、pyroxeres 等虛擬礦物的市場價格。這些物品以遊戲內的貨幣 ISK（InterStellar Kredits，星幣）交易，製作商非常重視 ISK 的代幣經濟，甚至在 2007 年聘請一位著名經濟學家來制定遊戲內的貨幣政策，因此登上新聞頭條。[4]

《星戰前夜》的成功引發眾人學習。無論是《部落衝突》（*Clash of Clans*）這些簡單的手機遊戲還是《英雄聯盟》等硬派遊戲，都內建遊戲貨幣的系統，以及讓玩家賺取或花費貨幣的方式。製造商藉由有趣的遊戲體驗創造貨幣需求，吸引大量玩家，讓他們用遊戲內的原生貨幣購買虛擬商品。貨幣的需求與玩家的遊戲樂趣，決定幣值的漲跌。

區塊鏈網路的代幣經濟設計，汲取電玩遊戲領域的許多經驗。就像所有健康的經濟體系，區塊鏈也必須平衡原生代幣的供需，才能永續成長。精心設計的代幣經濟，可以幫助網路繁盛成長；正確的激勵機制，可以將網路使用者變成擁有者與貢獻者。

不過，激勵機制必須謹慎設計，否則會產生意想不到的後果。關於企業的激勵措施，史蒂夫・賈伯斯（Steve Jobs）就觀察到：「激勵措施的結構確實能發揮效果，所以你必須非常小心，確定自己想要激勵人們去做什麼事。」[5] 他還說，雖然這聽起來過於謹慎，但激勵機制往往會「帶來你無法預料的後果」。

水龍頭與代幣供給

設計代幣經濟的人，經常將代幣比喻為流經房屋水管的水，代幣的供給就像是供給水源的「水龍頭」，代幣的需求則如同排水的「水槽」。

設計者的首要目標就是平衡水龍頭和水槽，讓水流不會太大、也不會太小。水龍頭的水流太大會使供過於求，壓低代幣價格；水槽的水流太大會導致供不應求，促使幣價上漲。如果沒有好好平衡供需，幣價就會暴漲暴跌，導致泡沫或崩盤，代幣因而失去激勵使用者的功能，區塊鏈網路逐漸荒廢。

我們在上一章討論的主要都是水龍頭：用代幣來獎助軟體開發、吸引新手使用網路、空投代幣給早期使用者等。在理想的狀態下，水龍頭應該盡量鼓勵正向行為，促進區塊鏈網路發展。例如，讓軟體開發人員打造更多新功能、新體驗，以及將創作者、使用者等各式各樣的參與者，共同凝聚為一個群策群力的網路社群。

常見的水龍頭用法包括：

水龍頭	敘述
對投資人行銷	賣出代幣換取現金，資助初期經營運作。
資助團隊獎勵	為建立初期網路提供有潛在好處的報酬。讓網路有競爭力，爭取到優秀人才。
進行中的開發獎勵	將由社群管理的補助金用來資助進行中的開發。讓網路有競爭力，爭取到優秀人才。
使用者引導獎勵	幫助網路度過引導時期的獎勵機制。隨著網路的根本效益增加而減少。
空投獎勵	給早期社群成員的獎勵。建立商譽並增加網路的利害關係人數量。
安全預算	增加系統安全的激勵措施。例如獎勵區塊鏈驗證器。

水龍頭是建立區塊鏈網路的超有效工具。代幣獎勵措施可以有效吸引人們使用網路、招募早期貢獻者、持續資助開發、和大量使用者共同分享區塊鏈的價值，以及維護區塊鏈的安全。它就像是開發城市時的土地放領措施，能夠確立城市與人民的共同利益，鼓勵房地產、商業等各式發展。

水槽與代幣需求

理想的水槽會將代幣的需求和區塊鏈上的活動綁在一起，使代幣價格反映區塊鏈網路的使用量與普及程度。愈是有用的區塊鏈，人們就愈需要鏈上的代幣，不太有用的區塊鏈，代幣就會乏人問津。

其中一種水槽稱為「存取槽」（access sink）或「使用槽」（fee sink），會收取網路的存取與使用費，就像高速公路的過路費一樣，收費是為了維護區塊鏈網路的營運。以太坊與某些分散式金融網路都採用這種機制。以太坊網路有最大容量的限制，每一秒能執行的程式碼有限。因此為了避免網路超載，它會根據執行時間收取費用。前文提過，以太坊就像一台公共電腦，如同幾十年前的分時大型主機，需要人們排隊使用。

以太坊將運算成本稱為 Gas，是原生以太幣的小面額貨幣，費率會根據供給與需求量而變動。以太坊網路會收集 Gas 來購買與「燃燒」（也就是銷毀）代幣，藉此減少代幣總量，並且（在需求恆定的情況下）逐漸提高以太幣的價格。Aave、Compound、Curve 等分散式金融網路則是將使用費儲存在資金庫中，之後用水龍頭重新分發。所有的收費與分發流程，都由各個區塊鏈網路中不可變更的程式碼自動執行，無須人為干預。

基礎層區塊鏈還經常設有「質押槽」（security sink），獎勵代幣持有者「質押」（staking）代幣，成為第 4 章中提到的驗證器，共同驗證區塊鏈上的交易，確保網路安全可靠。所謂「質押」指的是，使用者將代幣鎖在程式碼強制託管的帳戶中，只要在擔任驗證器時沒有不軌行為，就可以獲得代幣獎勵。某些區塊鏈網路同時設有懲罰機制，一旦發現驗證器作惡，就會沒收代幣。「質押」機制結合兩種功能，不但創造出水槽，用來鎖定、甚至沒收代幣；同時也創造出水龍頭，使誠實的質押者獲得代幣獎勵。

「質押槽」既有優點也有缺點。優點是它可以維護區塊鏈網路的安全，使用者質押愈多資金，整個網路與區塊鏈上的程式就愈安定。而當區塊鏈上的程式愈多人使用，就會有愈多人為此付費，網路獲得的收益也愈高。收益增加，代幣價格就會上漲，質押獎勵變得更值錢，就會吸引更多人投入質押，區塊鏈也更安全。

然而，「質押槽」的缺點是它很花錢。為了鼓勵質押，就得加裝水龍頭增加代幣供給，藉此抵消需求的壓力，但這一不小心就會壓低幣價。所以為了維持幣價穩定，以太坊等區塊鏈同時設有「存取槽」與「質押槽」，整個社群得不斷確保代幣的流入與流出保持平衡。無論是供需過高，都會讓系統失控。

最後，還有一種常用水槽稱為「治理槽」（governance sink）。有些區塊鏈代幣能賦予使用者投票權，用來表決提案、改變網路。某些人認為，使用者會為了提高投票時的影響力而購買代幣。擁有投票權的誘因，會讓人買下並保存代幣，因而提高代幣的需求，並形成水槽使代幣退出流通。但是，「治理槽」必須面對搭便車問題（free-rider problem）*。因為並不是所有人都想投票，也有些人根本不在乎投票結果，某些人則相信選情已經朝著他們想要的方向發展，即使不投票也可以坐享其成。治理代幣有助於維持網路民主，但不太可能維持代幣的需求。

水槽	好處	壞處
存取／使用槽	和網路的用途一致，激勵代幣持有者打造有用的應用程式，來幫助網路成長。	金額太高可能讓網路不想使用。
質押槽	當代幣變得愈來愈值錢，可以增加網路安全。	可能很昂貴，因為需要水龍頭來獎勵誠實的行為。
治理槽	讓利害關係人得以參與治理。	面臨搭便車問題的困擾；只有部分人致力增長網路效益。

設計良好的代幣水槽會反映區塊鏈的使用狀況。區塊鏈的使用量愈高，就會有愈多代幣退出流通，推動幣價上漲。一旦幣價上漲，維護區塊鏈網路安全、鼓勵軟體開發與各種區塊鏈

* 編注：指人們在不付出成本、或是只付出很少成本的情況下，讓別人把成本補足，因此得以不勞而獲享受成果。

建設的代幣獎勵就更有價值。只要水槽設計良好，就能推動良性循環。

然而，設計不當的水龍頭與水槽會助長投機氣氛，破壞社群精神。某些區塊鏈社群幾乎完全只在乎幣價的漲跌，像這樣過度關心幣價是警訊，將會培養出賭場文化。設計良好的代幣激勵措施，會吸引社群共同建設網路，把焦點放在新開發的應用程式與科技革新等。區塊鏈社群是否變質，通常可以從專案討論的優劣看出端倪。

代幣的價值可以用傳統金融方法評估

反對區塊鏈網路的常見論點之一，就是批評代幣沒有內在價值，幣價完全來自投機的結果。在專欄作家眼中，這種東西通常叫作騙局。華倫・巴菲特（Warren Buffett）稱它們為「老鼠藥」[6]；《大賣空》（*The Big Short*）主角的原型、知名對沖交易員麥可・貝瑞（Michael Burry）將它們稱為「魔豆」[7]。這些人認為代幣不可能撐起一個網路的經濟，區塊鏈上的一切都只是買空賣空。

用幾顆老鼠屎來否定一整個有前途的新興產業，當然可以吸引到大量新聞目光，但這種批評是在譁眾取寵。工業革命時期的大量鐵路騙局以及相應而生的股市泡沫，並沒有影響鐵路的使用價值。汽車剛問世時，許多人都認為它只是華而不實，還會撞死人的玩具。網際網路剛出現的時候，上面充斥著各種愚蠢無禮，甚至危險的言論，當時很多自以為是的人都認為，這個產業要不只是一場吹噓，要不就是會傷害整個社會。

理解新科技需要認真研究。光是批評缺點而不思考機會的人，無法準確的評估破壞性創新的長期潛力。市場上確實有很多沒有好好設計機制、只為了投機而打造的代幣（大多數迷因幣就是這樣），但並非所有代幣都是如此。這些看衰區塊鏈的人，都不知道軟體的可塑性有多麼強大，只要是想像得出來的經濟模型，幾乎都能夠用軟體實現。如果他們真的在意區塊鏈經濟的真實性，就該分析每種代幣的設計細節，不要一竿子打翻一船人。

許多設計良好的代幣都具備永續的供需機制，以太坊就是其一。我們之前提過，以太坊收取交易費或網路使用費，再利用這些收入購買並銷毀代幣，讓這些代幣退出流通。一旦代幣供給量減少，代幣的價值就會提升，使持有者受益。這整套流程都由系統自動執行，程式碼完全透明，沒有任何人能在幕後操弄。這套制度合理可行。

換句話說，以太坊用生產出來的代幣來支應現金流。為以太坊編寫的應用程式愈多，就有愈多人使用這些應用程式，會吃掉以太坊更多運算時間，同時產生愈大的原生代幣需求。以太幣的供給量時有增減，但在計入所有水龍頭與水槽之後，供給量通常相當平穩（先前的供給量緩慢成長，最近則持續減少）。這代表以太幣的價格，應該大致反映出區塊鏈上應用程式的使用量。只要分析以太坊的現金流與燒錢率（burn rate）*，就可以用本益比（price-to-earnings ratio，縮寫為 PE ratio）這類傳統財務指標，來評估以太幣等代幣的價值。

以太坊向大眾展現出設計良好的機制會是什麼樣子，但它並不是唯一的模範。許多分散式金融網路也採用類似的模型：它們收取代幣來支援各種活動，例如購買與銷毀代幣，或是向代幣持有者分配資金。只要了解區塊鏈的水龍頭與水槽機制，就可以評估代幣的價值。「存取槽」與「使用槽」獲得的代幣量，減去所有相關成本，就是區塊鏈的收入；代幣的價格乘以供應量，並計入未來代幣發行的折現率，就是代幣的總市值。這些都是主流金融算式。

區塊鏈網路其實和房地產市場沒差那麼多。區塊鏈網路的使用費，就如同使用房地產的費用。人們經常用房價租金比（Price-to-Rent Ratio）來評估房地產的價值，將房價除以年租金，就可以知道買屋還是租屋比較划算，手中的房屋應該拿來自住還是出租。既然我們會用出租帶來的現金流，來評估房地產的價值，當然也可以根據區塊鏈網路的基本面分析，得出公允的代幣價值。

代幣的價值，主要取決於是否具備長期需求，而長期需求

---

* 編注：企業在一段時間內花錢（現金）的速度。

的漲跌，至少有一部分來自這套系統的經濟設計。正因為如此，區塊鏈網路的水龍頭與水槽才需要精心設計，持續將網路的使用量轉化為人們需要的代幣。

這當然引出一個更棘手的問題：這些區塊鏈會流行多久？答案是沒有人知道。有些區塊鏈網路會成功，有些會失敗。但我可以確定的是：那些成功的區塊鏈一定會提供有用的服務，吸引人們持續使用。

要對區塊鏈提出合理的質疑，應該是把重點放在每一條區塊鏈各自能否永續發展，以及這個世界是否需要區塊鏈。也許目前現有的網路已經夠多了；也許企業網路足以因應需求，會繼續獨占鰲頭，因為區塊鏈的使用體驗等特性一直無法超越企業網路，或者因為終端使用者的轉換門檻太高，最後還是留在企業網路裡面。我儘管不相信這些說法，但我接受人們從這些角度來批判區塊鏈。不合理的批評是，把所有代幣都當成騙人的經濟理論。代幣不是魔豆，而是用來推動數位經濟的資產，我們可以用傳統的金融方法來計算它的價值。

金融週期

無論是股票、商品、房地產還是收藏品，只要能夠買賣資產的地方都會出現投機行為。市場一直都有投機客，而且他們永遠不會消失。代幣市場也是這樣，見錢眼開的人永遠都在找機會，尤其是那些充滿前景的新科技、新生意、新資產，最讓他們不可自拔。

經濟史學家卡洛塔・佩雷斯（Carlota Perez）在 2002 年出版的《科技革命與金融資本》（*Technological Revolutions and Financial Capital*）中，描述新科技帶來的經濟變革週期。[8] 這個週期分為五個階段：首先是新科技的「出現」（installation）帶來「擾動」（irruption）或突破；然後市場陷入「瘋狂」（frenzy）的投機；接下來泡沫破裂，市場崩盤；之後新科技逐漸「實際應用」（deployment），和既有科技與新興科技「發揮綜效」（synergy），不斷得到眾人接受；最後業者站穩腳跟，產業「成熟」（maturity），過去的新科技變得司空見慣。資本主義就是

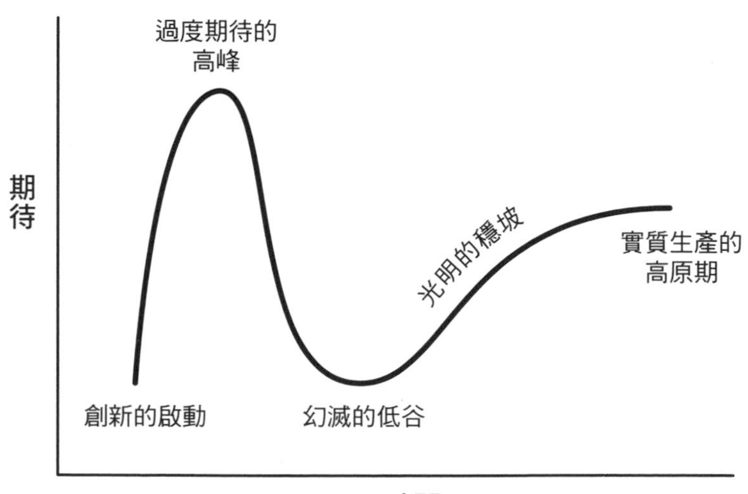

這樣時斷時續的向前邁進。

我們也可以用顧能顧問公司(Gartner)於 1995 年提出的「炒作週期」(hype cycle)來思考科技創新。[9] 這間公司根據許多思想家的洞見，[10] 包括經濟學家約瑟夫・熊彼特(Joseph Schumpeter)的「創造性破壞」(creative destruction)，來建立這套模型。模型中描述新科技出現時帶來的興奮，如何吹出金融泡沫，使市場衝出過度期待的高峰(the peak of inflated expectations)，然後信心崩盤，陷入幻滅的低谷(the trough of disillusionment)，然後科技逐漸普及產業穩定發展，爬上光明的穩坡(the slope of enlightenment)。

從鐵路、電力再到汽車，科技史上有很多「炒作週期」的例子。網際網路也不例外，1990 年代的網路泡沫使它攀上「過度期待的高峰」，孕育出一大堆定價過高的首次公開發行股票的公司，以及少數非常成功的正派企業。到了 2000 年代初，網路業陷入「幻滅的低谷」，然後在之後的二十年內一步一腳印走上「光明的穩坡」，以基本面將股價帶回新高點。如果你因為網路泡沫就把所有網際網路公司都當成虛幻的魔豆，便無法解釋 Google、亞馬遜等公司為何成功。

區塊鏈網路已經走過好幾個高峰與低谷，每一次的規模都比上一次更大。最早的期待來自科技突破。比特幣網路在 2009 年提出區塊鏈的概念，以太坊網路在 2015 進一步延伸，使區塊鏈成為一個通用的程式設計平台。用佩雷斯的構想來說，這兩項新科技都帶來明顯的擾動，如同往常，它們使市場興奮過頭。至少在短時間之內，突破性的新科技無法帶給投資人與創業家想要的巨額回報，市場遲早會崩盤。如果著名的專案不幸失敗，或者總體經濟陷入動盪，崩盤更容易發生。

有人可能會說，區塊鏈比其他科技更容易陷入投機，因為它的關鍵創新在於實現數位所有權。只要你擁有某個東西，就能對它為所欲為，包括任意買賣。假設我們所居住的世界只能租房，某天有個人發明出可以讓人擁有房子的方法，幾乎一定會引發各種房地產投機。這種問題有兩種應對方法，第一種是以明智的政策與監理制度來抑制投機行為（將於第 12 章詳述），第二種是讓市場逐漸學會如何評估新科技的基本面，投機行為便能自然而然的減少。

我和同事研究代幣市場的漲跌，並且將觀察到的模式稱為價格創新週期（price-innovation cycle）。代幣市場的週期就和經濟學家長期研究的週期一樣：新東西的出現會讓人們熱衷好一陣子，引發價格上漲的熱潮。這些熱潮會吸引更多創辦人、開發人員、建造者與創作者湧入。當市場因為人們過度的期待而崩盤時，建造者不會離開，而是繼續待在產業裡研發。因此，新科技在他們的努力下繼續推進，最終進入下一個週期。截至本書截稿為止，區塊鏈已經至少歷經三個週期，我們認為之後還會繼續下去。

投機熱潮不僅是科技變革的特徵，也經常是科技變革的驅動力。許多新興科技的發展都需要大量資源，也需要大筆資本來打造下一個階段的基礎建設。鐵路需要大量鋼鐵與鋪設鐵路的人力；電力只能流到電網設置的範圍；汽車也只能行駛到公路鋪設的地方。網路泡沫時期打造許多寬頻網路的基礎建設，奠定後續產業發展的條件。所謂的投機性投資，未必表示日後都沒有價值。

區塊鏈需要大量投資。首先得打造工具與基礎建設，然後用資本吸引人們在基礎建設上連結網路、開發應用程式。企業網路能夠獲得大量使用者，是因為科技巨頭砸下大量資金擴張規模；任何網路想要和他們競爭，就得砸下等量的資金。區塊鏈網路的發展需要榮景，無論那樣的繁榮景象是否理性。

我認為區塊鏈網路的市場，會延續過去各種科技發展的軌跡。隨著時間進展，代幣價格將會像其他市場的價格一樣，逐漸回歸基本面。投機熱潮逐漸退去之後，人們就會開始冷靜評估代幣的供需。價值投資之父班傑明・葛拉罕（Benjamin Graham）那句華爾街老話說得好：「市場在短期是一個投票機，長期卻是一台體重機。」[11]

這句話的意思是，那些真正擁有意義與重量，也就是金融界稱為擁有基本面價值（fundamental value）的資產，是長期投資的最佳目標。真正明智的人，不會讓任何絢麗的煙火分散自己的注意力。無論某個東西今天吸引多少目光，都不代表它能獲得最終勝利。

第 11 章

網路的治理

民主是最糟糕的政府形式，只是人類嘗試過的其他形式都更糟。[1]

——溫斯頓・邱吉爾（Winston Churchill）

初代網際網路的核心協定網路，是相當民主的網路。它讓程式開發者參與制定並且實施技術標準。其中許多開發人員是能夠自己做決定的獨立工作者，其他人則隸屬於製作客戶端應用程式的大企業。如果你想修改協定，就得說服開發人員與企業動手製造出相應的東西，否則你的提案就只是提案。

因此我們可以說，協定網路的所有權與經營權，都屬於線上社群。如果你不能說服開發人員，就不會有人照你的想像寫出軟體。如果你不能說服使用者，開發出來的軟體就無人問津。網路上每個人都或多或少擁有一些投票權。

在更高的層次上，網際網路的治理結構是好幾個技術標準溝通組織結合起來的成果。第一個叫作全球資訊網協會（World Wide Web Consortium，縮寫為 W3C），它是一個國際非營利組織，為研究機構、政府團體、小公司、大企業等數百個組織，提供全球資訊網標準的討論場域。[2] 第二個稱為網際網路工程任務推動小組（Internet Engineering Task Force，縮寫為 IETF）完全由志工組成，隸屬於非營利機構網際網路協會（Internet Society）之下，負責維護電子郵件等協定網路的標準。[3] 第三個叫作網際網路指定名稱與位址管理機構（ICANN），也是非營利機構，負責管理網路域名，包括分配 IP 位址、認可網域名稱註冊機構，以及裁決商標爭議與其他法律事務。在這些機構中，只有 ICANN 擁有真正的管理權，其他組織雖然會設定協定網路的標準並召集討論，但通常只提出建議，不制訂命令。

至於政府，則只負責監理與執法，通常不干預底層技術。政府團體以顧問的角色參與網路治理，為協定提供建議，但最終的政策仍由產業、民間社會、學術界與其他各方討論決定。麻省理工學院研究員暨網際網路先驅，大衛・克拉克（David Clark）說得好，協定網路的治理精神就是「我們拒絕國王、拒絕總統、拒絕投票。我們相信粗略的共識，以及進擊的程式。」[4] 後來這句話成為 IETF 的非官方座右銘。

至今以來，網際網路的監理對象都不是網路協定，而是使用協定的個人與企業，包括製作終端應用程式的公司。舉例來說，政府不會要求電子郵件的底層協定 SMTP 去阻擋垃圾郵件；而是會制訂相關法規，針對發送不實廣告，或是無視使用者的退訂申請，繼續發信騷擾的個人或企業課以罰款，防止電子郵件的濫用。軟體開發者、企業或任何人如果不遵守，就會因為自己的應用程式、公司或終端軟體違反法規而受罰。但是要乖乖守法還是違規受罰，依然是每個人的選擇。至於政府，則只要調整應用程式的規範，就可以協助維護底層的網路技術，不需要動到協定。

如果協定網路是民主的，企業網路就是獨裁的。企業網路的規則完全由企業的老闆決定，這樣溝通很有效率，但本質上並不公平，高層一聲令下，每個人都得服從；而且沒有任何方法可以阻止公司高層改變政策，去傷害網路其他利害關係人的利益，來滿足公司的利益。企業網路的經濟實力，加上這種可以快速決斷的能力，使他們比協定網路更有競爭優勢。然而，這種決策通常既不透明、反覆無常，更是像許多使用者說的那樣具有歧視性。

當今的主流網路大多掌握在企業手中，由企業單方面決定規則。矽谷巨頭當然喜歡企業網路結構，許多公司也對現狀相當滿意。況且，如今的網際網路已經和這種結構密不可分，緊密到人們有時候會忘記，還有其他方式可以用來治理網際網路。但其實這種結構的缺點已經逐漸浮現，人們也陸續發現它造成的各種問題，其中最明顯的問題，剛好發生在最成功的企業網路之中：社群網路。

幾年之前，網路治理可能只是學術討論的主題，如今卻已人人皆知。愈來愈多人討論臉書、推特、YouTube 等主流企業網路應該遵守哪些規則。內容排序的演算法應該寫成什麼樣子？應該如何限制存取權？怎麼樣才是合理的審核原則？運用使用者資料時應該設下哪些限制？廣告與收費是否應該遵守某些規則？這些問題不僅直接影響許多企業與創作者的生計，甚至可能衝擊整個世界的民主。

我相信網際網路的治理方式一定可以比現在更好，而且有很多人也這麼想。我們相信網際網路的規則，不應該僅由剛好擁有某間企業、或者剛好在某些時間在那間企業任職的人來決定。以推特為例，也許你喜歡推特以前的樣子，但是伊隆・馬斯克接手之後，你還喜歡嗎？其他網路也是一樣，或許你喜歡自己目前最常用的企業網路，但它之後還會繼續用同樣的方式管理嗎？這類問題讓愈來愈多人發現，網際網路實在太重要，不能讓任何一個位高權重的個人，或是任何一間強大的企業隨意擺布。

非營利模式

有些人認為非營利的法人機構可以實現這個願景。我們可以把網際網路交給某個組織來管理，雖然獨裁，但至少這個組織不會為了賺錢而傷害其他人的利益。支持這種方法的人經常以維基百科（Wikipedia）當範例，這是一個由非營利組織維基媒體基金會（Wikimedia Foundation）擁有，以群眾外包模式營運的百科全書。這個想法很棒，但真的可行嗎？

事實上，維基百科是個特例，在眾多大型網路服務中，只有它持續以非營利的方式營運。[5] 維基百科的成功同時仰賴許多因素，包括發起人的善意、長期存在的網路效應，以及較低的維護成本。許多網路服務都需要不斷更新，但維基百科不用，它從 2001 年推出之後就沒什麼改版。無論科技平台市場版圖如何變化，消費者對百科全書的期待幾乎都一樣。因此維基百科的支出比其他網路服務低很多，可以一直仰賴捐款維持營運。

而且非常難得的是，維基百科的發起人與董事會一直維持初心，沒有被金錢或其他誘惑吸走。我們當然希望其他網路服務也能採取維基百科的非營利模式，但現實很殘酷，絕大部分的服務都需要持續投入大量資金。其他兩個成功複製維基百科模式的網路服務，最後都放棄最初的非營利結構。

第一個就是打造出 Firefox 網路瀏覽器的 Mozilla 基金會。[6] 這間基金會自從 1998 年開始就採用開源專案的模式，管理 Firefox 的前身網景通訊家（Netscape Communicator）的程式碼。但這個組織在 2005 年切分，讓網景繼續以非營利組織方式營運，另外創立一間營利子公司 Mozilla Corporation，藉此解除非營利組織的諸多緊箍咒，納入更靈活的商業策略，例如和 Google 簽署數億美元的合作計畫，[7] 以及收購小公司來加速產品開發。[8]

第二個則是打造 ChatGPT 等多項工具的 OpenAI。OpenAI 最初在 2015 年成立時，是一間非營利組織，[9] 四年後，他們在旗下成立營利企業，藉此募集大量資金和科技大廠進行人工智慧競賽。原本的新創團隊逐漸變成另一間巨頭公司。

在一個營利的世界中，維持非營利的營運方式相當困難。上述兩個組織可能都是被迫轉型。網路界的競爭非常激烈，每一個重量級玩家都擁有大量現金儲備，如果你的組織無法賺到營收，或是無法進入資本市場，勢必很難完成心中的願景。非營利模式在理論上也許很理想，但現實很殘酷。

聯邦模式

也有人認為改善治理品質的方式，是回歸協定網路。其中一個倡議者就是推特共同創辦人暨前執行長傑克・多西（Jack Dorsey），他在辭去推特執行長職務後，於 2022 年 4 月的推文中指出：「社群媒體不應該掌握在任何一個人、機構，或任何一家媒體手中。應該讓它回到一個可驗證的開放協定。」[10] 那年稍晚，有人要他評價自己在任內的表現，多西表示讓推特成為一間企業是：「我最放不下的事，以及我最大的遺憾。」[11]

世界上一直有人想要復興協定網路，我之前在第 1 章就已經提到幾個案例，這裡還可以再列一些：2000 年代有人打造過一個分散式社群圖譜協定網路 Friend of a Friend[12]；2009 年出現分散式開源社群網路 StatusNet[13]，後來和類似的兩項專案 FreeSocial 與 GNU Social 合併；2014 年有人架設一個社群網路 Scuttlebutt[14]；2016 年出現一個以分散式協定 ActivityPub 為基礎的社群網路 Mastodon；2018 年全球資訊網之父柏納斯—李推出 Solid（全稱 social linked data，意指：社會連結資料）[15]；多西在 2019 年開始打造 Bluesky[16]，這是以分散式協定為基礎的社交網路，試圖和推特抗衡；Meta 在 2023 年推出 Threads 來搶推特的生意，宣稱未來將和 ActivityPub 互通[17]；除此之外還有臉書的分散式版本 Friendica、SoundCloud 的分散式版本 Funkwhale、Instagram 的分散式版本 Pixelfed、推特的分散式版本 Pleroma、YouTube 的分散式版本 PeerTube，不一而足。

也許上面這些協定式的社交網路，裡面會有幾個某天成功走入主流；但在那之前他們需要克服重重挑戰，其中許多挑戰都和網路的架構有關。上述方案大多採用「聯邦網路」（federated networks），它是協定網路的一種變體，不會像企業網路那樣，把使用者的資料都託管在集中式資料中心，而是讓好幾個節點各自經營自己的伺服器，在伺服器上執行軟體並儲存資料，建立一個「聯邦宇宙」（Fediverse）。

很多試圖取代推特的方案，包括前文提到的 Bluesky、Mastodon，以及 Meta 推出的 Threads，都採取這種架構，或聲稱未來將採用這種架構。在這種架構下，每個人都可以下載開源軟體成為伺服器，也可以向既有的伺服器申請使用帳號。每個伺服器都能自行設定申請流程與社群規範。另外，這個架構還利用跨伺服器通訊協定（cross-server communications protocols，其中最受歡迎的是 ActivityPub），讓每一台伺服器上的活動都能出現在其他伺服器上，使用者無論登入哪一台伺服器，都能看到自己追蹤的所有活動。這樣一來，整個系統就能具備目前集中式社群網路的許多功能，又不會被任何一間企業掌控。

這種設計就像是物理世界的國家。推特等企業網路就像獨裁統治的大國；聯邦網路則像是許多小國集結而成的國際聯合組織，每一個小國都由統治者獨裁控制，但人民可以在各國之間自由移動，可以決定自己要待在哪裡。這種系統讓使用者擁有更大的發言權，不會像現在一樣由企業網路恣意魚肉。

但是，聯邦網路有兩大弱點。[18] 首先是摩擦力（friction）。當每一台伺服器各自獨立運作，伺服器之間的界線就會成為障礙，舉例來說，只要沒有中央儲存資料庫，使用者在搜尋其他伺服器的內容，或者和其他伺服器的使用者互動時，可能就會相當麻煩。用這種架構打造社群網路，貼文很可能四散各處，主要的貼文儲存在伺服器 A，網友的回覆儲存在伺服器 B，但沒有中心伺服器整合儲存整串貼文。想要從這些碎片去了解社群網路的全貌，會變得相當困難。

正因為聯邦網路的架構，他們的使用者體驗很容易輸給其他類型的網路。為了消除摩擦力，企業網路將資料儲存在集中式資料中心，區塊鏈網路則是把資料儲存在鏈上。（還記得嗎？區塊鏈是一台分散式的虛擬電腦，可以儲存任何資訊，當然也能儲存社群網路的資料。）相較之下，聯邦網路就像協定網路一樣沒有中心，沒有集中儲存資料的地方；這讓它自縛手腳。歷史的教訓指出，摩擦力只要提高一點點，使用者可能就退避三舍。

這個問題如何解決？可能的方法之一是在外面另外架設系統，從聯邦網路的各個伺服器收集資料，整合到某個集中式資料庫。這樣一來，如果各個伺服器的資料有差異，就可以用一套裁決機制，決定哪些伺服器最能代表整個聯邦網路的真實狀態……沒錯，這正是區塊鏈的特長。它既能將資料集中起來，又能讓資料的控制權保持分散。

不過，許多聯邦網路的支持者都拒絕區塊鏈，甚至拒絕思考這種方案。背後的原因很可能是區塊鏈讓人聯想到詐騙與投機相關的賭場文化，但這不應該發生。只要冷靜下來，就會知道區塊鏈網路的強大力量，可以用來抗衡企業網路（相關細節詳見第 12 章）。

更麻煩的是，某些聯邦網路支持者雖然願意使用區塊鏈，卻僅限於特定的區塊鏈，例如多西表示有興趣把比特幣納入他的分散式社群網路之中。問題是，比特幣的交易費用很高（通常每筆交易超過 1 美元），交易時間很長（根據網路條件等因素，通常每筆至少得花十分鐘）。目前有一些專案試圖在比特幣網路之外建立其他層網路，藉此突破這些限制。我當然希望他們成功，但如果沒有成功，比特幣就很難成為分散式社群網路的關鍵元件，很難真正對企業網路造成威脅。

反倒在此同時，已經有其他系統具備足夠的能力，可以幫助推動下一代社群網路。例如目前的新興區塊鏈，以及以太坊的 Layer2 系統。

協定網路的「網內政變」

聯邦網路還有一個隱憂，那就是「網內政變」（protocol coups）。也就是說，即使聯邦網路能夠順利運作，也可能會在內部孕育出一個企業網絡，最後繞了一圈回到原點。

正如前文所述，聯邦網路就像一個國際聯盟，成員遵守相同規則，但跨境過程仍有阻礙。這會讓使用者更容易選擇最受歡迎的國家（伺服器），讓這個國家的統治者（伺服器的擁有者）事實上能夠恣意設定、修改整個聯盟的規則。研究這類系統的人都對這樣的風險了然於心，[19] 一位研究隱私機制的專家 2018 年就在部落格發表〈聯邦網路是世界上最爛的設計〉（Federation Is the Worst of All Worlds），並指出：「只要沒有在網路的協定與基礎建設中納入同意與抵制機制，我們就只是在逼迫大部分使用者在毫無事實依據的情況下，選擇自己的資料要交給哪位獨裁者而已。」

聯邦網路的大問題，就是完全無法確保伺服器的營運者履行諾言。這個系統無法提供任何保障。

這種「網內政變」之前就發生過。我在第 2 章曾經提到，過去人們以為推特只是 RSS 開放網路中一個可互通的節點，沒有注意到它是一個企業網路。然後推特改變經營模式，終止支援 RSS，像所有企業網路一樣從吸引階段轉入收割階段。[20] 聯邦網路在成功之後也會面臨同樣的威脅，只要沒有強而有力的約束，網路中的最大節點遲早會捨棄原本高尚的理想，向經濟誘因屈服。

聯邦網路的典型生命週期可能會像這樣：某位網友只是把經營伺服器當作興趣，但使用者不斷增加，維護成本隨之上升。為了擴大承載量，他只好試圖募集資金，資金也許來自投資人，也許來自訂閱與廣告，於是營運模式愈來愈像是那些募集數十億美元來營運的主流社群網路。在此同時，由於聯邦網路從設計之初就沒有中心，募資起來相當困難，市場上的資金逐漸流向最多人使用的伺服器。隨著時間過得愈久，那些以企業網路方式營運的伺服器就獲得愈大的力量，愈來愈沒有誘因和其他網路維持互通。最後這個伺服器就像推特一樣設下諸多限制，施展「韭菜循環」的做法。

聯邦網路試圖將一個大型獨裁網路分解為好幾個小型的獨裁網路，以降低企業網路的問題，但這招只有在每個網路都夠小的時候才有效。網路效應會摧毀這項前提，它會讓網路的每一個微小成功不斷累積，最後製造出大贏家。因此，聯邦網路的架構打從一開始就有淪為企業網路的隱憂。一旦成為最強大的節點，就可以掌握整個網路。

附帶一提，協定網路被「政變」的風險，早在全球資訊網與電子郵件這類過去的協定網路就已經存在。只要吸引夠多使用者，就能掌握巨大影響力。Google 靠著旗下 Gmail 與 Chrome 的上億使用者獲得大量「選票」，讓電子郵件與全球資訊網的治理規則對 Google 有利。[21] 例如 Gmail 過濾垃圾郵件的方法對大型企業寄出的郵件有利，而個人或小型企業託管的伺服器寄出的電子郵件，卻很容易被劃分為垃圾郵件。雖說到目前為止，這個問題都還不太會影響到那些不願意濫發廣告信的行銷人員；但是 Gmail 的普及程度，已經使 Google 權力過大，只要他們願意，就能單方面修改電子郵件的核心標準。Google 至今都沒有這麼做，只是因為擔心蘋果與微軟等大企業趁虛而入；而且從全球資訊網與電子郵件時代一路累積下來的使用社群，早已相信一套根深蒂固的強大規範。

但未來的新網路既沒有其他大企業的制衡，又沒有足夠悠久的社群規範。網路的治理方式由結構決定，聯邦網路就和協定網路一樣，都有可能被企業拿下。我們需要的架構，必須既能夠讓網路擴大規模，又盡量不會被「政變」。只要網路沒有將規則明確寫在程式碼之中，社群就只能用力量薄弱的習俗，去防範暴君誕生。

以區塊鏈建構分散式網路

區塊鏈提供一種新的治理方法，那就是在軟體內建立不可竄改的規則。我們可以用這些規則來決定網路的治理方式，藉此建立信任、提高透明度、防止網路被企業接管。

軟體內的規則就像是美國憲法之類的各國憲法。憲法確保國家的治理權力從個人轉移至法律手中。區塊鏈則確保網路的治理權力從公司轉移至程式碼內部。軟體的表現力和法律文件一樣強大，區塊鏈的治理系統採用通用程式語言，只要是能用英語撰寫的規則，幾乎都能寫成程式讓電腦逐步執行，藉此建立區塊鏈網路的憲法。

而且區塊鏈可以容納許多不同的治理形式。如果憲法將責任交給單一組織，那條區塊鏈就會變成企業網路，允許領導者任意改變演算法、經濟模式、存取規則。如果憲法限制領導者的權力，那條區塊鏈則會變成君主立憲制。憲法也可以把規則寫得更親民，建立一個多人共治的共和國，並承繼協定網路的精神，盡量降低使用費與管制措施。至於大部分的區塊鏈網路，則都採取類似憲政民主的體制，將決策權交給社群。這些都還只是無限可能中的寥寥幾種，軟體的表現力極為強大，只要能寫成文字的系統，幾乎都能實現。

區塊鏈治理

區塊鏈治理通常分為兩種形式。其中一些區塊鏈網路使用「鏈下治理」，就像協定網路那樣，由開發人員、使用者與其他社群成員共同營運。鏈下治理的優勢在於它已歷經時間考驗，可以汲取協定網路與開源軟體專案數十年來的經驗與教訓。但它的缺點也和協定網路一樣，效果會被網路結構所決定。只要某些節點太受歡迎，權力比其他節點大很多，就可以接管整個網路。

許多比較新的區塊鏈網路使用「鏈上治理」，所有網路規則都由持有代幣的人來表決。他們撰寫投票軟體，把投票變成一種區塊鏈交易，想投給哪些提案，就把自己的代幣簽署下去，投票完成之後，區塊鏈網路就會自動照著執行。這讓那些重度使用網路的人，擁有參與投票、共同治理網路的誘因。

鏈上治理的效果，通常取決於每位選民各自持有多少代幣。這種治理方式不仰賴網路結構，不容易被大型軟體供應商脅持。但由於代幣可以公開交易，這會帶來新的威脅：你只要夠有錢就可以買到巨大的影響力。換句話說，這很可能形成金權政治，使整個網路由幾個大財主密謀統治。

最能夠降低這種風險的方法就是廣發代幣。盡量將代幣分散到社群的每個人手裡，阻止投票集團擁有過多權力。不過正如前一章所言，這表示領取代幣的水龍頭需要精心設計。

某些網路另外設計排除金權政治的第二道防線：將投票者分成兩群人。也就是說，仿效美國等國家採取兩院制，將整個社群分成參議院與眾議院，由基金會選出一群社會賢達，組成參議院，並由所有代幣持有者組成眾議院。在某些網路中，如果基金會認為眾議院的提案過分自私，就可以否決這些提案；另外有些網路則將不同的職責，例如技術決策與財務決策，分別交給參眾兩院處理。

區塊鏈網路允許社群修改程式碼的程度各不相同。其中一種很極端，是讓每個人都可以提案修改核心程式碼。無論你想到什麼，都可以將非正式提案或者能夠執行的程式碼丟到論壇上，要是支持的人夠多，就會交由代幣持有者投票表決。表決

網路	治理主體	治理方式	好處	壞處
鏈下治理的協定網路與區塊鏈網路	社群	非正式，從網路結構出現。	改變緩慢，大多受限於科技升級。	可能遭到大型節點把持行動緩慢。
企業網路	企業	法定所有人。	快速，單方面的決策。	不透明、不民主，服膺公司利益。
鏈上治理的區塊鏈網路	社群	正式，透過代幣投票。	刻意設計，不受網路改變所影響。	可能受到寡頭統治：持有大量代幣的人握有太多權力。

通過後，區塊鏈網路就會自動安裝更新，其他什麼都不用做。

另一個極端，則完全不讓代幣持有者影響網路的核心程式碼。程式碼傳到鏈上之後，就會讓整個網路照著執行，之後不會再有任何變動。每個新版本的軟體都將創造出一整個新的區塊鏈網路，和舊版的網路共存，每個版本都將永恆不滅。在這種架構下，代幣持有者能做的事情更有限，他們無法改變程式碼，也不用為此費心辯論，可以把心力投注在其他的治理任務上，例如分配金流來支援軟體開發。

這些治理體系都並不完美，但光是能夠訂出正式的治理流程，就表示網路的設計與治理已經邁進一大步。雖然沒有任何正式流程，也能夠產生規則與領導者，但這種時候的權力演變通常都是社會動態的產物，相當難以預期，也無法討論規劃。女性主義作家喬・弗里曼（Jo Freeman）在 1972 年的同名文章中，稱這種機制為「無架構的暴政」（the tyranny of structurelessness）：沒有領導的扁平化組織，往往會孕育出無法問責的地下權力結構。[22] 只有訂出正式的治理規則，才能讓人們開放辯論、從中學習、不斷修正。那些科技新創企業的「集體共治」（holacracy）或任何扁平管理風格之所以幾乎注定失敗，正是因為欠缺這樣的機制。

企業網路之所以勝過協定網路，原因之一正是因為能夠問責。企業網路不但找得到人負責，這個人通常是執行長，而且至少他是在人們試圖找出優秀人才、讓這個人負起責任的過程中，遴選出來的人選。在協定網路與聯邦網路中，規則與領導通常都是人際交流的微妙產物，而非為了制衡權力動態而精心設計的結果。

區塊鏈讓設計者可以用程式碼來制定正式的規則，這些規則就像是網路的憲法。憲法的內容需要討論、爭辯、實驗，但光是能夠寫出一套可強制執行、不會受到人為影響的規則，就突破過去以來網路治理的重大障礙。這讓我們得以認真思考制度，不再需要讓各種無法控制的運氣因素，來決定網路治理的結果。

這些像憲法一樣的規則，將區塊鏈網路的控制權力分散到使用者身上。可組合性讓開發者能夠各自設計、改良軟體的不同部件，代幣則讓參與者成為整個網路的利害關係人。有了這些工具，我們就能將新時代的網際網路真正交到社群手中，打造一個全民共築、全民共享的偉大數位城市。

第四部

此時、此地

第 12 章

科技宅精神 VS 賭徒歪風

科技發展是一種必然。它既不好，也不壞。鋼鐵有所謂好壞嗎？[1]

——安迪．葛洛夫（Andy Grove）

對區塊鏈感興趣的文化有兩種。第一種文化和本書觀點一樣，將區塊鏈視為建立新型態網路的工具，我稱為「科技宅」（computer）。因為從核心本質來看，區塊鏈就是推動下一波電腦浪潮的動力。

另一種文化重視投機與賺錢，會這樣想的人認為，區塊鏈只是一種創造代幣來交易的工具。我將他們稱為「賭徒」（casino），因為從核心本質來看，他們一輩子活在賭場裡。

媒體報導使得大眾一直把這兩種人混為一談。區塊鏈網路完全透明，人們每天隨時隨地都可以交易代幣，這表示記者、分析師與其他人可以從中獲取大量的公共資訊。只可惜，許多新聞報導幾乎只關注價格走勢這類短期的活動，而忽略基礎建設與應用程式開發等長期的議題。人們的目光總是被那些賺錢賠錢的故事吸引，因為這些故事常常充滿戲劇性，而且又很好懂。相較之下，和科技有關的故事很複雜、發展緩慢，需要一些歷史脈絡才能理解。(這是我寫作本書的重要原因之一。)

「賭徒」文化充滿各種問題。它將代幣從其原本的脈絡中抽離出來，靠行銷語言包裝，並鼓勵人們投機。負責任的代幣交易所提供有用的服務，例如託管、質押與市場流動性，而胡搞瞎搞的代幣交易所則鼓勵人鑽漏洞，並且隨意利用人們的資金。其中許多交易所設在海外，通常主要提供衍生性商品與其他投機金融產品。講難聽一點，它們很多都是龐氏騙局。「賭徒」嗜賭的天性製造出許多災難，例如總部設在巴哈馬的交易所 FTX 破產倒閉，憾動全世界，無辜的客戶損失數十億美元。[2]

這些「賭徒」的行為除了造成他人損失，更帶來嚴重副作用。監理機關與政策制定者的回應方式把問題變得更糟，[3] 因為這些活動多半都發生在海外，國內監理機關鞭長莫及，所以他們不去處理「賭徒」文化的源頭，反而把矛頭轉向觸手可及的軟柿子，比如總部設於美國的科技公司。[4] 結果卻適得其反。有道德操守的企業家開始對開發新產品產生疑慮，[5] 並將開發工作轉移到國外。[6] 與此同時，詐騙者繼續在海外司法管轄區肆無忌憚的活動，進一步助長「賭徒」歪風。

一些批評者認為，區塊鏈網路之所以蓬勃發展，是因為缺乏監理。這種觀點和事實相去甚遠。事實上，妥善設計的金融監理制度，不僅可以保護消費者、協助執法機關，促進國家利益，還能為負責任的企業家提供創新與實驗的空間。1990 年代，美國率先制定明智的網際網路規範，成功培育網路創新產業，成為全球的領頭羊。如今在區塊鏈時代，美國有機會再次引領潮流。

監理代幣

談到代幣的監理，最常討論的就是證券法。金融監理相當複雜，而且經常因為司法管轄區而異，但是證券法以及它和代幣的關係很值得深入討論。

證券是全球交易資產的一種，投資人依賴少數人（通常是管理團隊）為他們的投資帶來回報。為了降低這種依賴關係衍生的風險，證券法要求證券發行公司和參與證券交易的其他特定組織揭露資訊，希望藉由這樣的義務，限制市場上掌握內幕的參與者（包括管理團隊）利用特權傷害其他人的利益。換句話說，像證券這樣的資產都有資訊不對稱的問題，某些資訊只有一部分人可以獲得。

證券的典型例子就是企業發行的股票，以蘋果公司為例。公司內部的關鍵資訊通常掌握在少數人手上（包含管理團隊在內），比如下一季的營收，這類資訊會影響蘋果的股價。其他供應商與商業對手，也可能掌握蘋果商業往來的重要資訊。一般人可以在公開市場上自由買賣蘋果公司的股票。投資人之所以購買這支股票，一方面是認為蘋果公司的管理團隊能為他們創造收益，另一方面是相信，賣股票給他們的人並沒有操弄股價的能力。證券交易法的設立，就是為了確保蘋果公司及時向大眾公開重要資訊，以減少或消除任何潛在的資訊不對稱問題。

大宗商品也是全球交易資產的一種，但它的監理方式和證券不同。非證券類大宗商品的典型例子就是黃金。黃金等大宗商品也會有資訊不對稱的問題，比如礦業公司這類跟黃金有關的企業，或是一些投資人與分析師，本身擅長預測黃金價格走勢，但是，這些資訊都相對公開，並不會像蘋果股票那樣，只有一小群人擁有可能左右股價的資訊。黃金和其他大宗商品的生態系夠分散，基本上任何人都可以加入研究，並且和市場上的其他參與者在公平的環境中競爭。

如果代幣是一種證券，或是當作證券去買賣，那麼它們就受到證券法的約束。許多相關的證券法規在 1930 年代就制定好了，比資訊科技發生巨大變革還要早很多。如果直接照搬這些法律來用，可能會引發一連串的問題，使用者很難、甚至無法再以代幣做交易。只要不修改、澄清，或是縮小法律的解釋範圍，代幣就會繼續被視為證券。而證券通常需要透過登記在案的證券經紀人與交易所來進行交易，如此一來，代幣的交易就會再度集中，破壞分散式科技大部分的價值與潛力。

代幣和網站一樣，都是建構數位世界的元件。想像一下，某天你要用代幣購買某項網際網路服務，如果代幣被歸類為證券，你得照著平常購買股票的方式去購買代幣。你無法隨手打開應用程式就直接購買，而是得先登入券商帳戶才能下單，在此之前，還得先簽一堆文件等個好幾天，才能取得券商帳戶。

如果要讓代幣發揮真正的力量，我們就不能把代幣當成傳統證券，以既有的證券法規制度來監理。物理世界的股票代表著公司的利益，買賣這些股票就會轉移這些權益，既有的證券法規就是要規範這樣的轉移。如果要讓區塊鏈網路擁有相當於企業網路的競爭力，它使用起來就必須像企業網路一樣流暢，即使再小的阻礙都會扼殺它的生機。

有趣的是，監理機關想要保障的事情，和區塊鏈建設者想追求的願景，其實英雄所見略同。證券法試圖消除證券公開交易資訊不對稱的問題，希望藉此降低市場參與者仰賴管理團隊的程度。而區塊鏈建設者試圖避免經濟與治理權的集中化，希望藉此降低使用者仰賴其他網路使用者的程度。前者要求資訊揭露，後者期待權力分散，儘管兩者動機不同，使用的工具也不同，但終極目標都是讓每一方不需要仰賴其他人。

監理機關與政策制定者普遍認為，推動「足夠分散的」區塊鏈網路發展的代幣，應該歸類為大宗商品，而非證券。[7] 世界公認比特幣已經足夠分散，沒有任何群體握有足以影響它的未來價格的關鍵資訊。因此，比特幣應該像黃金一樣被歸類為大宗商品，而不是像蘋果股票那樣被視為證券，受到繁瑣的監理流程約束。

所有軟體專案都是從很小的規模開始做起，有些專案只有一名創辦人，比如比特幣的中本聰；有些則是由多位創辦人共同創立，比如以太坊的核心團隊。在早期階段，這些專案因為規模尚小，所以比較集中。然而隨著時間推移，原本支撐比特幣與以太坊的開發團隊逐漸淡出，廣大的社群力量取而代之。其他較新的專案雖然歷程各自不同，但隨著時間推進，權力都已經逐漸分散。[8]

對於打造區塊鏈網路的創業家來說，既有法規下對於專案開始與結束的規則都很清楚，最大的挑戰在於中間的執行過程。[9] 究竟什麼狀態才叫作足夠分散？這時我們可以參考網路出現之前的法規與判例。其中最著名的是 1946 年美國最高法院的案例，後來衍生出所謂的「豪威測試」（Howey test）[10]，要件有三項，符合愈多，就愈接近「投資契約」（investment contract，即證券）。以數位資產為例，在購買或交易數位資產時，豪威測試會看它：一、是否涉及金錢投資；二、是否投資於共同事業（common enterprise）；以及，三、是否預期透過他人的努力獲得利潤。只要這三項要素都符合，那麼這筆數位資產的發行或銷售就會被視為證券交易。

撰寫本書時，美國證券市場的主要監理機關「美國證券交易委員會」（Securities and Exchange Commission，縮寫為 SEC）在 2019 年提出實際指引。[11] 根據這套分析框架，只要區塊鏈網路足夠分散，就不太需要仰賴「他人的努力」來獲得利潤，並不滿足豪威測試的第三項要件，自然也就不適用於證券法。但是，美國證券交易委員會之後又提出幾次訴訟，聲稱某些代幣交易應該受到證券法的約束，卻並未進一步說明他們下這些判斷的標準。[12]

直接拿網路時代之前的法律與判例來套用現代網路，會產生許多灰色空間，讓不法分子與不遵守美國規則的外國公司有機可趁。不法分子很喜歡抄近路，總是急著推出各種代幣，藉此快速成長；相比之下，正派的發幣者會花大錢諮詢律師，確保自己的專案「足夠分散」，結果反而在競爭中失利。如今的環境相當複雜，就連各個監理機構對於合法的界線也沒有共識。例如美國證券交易委員會曾經認為以太幣是一種證券，[13] 但是美國商品期貨交易委員會（Commodity Futures Trading Commission）卻認為它是大宗商品。[14]

照理來說，決策者與監理機關應該要明確界定如何區分證券與大宗商品。[15] 明明白白指出一條路，讓新的專案足夠分散，以大宗商品的規則來監理。如今大家都把比特幣當成分散代幣的圭臬，但就像所有新發明一樣，它一開始其實相當集中。如果 2009 年制定的法規沒有要求代幣必須分散，比特幣也許永遠不會出現。如果決策者沒有用法規明確指出新道路，合法的永遠是舊科技，違法的永遠都是新發明。然後所有的變革者就全都是法外狂徒。

值得注意的是，無論是證券還是大宗商品，其實有許多規範是所有交易資產一體適用。舉例來說，無論是哪種資產交易，壟斷市場或操縱價格都屬於非法行為。消費者保護法也禁止不實廣告與其他誤導行為。每個人都同意，數位資產與傳統資產同樣得遵守這些法律。所以真正的爭議在於，數位資產應該額外遵守哪些只適用於證券的規範。

所有權和市場密不可分

有些政策制定者提出規範，但這些規範實質上會箝制代幣，並連帶打壓區塊鏈。[16] 如果代幣只能用來投機，這些約束可能就很合理。但我在本書說過，代幣是讓社群真正擁有網路的關鍵工具，投機行為只是過程中出現的副作用。

代幣就像人們持有的其他東西一樣可以用來交易，很容易被視為金融資產。但是只要妥善設計，用途就很明確，例如原生代幣是用來鼓勵投資網路，推動虛擬經濟。代幣是區塊鏈網路的核心，並不是什麼附加的花招，一旦砍掉就會影響到區塊鏈網路的功能。有了代幣，整個網路的所有權才能掌握在社群手中。

有時人們會問，有沒有可能透過法律或技術的手段讓代幣無法交易，讓「賭徒」文化完全消失，同時保有區塊鏈的好處。但問題是，一個完全不能買賣的東西，實務上就不屬於那個人。即使是版權與智慧財產權這類無形的資產，擁有者也有權能夠自由買賣。交易與所有權是一體兩面，不能只砍掉其中一邊。

代幣一旦不能交易，區塊鏈很多重要功能都會連帶受損。驗證器維護網路節點需要成本，所以區塊鏈用代幣來鼓勵他們。企業網路透過募資、股票選擇權以及各項收益，來提供營運發展費用，區塊鏈網路則是透過代幣。如果代幣不能買賣、沒有價格，使用者就無法購買存取網路所需的代幣，也無法將代幣兌換成美元或其他貨幣。這樣一來，代幣很難繼續激勵網路參與者，做不到第 9 章與第 10 章討論到的功用。基本上，要設計出無須許可、人人可用的區塊鏈，就必須要靠代幣與代幣交易，如果有人提出其他選項，我建議你多想想。

有趣的問題來了，究竟有沒有什麼方法可以遏止「賭徒」文化，同時又能鼓勵「科技宅」的精神呢？有人提議，我們可以打造一條新的區塊鏈網路，明訂某一段時間禁止轉售這條鏈上的代幣，或是限定在達成某個里程碑之前不准代幣交易。代幣仍然可以拿來激勵網路發展，但是代幣持有者可能需要等待數年，或是直到網路發展到一定程度，才可以交易代幣。

劃定時間區段確實是個好方法，可以讓人在爭取個人收益的同時，顧及社會利益。本書前文提過，科技發展之初都會歷經一段炒作，然後在崩盤之後進入「實質生產的高原期」。限制代幣在很長一段時間之內無法交易，能讓持有者免除炒作的誘惑，等到產業真正成熟的時候再來收成。

某些區塊鏈網路正在實施這種規則，美國等地也有人倡議將其列入法律。這可能會讓區塊鏈網路把代幣當作和企業網路競爭的激勵工具，並且鼓勵代幣持有者更著重創造長期價值，而不是短期炒作。如果再加上「足夠分散」這類監理目標，這也許就能滿足證券等監理制度的要求。

這個產業確實需要健全的監理制度，但重點是，怎麼做才能有效達成政策目標，像是懲罰不法行為者、保護消費者權益、維繫市場穩定，並鼓勵負責任的創新。這之中牽涉的利害關係甚大。正如我一直強調，要重建一個開放、民主的網際網路，區塊鏈網路這項技術是最佳解方。

監理成功的案例：有限責任公司

歷史告訴我們，聰明的監理制度可以加速創新。在 19 世紀中葉之前，主流的商業組織形式一直是合夥制。[17] 合夥制的所有股東都是合夥人，對企業的行為負完全責任。無論企業是遭受財務損失，還是造成非財務損害，股東都不能躲在公司後面，而必須出來承擔全部責任。想像一下，假設 IBM 與奇異（GE）這類上市公司，股東不僅要出錢投資公司，一旦公司出包還得負責，最後願意購買股票的人將寥寥無幾，公司籌募資金會變得更加困難。

有限責任公司在 19 世紀初就已經出現，只不過數量稀少。[18] 成立有限責任公司，需要經過特殊的立法程序。因此，當時的商業活動幾乎都是發生在關係緊密、彼此信任的家人或是朋友之間。

到了 1830 年代，鐵路事業開始興盛，接著工業化，情況就不一樣了。鐵路等重工業在發展初期，都需要投入大量資本，小公司即使再有錢，也無法獨力負擔。如果沒有更多不同類型的巨額資本投入，世界的經濟永遠無法轉型。

可想而之，這樣的巨變勢必引來爭議。設立有限責任公司的潮流勢在必行，立法者必須設法將其納入體制。但也有人認為，放寬公司申請門檻會鼓勵人們魯莽行事，把合夥人的風險轉嫁到客戶與整體社會上。

好一段時間之後，各方派系才終於達成共識。產業界與立法者都各退一步，商定法律框架，讓有限責任公司變成新的常態做法。這讓創業者可以用股票與債券向社會募資，帶來許多財富與商機。這就是科技創新推動規範改變的最佳實例。[19]

歷史上，經濟果實的民主化，大多是科技與法律攜手變革的結果。合夥企業的老闆通常最多數十人，有限責任的結構大幅分散企業所有權，如今許多上市公司的股東可能高達數百萬人。區塊鏈網路透過空投、補助、激勵貢獻者等機制，不斷邀請民眾前來分享經濟果實。未來每個網路，可能都會由數十億人共同持有。

正如在工業化時代，企業會有新的組織需求，今日的網路時代也是如此。企業網路試圖將過去C型股份有限公司（C-corporations）、有限責任公司等舊的法律結構，硬套在新的網路結構上。結果反而帶來許多問題。企業網路吸引大量使用者前來貢獻己力，但卻沒有分享果實給他們，只是將他們的心血結晶榨取殆盡。這個時代需要一套全新、數位原生的方式，讓人們彼此協調、合作、協作與競爭。

網路需要區塊鏈這樣的組織結構，而代幣正是為此而生。正如古聖先賢為有限責任公司打造了一套制度，如今，決策者和企業領袖也應該攜手為區塊鏈網路設計一套護欄。這套規則應該允許並鼓勵權力分散，不要像傳統企業那樣繼續維持集中。我們可以採取許多措施，遏制「賭徒」文化氾濫，同時讓科技宅的精神發揚光大。希望明智的監理機關能夠鼓勵創新，讓有志之士發揮所長，打造新世界。

我們不該讓「賭徒」惡習，澆熄「科技宅」的熱血。

第五部

未來在哪裡

第 13 章

iPhone 時刻：破繭而出

未來不是用來預測的，而是用來創造的。[1]

——亞瑟・克拉克（Arthur C. Clarke）

在資訊史上，新平台從推出原型到走入主流，往往需要數年至數十年的時間。個人電腦、手機、虛擬實境設備等硬體是這樣，區塊鏈、人工智慧等軟體也是一樣。絕大多數新科技的歷程，都是多年寒窗無人問，一款應用天下知。

個人電腦產業就是遵循這種模式發展的例子。Altair 早在 1974 年就推出第一批個人電腦，[2] 卻直到 1981 年的 IBM PC 問世之後，[3] 市場才開始擴大。而且即便市場不再乏人問津，科技愛好者依然幾乎只用它來撰寫遊戲，或是進行駭客攻擊。難怪當時主流的電腦公司，都認為個人電腦華而不實，無法滿足高階使用者的需求。直到某天開發人員寫出文字處理器、電子表格等應用程式，[4] 個人電腦的銷量才開始一飛衝天。

網際網路也是這樣。它在 1980 ～ 1990 年代初剛出現時，主要都是學術界與政府使用的純文字工具。[5] 然後 1993 年

Mosaic 瀏覽器問世，[6] 催生網路商業化浪潮，之後一路成長至今。

人工智慧則是電腦發展史中孕育最久的一種。早在 1943 年，科學家沃倫・麥卡洛克（Warren McCulloch）與沃特・匹茲（Walter Pitts）就在論文中提出神經網路的概念，也就是當代人工智慧的核心模型。[7] 七年後，圖靈在論文中提出著名的圖靈測試（Turing test），聲稱真正的人工智慧可以像人類一樣回答各種問題，使外人無法區別。[8] 之後潮來潮往，產業榮枯，八十年光陰過去之後，人工智慧如今似乎終於要成為主流。其中的關鍵因素當然是圖形處理器（graphics processing units，縮寫為 GPU）的進展。[9]GPU 的指數級進步速度，使神經網路如今已經能夠處理數兆個參數，打造出人工智慧系統背後的關鍵基石。

大約在 2007 年，我剛從創業者開始踏足科技業投資的時候，iPhone 首次亮相，行動運算浪潮風靡全球。我與朋友探索行動應用的各種潛力，市場上每個人都在猜測「殺手級應用程式」究竟會是什麼。近期的發展為提供了線索。那些在個人電腦上已經普及的程式，顯然很可能複製到手機上。此外人們也會試圖用手機購物，也用手機連上社群網路。但這些想像都只是在「仿古」，延續既有的功能依樣畫葫蘆。

另外一項線索來自手機的創新功能，而這可能成為「殺手級應用程式」的關鍵特徵。iPhone 具備個人電腦沒有的獨特優勢，像是內建 GPS 感測器與相機，以及使用者能夠隨時隨地帶在身邊。這些功能可以開展我們的全新視野，設計出各種前所未見的功能。

如今回頭想想，最成功的行動應用程式確實偏向後者，利用手機特有的功能，打造未來世界的各種全新流行。Instagram 與 TikTok 用相機打造出影音社群網路；Uber 與 DoorDash 用 GPS 推出隨選外送服務；WhatsApp 與 Snapchat 讓使用者能夠隨時隨地拿著手機通訊。

2007 年的手機業界都在思考一個大問題：怎樣的行動應用程式才夠重要？如今的區塊鏈業界也在思考同樣的問題：怎樣的區塊鏈網路才夠重要？直到最近，區塊鏈的基礎建設才終於足夠成熟，能夠讓應用程式支援整個網際網路。整個業界可能即將從孵化期進入成長期，我們可以開始思考殺手級區塊鏈網路的樣貌。

區塊鏈網路可以容納許多「仿古」功能，把目前既有的功能做得更好。社群網路就是一個明顯的例子。如今社群網路是人們花費最多時間的地方，它影響全球無數大眾的想法與行為，更是內容創作者的主要收入來源。如果用區塊鏈打造社群網路，抽成一定可以比目前的企業網路更低，規則更不容易朝令夕改。

另一個重要的「仿古」功能則是金融網路。照理來說，匯款應該就像發送訊息那麼簡單。目前支付服務的門檻，主要都跟集體行動問題（collective action problem）* 有關，而解決這個問題正是區塊鏈的強項。如果在區塊鏈上建立支付系統，交易費用可以比現在更低、摩擦更小、而且許多目前無法執行的功能，都很可能一一實現。

但區塊鏈網路的潛力絕不僅如此。許多從未出現的原生功能將顛覆既有的想像，我猜一大部分都會和媒體與創作有關。正如本書前文所述，我認為許多區塊鏈網路的原生功能，都會是和人工智慧、虛擬世界等新興科技結合出來的成果。

當然，除此之外，未來一定還會有一些非常重要的應用程式，是我完全沒有敘述到的。因為企業家與開發者不可能乖乖照著預言家的紙上談兵，去打造這個世界。儘管如此，我還是會根據目前既有的資訊，盡力列出「我讀、我寫、我擁有」的網路新時代將出現哪些重要功能。我無法寫出一份完整的預言，但希望能邀請各位一同思考。

* 譯注：指個體之間的利益衝突，阻礙彼此集體合作。

第 14 章

前途無量的應用場景

讓社群網路綻放無數小衆利基市場

《連線》雜誌創辦人凱文・凱利在 2008 年的經典文章〈千名鐵粉救創意〉(1,000 True Fans)中，預言網際網路將改變創作者的商業模式。[1] 他說網路擁有最強大的配對能力，能開啟 21 世紀的贊助經濟。再小眾的創作者都能找到一整群死忠粉絲，再小眾的粉絲都能找到自己想贊助的人：

> 這時代不是只有超級巨星才能靠創作謀生。你不需要幾百萬名粉絲、上百萬的顧客或消費者，才能收獲成千上萬美元。無論你是工匠、攝影師、音樂家、設計師、作家、動畫師、應用程式作者、創業家還是發明家，都只需要幾千位死忠鐵粉，就可以維持生計。
>
> 　　真正的鐵粉會購買你製作的所有東西。他們會開

> 200 英里的車來聽你唱歌；購買你書籍的精裝本、平裝本、有聲書版本；會預購你尚未公開的公仔；並在 YouTube 免費看完你的所有作品之後，付錢買下你的「精選」DVD；他們每個月都會前往你的餐廳，品嘗你創造的佳肴。

凱文・凱利的夢想並未真正實現。目前大部分的創作者都需要數十萬、甚至數百萬粉絲才能維持生計，因為企業網路成為人們聯繫的主要管道，它們卡在創作者與受眾之間，榨乾大部分的價值。

社群網路可能是目前最重要的網路，它大幅影響經濟與人們的日常生活。每個網友每天平均泡在社群網路上接近兩個半小時，[2] 文字簡訊與社群互動並列為最受歡迎的兩種線上活動。

但社群網路的架構，注定贊助經濟難以發展。沛然難禦的網路效應，將絕大多數使用者鎖在少數幾個主流社群網路的手中，任由背後的科技巨頭抽走大部分的贊助收入。由於目前主流社群網路的契約條款，往往充滿不透明的模糊空間，我們很難精確算出這些企業實際的抽成水準，但以 99％來估計應該並不過分。目前全球前五大社群網路分別是臉書、Instagram、YouTube、TikTok 與推特，每年總收入約為 1,500 億美元，但支付給內容創作者的金額卻只有大約 200 億美元，而且其中絕大多數都出自 YouTube。

企業網路之所以這麼強大，是因為它們比 RSS 這類協定網路，更容易連結全球各式各樣的人群。但企業網路並非人們連接彼此的最佳方法，也不是唯一管道，分散式網路亦能達到一樣的效果。我們可以用協定網路或區塊鏈網路，打造新的社群網路，讓網路的所有權回歸社群。這可以將經濟利益回到使用者、創作者、軟體開發者手中，甚至可能實現凱文・凱利關於贊助經濟的未竟之夢。

網路的不同架構會產生多大的差異？我們可以粗略估計一下。協定網路本身幾乎完全免費，但某些公司會推出應用程式，提供簡易存取之類的網路功能。例如 Substack，可以讓使用者更方便的訂閱電子報，抽取大約 10% 費用。它的抽成率之所以不高，是因為協定網路重視所有權。電子郵件的訂閱者列表掌握在使用者手中，如果收費太高，他們很快就會拿著整個列表，轉投競爭對手的懷抱。

假設全球前五大社群網路都把抽成率降至 10%，它們每年從 1,500 億美元總收入分得的金額，就會從 1,300 億美元降至 150 億美元，而創作者等各種參與者的收入每年將額外增加 1,150 億美元。這會改變多少人的生活？以美國平均年薪 59,000 美元計算，[3] 額外的 1,150 億美元相當於近 200 萬個全新就業機會。光看這筆粗估數字，就知道抽成率能夠造成多大的影響。

況且低廉的抽成率，會引發一連串的乘數效應。當網路上有更多資金流向周圍的端點，就會讓更多人放下既有的工作，改為全職創作內容。這會讓創作者與受眾之間的界線愈來愈模糊，不再像目前大多數社群網路那樣截然高低二分。而當社會上有更多人靠著內容創作維生，社會流動性也會逐漸提高。另一方面，全職創作也會產生更多優質內容，使整個網路吸引更多粉絲，獲得更多收入。

提高創作者的收入會產生良性循環。只要有大量網友全職創作，網路上的資訊品質就會提高。社群網路不僅能夠讓使用者聊天、互丟迷因，更應該鼓勵人們在上面寫文章、寫遊戲、拍電影、寫音樂、錄 Podcast 等。這都需要投入時間、精力、金錢。網際網路要孕育出更深厚的內容，就需要更好的經濟動力。

因此，在社群網路上打造全新的就業機會並非理想，而是必需。當人工智慧之類的新科技逐漸將既有的工作自動化，就需要社群網路來讓人探索新時代的就業樣貌。

此外，分散式的社群網路，對使用者與軟體開發者都更有利。企業網路的高昂抽成、反覆無常的規則、以及綁架整個平台榮枯興衰的能力，全都是開發軟體時的風險。分散的網路才能持續吸引投資與建設，線上能使用的工具愈多元，使用者就愈能夠貨比三家，選擇自己想要的軟體與功能，藉而推動競爭，不斷改善使用者體驗。在分散式社群網路，如果你討厭目前的河道排序、垃圾貼文過濾方式，或不希望平台追蹤你的個人資料，可以立刻跳到別的平台，完全沒有任何阻礙，也不會讓你失去任何人際聯繫。

這在理論上聽起來很棒；但真正該問的問題是，根據社群網路目前的發展狀況，這種分散式的社群網路到底能不能站穩腳跟。人們每隔一陣子就會發現既有平台充滿問題，像是碰到平台刻意刪文、擅改規則、公司換老闆、個資洩漏、法律醜聞事件的時候，就會試圖逃到其他新興的社群網路上。但這些反抗大都只是燦爛的煙火，社群網路的成功基礎是使用者的友誼與共同興趣，而不是憤怒。

分散式社群網路除了要讓經濟利益分配得更加公平，使用者體驗還必須像目前的企業網路一樣優秀。目前的社群網路之所以成功，是因為使用者可以在上面輕鬆互動。如今再來設計同樣方便的分散式社群網路還不算太晚。過去 RSS 這類協定式社群網路為我們點燃一盞明燈。它們之所以被企業網路打垮，只是因為資金不足以打造同樣強大的功能。但區塊鏈剛好就是募集資金、開發軟體的優秀工具，可以打造史上第一個像協定網路那麼自由公平，同時和企業網路一樣強大方便的新網路。而且，現在天時地利同時俱足，區塊鏈發展至今，終於成熟到足以打造一個社交網路。

現在有一整批區塊鏈專案，都在試圖建立新的社群網路，每個專案的架構各自不同，但都已經克服之前毀滅 RSS 的巨大缺點。它們一邊資助軟體開發，一邊運用類似於公司的代幣資金庫，補貼帳號註冊與託管費用。這些專案以區塊鏈為核心基礎建設，提供整個社群網路的基本服務，讓使用者可以輕鬆的檢索與追蹤，不會像之前的協定網路，或第 11 章提到的聯邦網路那樣，使用時阻力重重。

但要推動這樣的改變，就得突破目前的網路效應。可能的方法之一，是吸引那些無法忍受目前企業網路的創作者與開發者。終端使用者未必知道高昂的抽成率扼殺多少好作品，但內容創作者和軟體開發人員都很在意自己賺了多少錢。分散式社群網路可以主打透明的抽成率，讓創作者與開發者知道自己能夠保有更合理的利潤，吸引全球最優秀的軟體與內容。如此一來，既有平台上的使用者，尤其很多都是被動消費者，就會逐漸跳到分散式社群網路上。當使用者發現這個新的區塊鏈平台不僅有更棒的東西，還能讓他們參與治理、分享經濟收益、獲得之前被企業網路霸占的各種權益，就會更願意完全轉換過來。

分散式社群網路在創立之初，可以先主打深入小眾的利基市場。那些喜歡新科技或新媒體的人，很有可能基於共同興趣而集結為穩定社群。尤其是無法在既有平台聚集大量粉絲的後起之秀，很可能是改變的關鍵。YouTube 就是用這種方式取得成功，它剛成立時吸引的創作者，都不是電視或傳統媒體上的紅人。過去的榮光應該留在過去，新的科技平台需要新的明星。

某些創作者可能會把當下視為黃金時代，只要按一個按鈕，就能把自己的作品分享給全球五十億人，世界上幾乎每個角落都有他們的粉絲、評論家與合作對象。但這些創作者幾乎都得靠企業網路來分享，讓網路奪走絕大多數的天價收入，扼殺各種更加多元的內容。如果 RSS 那些帶著高貴理念的分散式社群網路，之前沒有被企業網路壓垮，如今整個網際網路一定遠比現在更加百花齊放。

我們可以扭轉這個局面。我們可以讓網際網路孕育更多創意、傳遞更多真相，不再扼殺這些珍貴的內容。我們可以用區塊鏈打造社群網路，創造無數小眾社群的利基市場，讓經濟利益分配得更加公平，讓更多使用者找到真心深愛的作品，讓更多創作者遇見至死不渝的粉絲。

遊戲與元宇宙：數位世界掌握在誰的手中？

前陣子《一級玩家》（*Ready Player One*）這本主打元宇宙（metaverse）的小說很紅。故事的舞台是一場遊戲競賽，由眾家爭奪 3D 數位世界「綠洲」的經營權。我不會劇透比賽的結果，而且重點也不在獎落誰家，而在於為什麼可以把整個數位世界交到某一個人的手中。

《一級玩家》是科幻小說不斷演變的結果，這類作品的其中一位大前輩就是尼爾・史蒂文森（Neal Stephenson）在 1992

年發表的《潰雪》（*Snow Crash*），這本書創造出如今家喻戶曉的「元宇宙」。[4] 在《潰雪》創作的年代，多人遊戲的 3D 圖形非常簡陋，而且只能讓少數幾個人彼此互動。如今的科技早已一日千里，最優秀的遊戲吸引百萬玩家，畫面堪比好萊塢電影，而且可以讓上千名玩家在遊戲裡同時互動。《要塞英雄》與《機器磚塊》這些電玩遊戲，已經相當接近《一級玩家》書中的數位世界。

遊戲世界的發展方向顯而易見。它們的畫面不用多久就會像物理世界一樣逼真，可以同時容納上百萬人。玩家規模將會持續成長，人們打電動的時間也會逐漸增加。身歷其境的虛擬實境設備將會人手一個，然後出現讓人虛實難辨的觸覺介面。遊戲公司會用人工智慧撰寫各種栩栩如真的角色、世界、各式各樣的內容。所有線索都指向這個未來。

數位世界愈擬真，數位和物理世界之間的界線就會愈模糊。你可能會在「虛擬」現實中交到朋友、遇到未來的配偶，或是找到新工作。當經濟活動逐漸移動到線上，專屬於數位世界的工作職缺將愈來愈多，工作與娛樂也會愈來愈難以區分。數位世界的事件將逐漸影響物理世界，反之亦然。如今最明顯的證據就是社群網路，推特一開始只是人們分享午餐照片的地方，現在卻成為全球政治要衝。那些看起來像玩具的東西，有可能一直都是玩具，但也可能變成完全不同的東西。

在實現元宇宙的過程中，這些數位世界的設計原則與背後的網路架構，就變得非常關鍵。如今最受歡迎的電玩都在企業網路上運作，開發商經營遊戲世界，玩家在世界裡彼此互動。其中許多遊戲中都有專屬貨幣與數位商品，但都由經營者集中管理，不只抽成率很高，商機也非常有限。

但遊戲世界也可以在協定網路或區塊鏈這類開放網路上運作。創辦遊戲平台 Epic、製作遊戲《要塞英雄》與主流遊戲引擎 Unreal 的蒂姆・斯威尼（Tim Sweeney）就認為，開放的數位世界應該結合兩者：[5]

> 打造這種世界需要幾個東西：首先需要一種表示 3D 世界的檔案格式……用來當成 3D 內容的標準；然後需要一個分享檔案用的協定，例如 HTTPS 或星際檔案系統（Interplanetary File System，縮寫為 IFPS）之類的分散協定，供所有人使用；最後需要一種確保安全交易的方法，例如區塊鏈，以及一個能夠更新每樣物體當下位置與人物臉部表情的即時協定……。
>
> 打造元宇宙需要的其他零件，則需要在重複討論實驗中逐漸發現。但這些零件一定會有夠多的共通性，讓不同世界可以彼此辨認，就像之前 HTTP 變成全球資訊網的標準。

斯威尼的想法大致正確，只是太過畫地自限。區塊鏈的潛力遠遠超越目前的商業平台，它是一種電腦，可以執行所有類型的軟體。真正最強大的元宇宙，是把好幾個區塊鏈網路組合起來，每個網路各自負責斯威尼提及的某些功能，然後彼此開放互連，變成一個超級網路聚合體（meta-network）。這可以慢慢建構，從一個核心區塊鏈向外延伸，連接愈來愈多區塊鏈，使每一個網路逐漸連成一個整體。

而且需要的技術規格不會太多。我們只要用同質化代幣代表通貨，用非同質化代幣（NFT）代表物品，就可以在元宇宙中建立交易。我們可以用「靈魂綁定」（soulbound，亦即不可轉讓）的 NFT，來代表人們的特殊成就或無法分離的物品；並開放另外一些 NFT 自由交易，讓人們買賣各種服裝與「外觀」（skin）；甚至還能設計第三種 NFT，其中特定功能可以交易，其他則不可以交易，這樣人們就可以買賣角色，但買到的角色等級歸零，必須從頭練起。

元宇宙遊戲的設計空間勢必極為豐富。這類遊戲程式必須在區塊鏈網路上執行，但可以沿用目前遊戲設計的所有工具，而且還能加入許多全新元素，例如可轉讓的永久性物品，以及不同遊戲之間的經濟互動。

遊戲的開發成本可以來自區塊鏈的使用費。區塊鏈網路的收費費率勢必很低，但強大的商機將大幅增加遊戲世界的總產值，使開發商抽得足夠的費用。網友會開設商店，販賣自己設計的遊戲物品，還能保有大部分的銷售收入；投資人會看上各種線上創業的潛力，進而投入資金，因為商機只會隨著網路的成長逐漸擴張而不會縮減。區塊鏈網路的互通性與可組合性，讓使用者可以帶著自己的東西移動到另一條區塊鏈上，在新的遊戲或應用程式中繼續使用，促進每個網路良性競爭。在區塊鏈上由程式強制執行的規則，能夠有效保障鏈上的數位產權；鏈上的治理與審核權力，則會一直留在社群手中。

企業網路通常把跨網路互通視為威脅，區塊鏈則將這項功能翻轉為賺錢商機。如果某個區塊鏈網路養出一個社群，其他網路只要在應用程式中支援它的代幣，就可以吸引那個網路的使用者加入自己。類似方法還有很多，在區塊鏈網路中，即使你不再玩某個遊戲，還是可以把花費數年收集的寶劍與藥水，帶進下一個新遊戲。也許物品外觀和功能會改變，但核心屬性不會消失。

我相當樂見全球資訊網系統可以幫忙打造元宇宙。但正如斯威尼所說，元宇宙需要的許多功能，全球資訊網系統無法提供。如果我們不用協定網路或區塊鏈網路這些開放系統來填補空白，企業網路就會趁虛而入，元宇宙最後就會變成《一級玩家》故事中的反烏托邦世界。

NFT：後稀缺時代的稀缺之物

複製是網際網路的核心活動。你在線上寫了一句話，那句話就會從你的電腦複製到伺服器，然後再複製到讀者的電腦上。每個人做出的幾乎每一個動作，包括按讚、發文、轉貼，都會不斷製造副本。副本不斷輕鬆免費產生，在整個網際網路塞滿影片、迷因、遊戲、訊息、貼文，以及各式內容。

對創作者來說，複製是雙面刃。它一方面將作品傳播給廣大受眾，另一方面也引發爭奪注意力的激烈競爭。網路會整理、篩選大量資訊，但資訊依然多到我們全都讀不完。當你能夠立刻觸及五十億人，就表示其他人也可以辦得到。

傳統媒體靠著「稀缺」（scarcity）來賺錢。在網際網路出現之前，書籍與 CD 這類媒體數量有限。讀者必須自己去購買實體書，賣完就沒得看。在數位世界中，大量豐富的資訊自由流通本來就是常態。於是許多媒體業為了保護自己的利益，紛紛推出付費牆或版權限制之類的門檻，沒付錢的讀者就無法繼續閱讀《紐約時報》的文章，沒付錢的聽眾就無法在 Spotify 聽完整首歌。（雖然這引來盜版風潮，但盜版當然是違法行為，所以在付費閱聽服務出現之後，盜版媒體逐漸乏人問津。）

稀缺性是把雙面刃。它能讓想閱讀的消費者乖乖掏錢，但也阻止內容快速散播到整個網際網路。複製的門檻愈高，就愈難爭奪消費者的注意力。例如你把某份作品鎖在付費牆後面，它就很難像公開內容那樣被網友拿來複製廣傳，或二次創作（remix）。我稱這樣的機制為「注意力與變現的兩難」（attention-monetization dilemma）：「爆紅」與「賺錢」許多時候無法兼顧，創作者必須做出權衡。

在這方面，遊戲界權衡名氣與金錢的能力，遠遠領先其他類型的媒體。大多數遊戲的壽命都很短，而且科技與風潮日新月異，業者必須不斷適應大環境。除了《勁爆美式足球》（*Madden NFL*）與《決勝時刻》（*Call of Duty*）這類名作能夠不斷推出以外，大部分遊戲的熱度都撐不了幾年。所以遊戲業者進步迅速、競爭激烈、願意嘗試各種實驗，能夠屹立不倒的公司往往對新科技與新商業模式相當友善。他們學到的教訓不僅適用於遊戲界，更適用於許多不同形式的媒體，只是比其他媒體更早學到這些經驗。

過去遊戲業者的獲利方式，幾乎和其他媒體業相同。一款遊戲無論是實體光碟版還是數位下載版，大約要價 50 美元。但網際網路出現之後，大型多人線上角色扮演（massively multiplayer role-playing game）與第一人稱大逃殺（battle royale shooter）這類新型遊戲利用網路的原生特性，想到新的賺錢方法，遊戲直播等活動與遊戲商城等商業模式開始蔚為風潮。

遊戲業者在實驗中逐漸發現一個規則：免費遊戲賺到的錢反而比較多。[6] 直接放棄用遊戲本體來收錢，乍聽是很荒謬的策略，但卻非常有效。

在網際網路早期，遊戲業者確實會提供幾個試玩關卡，藉此吸引玩家購買完整的遊戲。[7] 到了 2010 年代，它們顛倒兩者免費與收費的比重，開始免費提供遊戲本體，吸引玩家購買擴充包（add-on）。如今這個比例更是推到極致，許多最精緻的遊戲諸如《要塞英雄》、《英雄聯盟》、《部落衝突：皇室戰爭》（*Clash Royale*）都從頭到尾完全免費，唯一要付錢購買的東西只剩遊戲內的數位商品；[8] 而且大部分的商品都是服裝或動畫，完全不會讓玩家的角色變強。因為大部分玩家都討厭「台幣戰士」（pay to win），不希望破壞遊戲平衡。[9]

這種策略克服「注意力與變現的兩難」。免費釋出的遊戲可以吸引整個網際網路的玩家，讓他們自由創作影片、迷因等衍生作品，維持這些遊戲在社群媒體上的聲量高踞不墜。如今最熱門的遊戲，發行量通常都超過最賣座的電影，[10] 新冠疫情的爆發更是拉大兩者的差距。[11]2022 年全球遊戲產業的總營收大約 1800 億美元，是全球電影票房收入的七倍。[12] 過去的宅宅小眾嗜好，變成如今的全民娛樂。

遊戲業者利用串流媒體的方式也極為精明。Twitch 這類網站有很多玩家會一邊直播自己的遊戲進度，一邊跟觀眾聊天，同時結合體育賽事節目與談話性廣播節目的優點。這種行為其實在法律上很容易被電玩業者起訴，過去也確實有一些業者在 2000 年代末期抵制這種串流直播，最有名的就是任天堂。[13] 但如今每間遊戲公司都鼓勵串流媒體，它們發現串流媒體帶來的關注，比授權費的損失更值錢。

遊戲公司很聰明，他們知道自己創作的產物可以同時用遊戲、數位商品、串流媒體的方式來賺錢。於是在不斷實驗的過程中，找到免費與付費之間的正確平衡，同時保有注意力與營收。遊戲產業之所以成功，是因為他們發現在一切免費氾濫的網路環境中，有一層關係依然稀缺有限。所以他們免費贈送遊戲本體，同時在遊戲內販賣數位商品，並以免費觀賞的串流媒體來吸引更多玩家。在犧牲技術堆疊中某一層的收入的同時，卻增加好幾個新的層次來賺更多錢。

相比之下，音樂產業就非常保守，把重點放在守護既有市場，而非拓展新的可能，還花費大把時間去控告網路上的各種創新。[14][15] 經過好一大段時間，唱片公司才終於開始適應新環境，同意 Spotify 之類的串流業者把音樂作品打包起來，供聽眾訂閱。

而且，這些公司心中依然對此充滿怨懟，直到今天還在螳臂當車。那些想用新方法推廣音樂並以此賺錢的新創業者，經常會收到唱片公司的訴訟威脅。這澆熄實驗的熱誠，音樂產業的科技創新和其他媒體相比少很多，而且大多只是舊有模式的微幅改進，新方法風險太大、成本太高。

這種態度的影響顯而易見。市場上每年出現數百間遊戲新創企業，音樂新創企業卻寥寥無幾。因為創業者想要專心發明新事物，不想浪費時間上法院；投資人也學到教訓，不想在音樂新創計畫上浪費錢。[16]

三十年下來，兩個產業的差異攤在我們眼前。下頁圖表顯

經通膨調整的產業營收

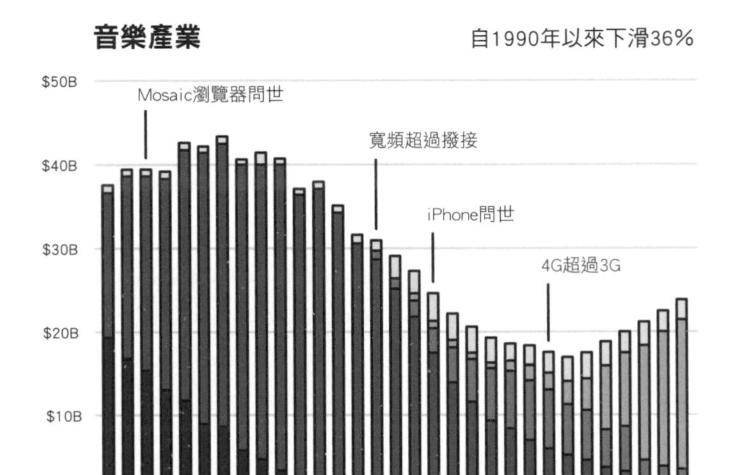
音樂產業
自1990年以來下滑36%
$50B
$40B
$30B
$20B
$10B
$0
Mosaic瀏覽器問世
寬頻超過撥接
iPhone問世
4G超過3G
1990
2000
2010
2020
黑膠
卡帶
CD
數位下載
數位串流
其他

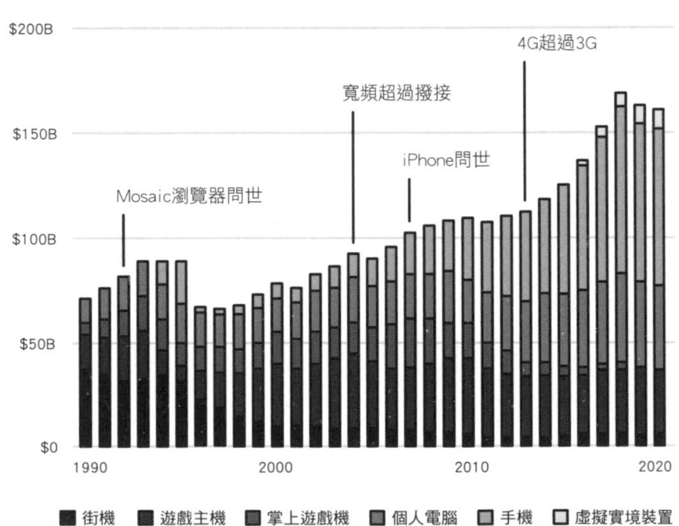
遊戲產業
自1990年以來增加131%
$200B
$150B
$100B
$50B
$0
4G超過3G
寬頻超過撥接
iPhone問世
Mosaic瀏覽器問世
1990
2000
2010
2020
街機
遊戲主機
掌上遊戲機
個人電腦
手機
虛擬實境裝置

示，遊戲業的營收遠遠超過音樂產業。[17][18] 每次出現新的科技浪潮，擁抱改變的遊戲業就再次迎來成長；訴訟成癮的音樂產業則一直苦苦掙扎。

電玩遊戲並沒有比其他形式的媒體更容易賺到錢。人們喜歡打電動，但也喜歡聽音樂、讀書、看影片、聽 Podcast 與欣賞數位藝術。遊戲業之所以勝出，只是它比其他創意產業更願意嘗試新的商業模式。音樂人和聽眾一直都在，供給與需求從來不是問題，真正的挑戰在於連結兩者的商業模式。

遊戲業者用數位商品賺到大錢的故事，暗示其他類型的媒體也可以達到同樣的成效。這就是 NFT 的特長，開拓出一個過去從未出現的價值空間：數位所有權。

人們為什麼想要購買數位所有權？原因很多，其中一個原因是想要和作品背後的構想與故事建立連結；如同人們在物理世界購買藝術品、收藏玩具、蒐集古董包。各位可以把購買 NFT 想成購買官方發行的正版作品，或者藝術家簽名的限量作品。NFT 可以在作品上銘刻永恆不滅的簽名，持有者就能向世界公告自己支持哪些品牌、藝術家、創作者，或是加入哪些收藏家社群。網路上出現愈多複製、分享、二次創作，原版就會變得愈有名，社群與原版作者之間的連結也就更珍貴。

NFT 不僅能承載藝術，更能證明各種東西的所有權。你可以在 NFT 加入新功能，讓它的價值超越正版作品或作者簽名版。目前已經有很多人把 NFT 當成門票，讓持有者閱覽製作過程，或參與私人討論群組。你也可以讓 NFT 成為選票，讓粉絲投票討論人物與故事的發展方向。詳情參見後文。

也許有些人擔心 NFT 會阻礙作品傳播，但其實 NFT 反而會提升網友的分享動力。電玩作品吸引愈多玩家，遊戲裡的數位商品就愈有價值；複製品與二創作品愈常見，想擁有正版的人就會愈多。物理世界的藝術品早就有類似機制，創作者與收藏家都不反對複製，因為認識作品的人愈多，原版的價值就愈高。《蒙娜麗莎》（*Mona Lisa*）可能是最極端的例子，它在無限的複製二創之後，已經變成文化符碼。

藝術品和版權通常是分開的兩件事。當你購買一幅畫時，你買的通常不是它的版權，而是畫作本身以及展示運用這幅畫作的權利。這些價值都偏向感性主觀，難以用現金流量之類的客觀方法來估價。作者簽名版的 NFT 也是這樣。

但 NFT 非常靈活，作者可以將版權包在作品裡面。最簡單的做法是把作品與版權打包販賣，購買者直接可以獲得作品的版權。不過，NFT 的潛力不只如此，它可以用程式碼來打造許多物理世界難以實現的版權機制。例如，你可以設計一種 NFT，讓擁有者在使用這幅作品賺錢的時候，直接撥出部分收入給原作者。你也可以針對二次創作或衍生作品，各自制定不同規則。區塊鏈會記錄每一筆行動，NFT 可以根據你撰寫的規則，將資金分別轉交給每一位擁有者與貢獻者。像是你可以設定，當有人購買一幅二創的改編作品，NFT 就會把三分之一的收入交給最後的改編者，三分之一交給中間的二創作者，三分之一交給最初的原版作者。NFT 是軟體，你可以把它寫成任何想要的樣子。

NFT 將會改善創作者的經濟環境。[19] 我再以音樂產業為例，[20] 串流媒體 Spotify 上面大概有九百萬名音樂家，[21] 但是 2022 年收入超過 5 萬美元的音樂家卻不到一萬八千人，小於總數的 0.2%。音樂家大部分的收入，都被串流媒體與唱片公司搶走。代幣的機制可以避開這些收取高昂抽成的中間商，有了 NFT，大部分的銷售收入都會留在音樂家手中，即使是比較小眾的音樂家，也可以靠著粉絲的支持謀生。

音樂家經常用物理商品來繞過中間商的層層剝削，但物理商品的市場通常比數位商品小很多。音樂產業在 2018 年的銷售總額為 35 億美元，[22] 電玩產業在同年光靠線上數位商品就賣了 360 億美元，[23] 之後幾年的銷售額更是成長到接近兩倍。除此之外，數位商品的利潤通常較高，可以進行更多實驗，也更容易和粉絲保持互動。

對於習慣企業網路模式的人，必須轉換思維才能發現要如何用 NFT 賺錢。企業網路模式把整套流程綁在公司手中，從核心服務、相關應用程式、周邊工具，以及所有相關商業模型，都仰賴公司的決定與掌控。

NFT 的商業模式相反。先由創作者打造最小的核心元件，例如幾枚 NFT，然後再由獨立第三方撰寫程式，利用 NFT 在區塊鏈上開創各種生意。例如樂團可以先發行 NFT，賣給贊助者與死忠粉絲；然後其他公司才打造應用程式，以這些 NFT 為門票，讓持有者參加粉絲見面會、私人討論區，或購買專屬的獨家商品。

NFT 有兩大優勢，能夠吸引獨立的第三方來開發利用。首先是作者幫你養好了粉絲社群，受眾非常明確。行銷人員很容易替 NFT 持有者設計出專屬福利，例如提早或免費使用新產品。網路互通是區塊鏈的絕招之一，你可以輕鬆招募到每一條鏈上的客群。

其次，NFT 無法竄改。你錢包裡的 NFT 完全屬於你，只要最初撰寫時沒有在程式碼中載明允許，之後就沒有人可以修改規則，就連原作者或鑄造 NFT 的人都不行。這種誘因平衡和企業網路完全不同，在企業網路模式中，開放他人存取非常危險，因為擁有大型網路的科技巨頭可以輕易接管你的網路，改變遊戲規則。

這讓我再次想起城市與主題樂園的譬喻。企業網路就像精心打造的主題樂園，遊客體驗的每一個環節都由公司決定。區塊鏈網路則像一座城市，從核心元件開始，鼓勵由下而上逐步創業。NFT 可以設計出開放的版權規則，鼓勵第三方創新，把整個產業鏈孕育成一座偉大城市。

NFT 正在不斷演化，而且已經開始嶄露頭角。[24] 在 2018 年正式確立檔案標準之後，NFT 的銷售額於 2020 年開始成長。[25] 從 2020 年到 2023 年初，創作者從 NFT 銷售中分得的收入，大約是 90 億美元。[26] 在這幾年間，較為主流的 YouTube 則將 850 億美元營收的 55％分給創作者，大約相當於 470 億美元。[27] 至於 Instagram、TikTok 與推特付給創作者的費用，則少到可以忽略不計。

最近崛起的生成式人工智慧（generative AI），將使媒體變得更加氾濫。人工智慧輸出的視覺藝術、音樂、文字，目前已經非常漂亮，而且進步極快，不久之後甚至可能超越人類。社群網路打散媒體的發行權力，生成式人工智慧則會打散內容的製造權力。過去媒體仰賴版權維生的商業模式，勢必會更加難以為繼。當每個人都可以用電腦製造出夠棒的內容，就更不會想花大錢來閱聽特定幾個作品。

但作品的價值並不會消失。正如第 8 章所言，當技術堆疊中某一層的獲益率降低，隔壁幾層的獲益率就會提高。電腦已經在西洋棋打敗人類二十年，但 chess.com 這類西洋棋網站上的玩家與觀眾卻愈變愈多。無論人工智慧變得多強大，人們依然渴望與真人互動。當人工智慧能夠生成精緻的文本，藝術表現的重點就不會那麼執著於內容，而會更加關注內容周圍的策展、社群、文化。

NFT 讓世界在文本浮濫似海之後，依然有一些東西珍貴如島。它提供一個簡單的方法，去克服「注意力與變現的兩難」。電玩給了我們一個好榜樣，如果遊戲廠商可以靠著販賣遊戲內的商品養活自己，其他媒體一定也有某些全新的商業模式能夠賺錢。就讓網路做它最擅長的事情，繼續複製文本、繼續鼓勵二創吧。這是雙贏的賽局。

協作敘事：一起打造「幻想好萊塢」

英國作家柯南・道爾（Arthur Conan Doyle）在 1893 年決定讓他最著名的角色夏洛克・福爾摩斯（Sherlock Holmes）墜落瑞士瀑布時，粉絲非常難過。[28] 上萬名讀者退訂連載福爾摩斯的《岸邊雜誌》（*The Strand Magazine*），穿著黑色的喪服，寄出一大堆信件，拜託作者復活這位偵探。柯南・道爾一開始無視他們，但多年之後依然屈服，在新故事中讓福爾摩斯復活。

在這個時代，優秀的故事依然能夠激發人們的熱情。網路論壇上有一大堆《哈利波特》（*Harry Potter*）與《星際大戰》（*Star Wars*）的粉絲，他們閱讀每篇新作、考究故事中的各種細節，還會為了某些支線情節的意義爭吵不休。有些粉絲會用自己的方式衍生既有的故事與角色，甚至在 Wattpad 這類同人網站上寫文章、編輯成書。附帶一提，《格雷的五十道陰影》（*Fifty Shades of Grey*）一開始其實就是《暮光之城》（*Twilight*）的二創作品。

很多人都有深愛的作品，深愛到把它當成自己的一部分。

當然這只是一種幻覺，即使粉絲的行動有時候會影響故事發展，但通常還是只能被動等待；許多人相信喬治・盧卡斯之所以最後在《星際大戰》中刪掉恰恰・冰克斯（Jar Jar Binks），就是因為粉絲太討厭這個角色。[29] 粉絲對作品既沒有正式發言權，也沒有經濟責任。

另一方面，市場之所以了無新意，充斥各種續集與翻拍，就是因為開創新品牌非常困難。新作品必須砸下大量經費才能成功宣傳，媒體業者寧願炒冷飯打保守牌。

但是，如果粉絲可以真正擁有故事，如果媒體業者可以和粉絲一起撰寫原創新作，和粉絲一起宣傳，事情會變成怎樣？有一些區塊鏈專案就想這麼做，想和粉絲一起敘事打造新作品。

只要方法正確，就能讓素未謀面的陌生人共同創造偉大的事物。「讀寫時代」的 Web 2.0 網路已經證明這件事，最有名的就是維基百科。維基百科成立於 2001 年，以群眾外包的方式撰寫。一開始還有人認為這只是一群瘋子不切實際的美夢，注定淪為劣質的塗鴉牆；但在多年的演進之後，它成為數位百科全書的首選，反觀當年眾所矚目的大熱門：微軟付錢請專家撰寫的 Encarta，如今幾乎無人記得。[30] 維基百科從創立之初就不斷面對劣質文章與惡意刪改，但社群的勇士前仆後繼投入，使正面編修一直多於負面破壞，逐漸成長為現在的奇觀。

如今維基百科是人氣排名第七的網站，[31] 而且已被視為值得信賴的資料來源。它的成功啟發一系列協作計畫，例如

Quora 與 Stack Overflow 等問答網站。[32]

如果在區塊鏈這種抽成率低、規則無法竄改的網路上，用維基百科的方式來協作，就有可能出現粉絲共同創作、共同擁有的故事。目前最常出現的做法，是根據使用者對敘事語料庫的貢獻，發給等比例的代幣。最後作品的智慧財產權屬於社群，可以授權給第三方發行書籍、漫畫、遊戲、電視節目與電影等，所得收入歸回社群的鏈上資金庫，用來資助未來的創作，或者分配給代幣持有者。

這樣一來，粉絲就可以掌控角色和故事。如果有人不喜歡目前的發展，可以把目前的角色「複刻」成另一個版本的樣子，甚至把目前的故事「複刻」出一整條世界線，打造出敘事的多元宇宙。每個角色與故事都是樂高積木，可供粉絲各自混搭、二創、重新組合。

這種協作敘事模式有很多優點：

- **廣納眾多人才**：傳統媒體聘雇專人為作品方向把關，如果你要成為作者，你就得住在特定的城市，認識特定的人。這大幅限縮人才的來源。協作敘事沒有守門人，每個粉絲都可以自由協作。維基百科告訴我們，嘈雜市集的協作品質不會輸給嚴肅的大教堂。百科全書都可以這樣寫，虛構故事當然也可以。
- **讓新作品不脛而走**：如果你有一整群粉絲，新的故事品牌就未必需要砸下大錢廣告。粉絲的口耳相傳是很強大的病毒式行銷，就連狗狗幣這種投機迷因幣都能大賣，有情節又有角色的敘事市場勢必更加穩固。當原本被動閱聽的粉絲，可以參與故事創作，掌握故事走向，他們會宣傳得非常起勁。

- **改善創作者的經濟狀況**：代幣模式能讓創作者獲得更多收入。區塊鏈網路不太需要中介，抽成率比既有媒體低很多，作品大部分的銷售收入都會歸於創作者。100 萬美元的所得差異大概不會改變大型工作室的財務狀況，卻可以改善一整群創作者的生活。

維基百科向世界證明群眾的力量。區塊鏈網路則能讓故事創作變成另一個維基百科。人們可以一起寫故事，並且成為故事的股東，共同持有產權。VISA 的加密部門主管庫伊・雪菲爾（Cuy Sheffield）以《幻想橄欖球》（*Fantasy Football*）遊戲為名，將此模式稱為「幻想好萊塢」[33]：粉絲不必再苦苦妄想劇情的可能進展，可以直接下場打造自己想要的故事。

使金融基礎建設成爲公共財

網際網路在 1990 年代開始商業化的時候，許多公司都推出新時代的支付服務。但事實證明當時的網路還不適合用來付款。當時加密流量（encrypted internet traffic）這類基本資安方案剛剛出現，而且仍有爭議。[34] 人們不敢在線上輸入信用卡資料，只有亞馬遜等少數企業成功贏得客戶信任，大部分的公司依然無法跨過電子支付的挑戰。

於是這些公司開始靠著廣告費來營運。廣告從一開始就是極為有效的自我實現預言。1994 年，AT&T 在《連線》網站 hotwired.com 上刊登史上第一張網路橫幅廣告，[35] 幾年後，DoubleClick 等廣告公司在鎂光燈焦點之下首次公開發行股票。從此之後網路廣告一路噴湧而出，各種帳號與網路足跡追蹤也成為常態。

到了 2010 年代，電子支付終於成熟，相關商業模式也才趕上仰賴廣告的收錢方法。這時電子商務趁勢壯大，讓人們在世界各地的各種商家，輕鬆使用金融卡與信用卡。跨國電商平台 Shopify 乘浪而起，主打小型賣家的上架需求，從此和亞馬遜分庭抗禮。

電子支付的成熟，也開啟免費增值模式（freemium）和數位商品模式的新商機。免費增值模式，是指廠商免費提供基本服務，並對高級版本收費，《紐約時報》與 Spotify 等媒體公司、LinkedIn 與 Tinder 等社群網路、Dropbox 與 Zoom 等軟體服務業者都用這種模式賺錢。

數位商品模式則來自電玩產業。正如之前〈NFT：後稀缺時代的稀缺之物〉所言，遊戲業者免費提供基本產品，同時吸引顧客購買遊戲中的擴充包。其中某些物品可能具有實際功能，例如遊戲內的武器，但大部分物品都只會改變外觀，例如玩家角色的衣服。目前許多熱門遊戲如《糖果傳奇》（*Candy Crush Saga*）、《部落衝突》、《要塞英雄》都採取這種模式。

雖然線上支付已經相當常見，但使用起來依然很麻煩：使用者付款前必須輸入信用卡資料；詐欺與退款事件頻傳；信用卡公司收取 2 ～ 3％的手續費，即使費率比許多企業網路還低，仍然扼殺許多潛在商機。（不過，行動平台的抽成率遠高於信用卡的交易手續費。我們之前提過，應用程式商店甚至直接抽走收入的 30％。）

照理來說，線上支付只是修改數字而已，應該要像文字通訊一樣簡單好用又廉價。網際網路傳輸資訊與管理資訊的能力，比人類有史以來的任何工具都強大，照理來說大多數的支付系統，早就應該在網際網路出現之後徹底翻轉。但這種事並沒有發生，因為同樣都是資訊傳輸，只要扯到錢就會變得非常棘手。

涉及交易的資訊，從付款者傳給收款者的過程中，通常需要通過一連串的關卡。銀行、店家、信用卡、支付處理商等一連串系統必須彼此協調，使交易資訊保持正確；此外還得有更多系統來檢查交易是否符合金融法規、防止詐欺與竊盜行為，以及保證確實執法。

處理這些問題，就是傳統金融機構至今以來的強項；但它們的處理方法經常疊床架屋，甚至顢頇浪費。如果能夠引進新系統，就可以整合諸多機構各自擁有的資訊，使管理更為有效。

整合金融機構是一個集體行動問題，要解決這種問題就得打造新的網路。而正如本書所說，網路可以分為三種：企業網路、協定網路、區塊鏈網路。

使用企業網路，會重演目前的所有麻煩。在網路市占率還不夠高、網路效應還不夠強的時候，企業會推出各種誘因來吸引使用者、商家、銀行與其他合作夥伴。但只要網路效應強到一定程度，提高企業的議價能力，企業就一定會提高費率，並制定各種規則來阻止其他網路搶走顧客。銀行與支付業者都知道，一旦把支付服務綁在這種平台上，之後就只能任由宰割，所以會盡量避免仰賴企業網路。（它們確實把很多權力交給Visa與萬事達卡，但移交權力時，Visa還是非營利組織，萬事達還是銀行聯盟，都還沒有成為獨立的營利企業。兩者的轉變不禁讓人想到近年的Mozilla和OpenAI。）[36]

使用協定網路，則得處理兩大挑戰。首先是人力，協定網路本身沒有募資與徵才的機制，能夠找到足夠的人來打造出支付網路。其次是功能需求，支付網路上的交易必須能夠追蹤，需要建立集中式的中立資料庫。協定網路沒有核心，不可能提供這樣的服務。

區塊鏈網路則兼具兩者之長，擯去兩者之短。區塊鏈網路內建募資能力，能夠聘到足夠的人來打造支付網路。區塊鏈的核心軟體具備分散式帳本（shared ledger）的功能，可以儲存支付紀錄。區塊鏈可以用軟體執行規則，確保交易符合監理要求，更內建帳務追蹤功能，使執法更為容易。最後，區塊鏈低廉的抽成率，加上不會朝令夕改的穩定規則，能夠吸引人才開發各種方便的功能。對專家來說，這些特性現在都已經是基本常識。

有了一個能夠募集開發資金、維護共享資料、不會輕易變動規則的中立網路，就可以解決各個支付網路遇到的資訊流通與協調問題。區塊鏈網路可以讓支付系統成為公共財，像物理世界的高速公路一樣刺激商業與各種發展。私人企業會繼續開發新的金融商品，而且在中立可信的區塊鏈上交易。讓私有財與公共財各自發揮所長，是技術堆疊的最佳架構。我們之前在第 8 章提到，支付應該是整個技術堆疊中最「瘦」的部分。在金融業的技術堆疊中，支付層應該成為中立的公共財。

比特幣可以支持這樣的支付體系，它是一個無需許可、人人可用的中立系統。根據比特幣白皮書，比特幣網路一開始就想成為「電子支付系統」，只是因為手續費過高、幣價波動過大而難以推廣。手續費高昂的原因是區塊有限，每個區塊都只能記錄一定數量的交易，而算力限制新區塊的供給。比特幣區塊鏈上已經有很多專案正在消除這些限制，例如最有名的「閃電網路」（Lightning）擴容方案，可以大幅增加鏈上承載的交易量。比特幣的幣價大概會繼續波動，但結算時間縮短，波動就不會是那麼大的問題。

以太坊則是另一個希望。它有稱為 rollup 的擴容方案，可以降低交易成本、縮短延遲時間。人們還能用 USDC 這類和美元掛鉤的穩定幣，來避免幣價波動。[37] 在以太坊上用 USDC 交易，通常比銀行電匯更快、更便宜。雖然目前的手續費依然無法因應小額日常支付交易，但以太坊的應用程式正在不斷增加，擴容能力愈來愈大，並形成正向循環，回頭支援更多應用程式開發。再過一段時間，手續費的問題應該就會改善。

全球性的支付系統能帶來許多好處。首先它將解決現有支付系統的問題。信用卡的手續費雖然比許多網路的抽成率更低，但仍然增加了許多不必要的支出。國際匯款的費用就更不用說，甚至已經是低收入者匯款給國外家人時的重擔，根本變相懲罰窮人（regressive tax）。而且每間電商公司都知道，處理跨國支付，尤其是開發中國家的交易，得面對多少麻煩。

這些問題都和以前的手機通話與簡訊的狀況很像。在智慧型手機出現之前，電話是以分鐘或秒鐘計費，簡訊以則數計價，國際電話與簡訊更是非常昂貴。後來出現 WhatsApp 與 FaceTime 這類應用程式，以新網路取代舊網路，問題就此解決。通訊業做得到的事，支付產業當然也做得到。

這種支付網路的第二個好處，是開啟許多新的可能。交易手續費只要低到一定程度，小額支付就不再是夢想。新聞與媒體可以用銅板價邀請讀者付費閱聽；音樂產業可以根據區塊鏈上的交易紀錄，公正公開的支付版稅；資訊業者可以直接寫程式，自動支付資料、運算時間、API 呼叫，以及各種資源的使用費；人工智慧系統可以像下一節提到的那樣，付錢獎勵那些幫忙訓練資料集的內容創作者。

幾十年來，一直有人討論小額支付，甚至有人做實驗，卻從未成功，最大的門檻就是手續費很貴。此外，某些業者認為，小額支付的使用門檻過高。但這些障礙都可以克服。區塊鏈的手續費會隨著區塊鏈擴容而愈來愈低，自動化的程式可以讓支付流程變得輕鬆、不須多加思考。未來某一天，使用者甚至只要調整幾個簡單的選項、設定預算上限，就可以直接從錢包轉帳出去，根本不用動手「付款」。

全球性支付網路的第三個好處，是能夠無限衍生各種應用的可組合性。現在有很多照片是以 GIF 或 JPEG 這些標準格式儲存，這些照片可以無縫整合進入幾乎所有程式之中，引發一波創新浪潮，例如濾鏡與迷因這類創作工具，以及 Instagram 與 Pinterest 這類服務平台。如果這些照片格式剛放上網的時候，整個世界都是企業網路，那麼任何一張照片就一定位於某個企業網路之中，被企業的 API 所掌控，只要 API 沒有允許，使用者與軟體開發者都不能使用。在這樣的世界中，掌握網路的企業一定會千方百計拉高使用門檻、阻礙競爭，並從源頭消滅如今修改與發布照片的大部分功能。很可怕嗎？目前的支付網路就是這樣。

如果支付網路轉移到區塊鏈，貨幣就會像現在的數位照片一樣，衍生出各種全新用法，甚至可以讓貨幣變成開源程式碼。建立可組合的開源金融系統，正是分散式金融網路的目標，它能用區塊鏈來實現目前銀行與各種金融機構的功能。過去幾年，最受歡迎的分散式金融網路處理高達數百億美元的交易；並且在最近的市場波動期間，並沒有像那些集中式機構一樣倒台，依然正常運作。[38] 在分散式金融網路中，使用者可以從程式碼檢查自己的資金是否安全，而且只要點幾下滑鼠就能取回資金。這些系統簡單、透明、不會偷偷修改規則，也因此更能做到人人平等、沒有歧視。

有些人認為分散式金融只是一小群人在線上轉移數字而已，和整個世界的經濟完全無關。這種批評不算全錯，畢竟分散式金融目前只能操作可組合的貨幣，使用範圍限於區塊鏈上，吸引到的使用者並不夠多。不過，這是貨幣體系開放多少組合性的問題，網路上有愈多人接受可組合的貨幣，分散式金融的範圍就會愈廣。

自古以來，金融體系都是集中式的系統，主要由營利企業掌控。但交易付款這件事情並不需要集中管理。區塊鏈網路可以把金融基礎建設變成公共財。既然網際網路能夠處理資訊，當然也就能處理貨幣。

人工智慧：創作者的全新社會契約

網際網路上的互動預設執行某種經濟契約，那就是創作者與通路之間的契約。無論作家、評論家、部落客、設計師是獨立創作，還是受雇於某間公司，都知道自己發布的作品，會藉由社群網路與搜尋引擎的傳播，帶來經濟回報。創作者帶來供給，通路帶來需求。

Google 搜尋就是典型的例子。[39]Google 的網路爬蟲從網頁上抓取內容，分析整理之後摘錄其中一段貼入搜尋結果。創作者提供內容，Google 的排名連結提供流量。有了流量，新聞業者與各種內容提供者就能藉由廣告、訂閱，或是自己想要的各種商業模式來賺錢。

這種模式在 1990 年代剛出現的時候，許多內容提供者都沒有看到背後暗藏的危險。在著作財產權法中，搜尋引擎的行為屬於合理使用（fair-use exemption），並未侵犯版權，而內容提供者這時候也不想出手改變。但隨著網際網路不斷發展，搜尋引擎的談判條件愈來愈好，兩者的力量差異愈來愈大。整個網際網路的大量內容，逐漸由少數幾個搜尋引擎集中檢索，使搜尋引擎逐漸為所欲為。我隨便舉個例子，現在網際網路的搜尋市場有 80%以上掌握在 Google 手裡，全世界沒有任何一個內容提供者的市占率這麼高。[40]

某些媒體試圖亡羊補牢。媒體大亨「新聞集團」（News

Corp）十幾年來一直抗議 Google 的搭便車行為，並以正式提出反壟斷訴訟等方法，試圖索取更多金錢，最後在 2021 年和 Google 達成廣告分潤協議。[41] 使用者評價網站 Yelp 則打從成立以來就一直努力制衡 Google，最後執行長傑瑞米・斯托普曼（Jeremy Stoppelman）站上國會聽證台，他說：[42]

> 科技巨頭的問題，在於它們掌握市場中的關鍵環節：通路。當每個人上網時都先得透過 Google 搜尋，嚴重到 Google 可以擋在消費者面前，阻止他們看到最好的資訊，市場的問題就大了，大到足以扼殺創新。

當通路能夠決定消費者眼中的資訊，內容提供者就沒有談判籌碼。自從 Google 在 2000 年代成為搜尋霸主之後，就沒有人能夠拒絕 Google 的存取。如果 Yelp 和新聞集團拒絕 Google，就會失去流量，把市場白白送給其他競爭者。

如果內容提供者在 1990 年代就知道會發生這種事，當初就可能集合起來聯合對抗。如果它們有這麼做，今天手中就會有更多談判籌碼。然而，內容提供者各自為政，如今每個人的力量都極為渺小，而且沒有集體組織，自然就被各個擊破。（那些看見結局的人甚至因此走向另一邊，像是南非報紙大亨 Naspers 決定縮小新聞部門，把主力轉向網路投資，如今則成為網路巨頭。）[43]

這樣的發展讓通路笑得合不攏嘴。如今 Google 這個搜尋巨頭陸續達成多次和解，並且提高出版者的分潤，讓更多內容提供者得以生存。因為它一方面需要有人持續提供內容，一方面還得面對監理機關的施壓。況且它在之前的幾年之內早已賺得缽滿盆滿，如今撥出幾個小錢根本微不足道。

Google 甚至好幾次直接踩過底線。[44] 網站最怕的事情之一就是被「整碗捧去」（one-boxing）：搜尋引擎直接複製網站的內容，把摘要貼在搜尋結果上，使用者根本不用點選原始網站就能知道答案。電影、歌詞、餐廳這類網站通常都會被「整碗捧去」，而且這對仰賴流量的新創公司而言，無疑是宣判死刑。諷刺的是，我參與的好幾間公司都碰過這樣的事，流量一夕蒸發，收入也瞬間消失。

不久之後，網路上的很多內容都有可能被人工智慧「整碗捧去」。最新的人工智慧已經可以整理網站摘要，使用者一個鍵都不用按，就可以得到內容提供者放上網的資訊。OpenAI 發布的超級聊天機器人 ChatGPT 就是一個例子，你可以請它列出一串適合的餐廳，或要求它整理相關新聞，它會直接輸出一篇完整的答案，不需要你再逐一點選各個網站。如果這成為一種新的搜尋方式，整個網際網路就會被人工智慧搜刮殆盡，內容提供者與搜尋引擎之間幾十年來的商業互利也從此終結。

人工智慧最近已經強大到不可思議。無論是大型語言模型機器人，還是 Midjourney 這種生成藝術（Generative Art）系統，都正以接近指數的速度飛快進步。人工智慧大概會在接下來的十年令人驚喜連連，大幅提升許多應用場景的經濟生產力，明顯改善人們的生活。但人工智慧的力量愈大，就表示愈需要新的經濟模式，才能讓內容提供者繼續賺錢。

如果人工智慧能夠直接回答正確的答案，就會取代搜尋引擎大部分的功能，並使原始網站乏人問津。如果人工智慧可以在幾秒內生出圖像，為什麼還要大費周章去搜尋原作，向原作者申請授權？如果人工智慧可以整理新聞摘要，為什麼還要浪費時間閱讀原始報導？網際網路上有很多東西，都會被人工智慧「整碗捧去」。

目前大多數人工智慧系統都沒有設定好要怎麼和創作者彼此互利。以圖片生成為例，Midjourney 這類圖片生成系統，利用數以萬計的圖片來訓練大型神經網路。這些圖片都帶有文字標記，神經網路訓練得愈好，就愈能夠根據標記上的文字，找到圖片中的相應元素，揉合之後輸出新的圖片。目前人工智慧的產物，已經常常和人類的原作難以區分。而且這些系統明明使用網路上的資源來訓練，輸出圖片時卻不會引用來源，也不會分錢給原作者。企業表示這些人工智慧只是學習，而非抄襲，並未侵犯原作的版權。他們認為人工智慧就像是人類藝術家，從其他作品汲取靈感，自己畫出新的作品。[45]

這種說法在目前的智慧財產權法中似乎完全合理（當然，進行相關訴訟時，甚至立法過程中可能會有不少辯論）。但是，建立一個新的合作模式，讓人工智慧與內容提供者彼此互利，才是真正的長久之計。人工智慧需要不斷吸收新知：人們的品味不斷變化，新的流派不斷出現，新的東西不斷發明。沒有最新穎的資料，人工智慧就無法描述最新穎的潮流。但提供這些資料的人，應該要獲得合理的報酬。

人工智慧的發展帶來幾種可能的未來。第一種是人工智慧繼續照著目前的做法為所欲為：人工智慧繼續拿走人們的作品，繼續使用並回應使用者的需求，不向人們分享任何一點名聲或利潤。如果未來這麼發展，創作者就會試圖刪除網路上的作品，或者把作品鎖在付費牆後面，阻止人工智慧拿它來做訓練。目前許多服務業者正在這麼做，它們築起長城，縮小 API 的存取範圍。[46]

但這種時候，公司可能會自製內容來訓練人工智慧。目前的「內容農場」（content farm）就是這樣：[47] 一大群工人擠在狹小的辦公室，照著上級的指示生產特定的內容，加入訓練資料庫。[48] 在這個未來，人工智慧也許會繼續進步，但整個世界注定陷入黯淡：機器決定進步的道路，人類淪為無足輕重的零件。

所幸我們還有第二種未來，那就是在人工智慧與內容創作者之間建立新的契約，創造出真實有底蘊的作品，打敗內容農場。其中最有用的方法就是設計新的網路，使人工智慧與內容創作者能夠在經濟上雙贏。

為什麼新的契約需要新的網路？讓每個創作者自己選擇要加入哪個人工智慧訓練資料庫，最後市場不就會自然而然達到平衡嗎？

1990 年代的搜尋引擎發展史，已經證明這招無效。當時的網頁標準組織在 robots.txt 檔案規格中設計出「noindex」標籤，禁止搜尋引擎檢索。但內容提供者很快就發現，只要其他網站繼續允許檢索收錄，退出搜尋引擎的網站就只會白白損失流量，得不到任何補償。如果是單一個網站就很脆弱，但只要各個網站團結起來共同鬥爭，發動集體談判，便能保有利益。只不過這些網站從來沒有這麼做。

拒絕人工智慧的內容提供者，也會走向同樣的悲劇。市場會被其他內容提供者搶走，沒人提供的部分會由內容農場補足。而且這種狀況的問題比受到搜尋引擎控制更嚴重，因為靈感與意象會自由流動，只要有幾個作品向你致敬或對話，並且允許人工智慧使用，電腦就有可能學到足以揉合重製的內容。面對人工智慧的同化威脅，創作者孤軍反抗注定無用。

要建立新的經濟契約，我們可以使用區塊鏈網路。而且區塊鏈本身就是集體談判的機器，非常適合一大群人共同協調經濟利益，尤其在談判雙方權力不對等的時候更是有利。區塊鏈的抽成率低、規則固定，並且能讓貢獻者獲得回報。整個網路還能由提供內容的創作者與人工智慧廠商共同治理，確保網路的運作忠於使命。

有了區塊鏈，創作者就能直接把作品的使用條款寫進軟體，包括人工智慧訓練等各種商業使用授權，之後交由程式強制執行。區塊鏈上的分配系統，會從人工智慧的收入中，自動撥一部分給之前提供作品來訓練的創作者。這會變成集體談判的籌碼，人工智慧公司如果拒絕加入，就會失去一整批訓練資料，而且無法靠著強大財力來威脅個別創作者。工會就是這樣守護勞工權益；人多力量大。

能不能用企業網路來打造這種集體談判系統？可以，而且應該會有人去做。但這個系統注定走上企業網路的老路，例如招募夠多會員之後開始割韭菜。擁有企業網路的人，遲早有一天會開始跟會員收費，以及修改規則藉以自肥。

我希望的網際網路，是一個鼓勵人們發揮創意並以此謀生的地方。如果人們在網路上不斷創造，並開放給所有人使用，整個網路就會愈變愈好。人工智慧不斷學習創作者的心血，卻沒有回饋自己的成果。它難道不應該把一部分的經濟果實，分享給每一個環節上的每一位創作者嗎？[49] 看看搜尋引擎與社交網路靠著網友貢獻的內容，如今每天獲取多少資金，它們應該把一部分的錢撥給當初貢獻內容的人。

每一個使用網路的人都該問問自己，當我做了某些有價值的事情，有沒有獲得報酬？答案通常都是沒有。企業網路把談判條件集中到少數幾個科技巨頭手中，讓它們決定每個人能拿多少錢。搜尋引擎與社群網路這類網路已經非常成熟，使用者很難退出，談判的平衡很難改變。但人工智慧這些網路才剛剛出現，我們可以從頭制定合理的經濟規則。

我們必須在市場結構確定之前，動手決定未來的走向。我們要讓內容農場來訓練人工智慧，還是讓機器與創作者攜手互利並進？我們要讓機器去協助人，還是讓人服侍機器？這是人工智慧時代的關鍵問題。

Deepfake：超越圖靈測試

1968 年的小說《仿生人會夢見電子羊嗎？》（*Do Androids Dream of Electric Sheep?*）描述的是賞金獵人瑞克・戴克（Rick Deckard）獵殺「複製人」的故事，並在之後改編為電影《銀翼殺手》（*Blade Runner*）。整個故事的主軸，就是主角不斷試圖區分真正的人類，以及那些偽裝成人類的人工智慧。

也許現實會模仿藝術，但現在則是藝術成了現實。如今的社會中已經躲了很多「複製人」。人工智慧輕鬆製造各種「深偽」（deepfake）影片，看起來和本尊別無二致。這些影片編造出從來沒有發生過的新聞，讓政客、名人甚至普通人「說出」他們從來沒有說過的話。如今影片已經被網路視為基本事實，而且即使是相同的事實也經常出現彼此衝突的詮釋。「深偽」技術進一步消滅社會信任的共同基礎，將公共討論推向陰謀論的深淵。

為了防範「深偽」技術惹出問題，有人認為必須管制人工智慧。[50] 其中有人建議將人工智慧列為特許產業，[51] 只有獲得政府認證的企業才能從事；還有一整批人工智慧與科技業領導者，包括馬斯克以及當代人工智慧先驅約書亞・班吉歐（Yoshua Bengio），共同簽署公開信，呼籲一切人工智慧研究暫緩六個月；[52] 美國與歐盟甚至正在制定一整套人工智慧監理架構。[53]

但管制解決不了問題；沒有人能把精靈塞回神燈之中。孕育出當代人工智慧的神經網路（neural networks）技術，只是數學的應用結果，無論政府官員喜不喜歡，線性代數都會繼續存在。目前開源的深偽系統，已經可以製造出以假亂真的媒體，也勢必會繼續進步下去。而且，即使某些國家禁止深偽技術，其他國家還是會繼續使用。

對人工智慧施加監理，只會讓目前已經掌握先機的大企業握有更大的權力，獨厚富人，剔除窮人。各種繁瑣的規則只會阻礙創新，強化科技巨頭的控制能力，進一步侵蝕使用者的利益，使整個網際網路更加獨裁。

而且監理根本無法解決深偽技術背後的真正問題：網際網路缺乏有效的信任機制。如果真的要防範深偽，該做的是加速打造出應對工具。我們應該建立一個系統，讓使用者與應用程式能夠輕鬆檢驗媒體的真實性，例如在區塊鏈上建立「認證」，用加密簽名的方式，讓網友與機構為媒體的內容背書。

「認證」系統的實作如下：發布影片、照片、錄音的人，可以在文本上簽署一個雜湊值（hash），表示「這是我做的內容」。其他組織例如媒體公司，可以用簽署交易的方式來「認證」這份文本，表示「我相信這是真的」。簽名的方法有很多種，例如提供加密過後的網址（如 nytimes.com）、以太坊之類的區塊鏈網址（如 nytimes.eth），或者臉書與推特帳號（@nytimes）等。

把「證明」放上區塊鏈有三個好處。一、**透明可見且無法竄改**：所有人都能檢視「證明」的所有內容與歷史紀錄，而且沒有人能竄改。二、**免於受到綁架**：「證明」的資料庫不會落入任何人手中。沒有任何企業能夠阻止他人存取，或者藉此收費。資料庫永遠保持中立，不會被平台綁架，所有人都能使用。三、**可組合性**：社群網路可以整合「證明」，在每一則貼文或影片上，加注這則內容獲得哪些媒體背書。其他獨立組織可以追蹤背書者的過往紀錄，使謹慎可靠的背書者在「證明」時獲得更高的加權分數。資料庫可以孕育出一整個生態系，以各種應用程式與服務，協助使用者區分真實與捏造的內容。

此外，「認證」系統能夠阻止機器人與「假人」的增生。人工智慧繼續發展下去，我們就會無法區分電腦另一頭的人究竟是機器人還是真人（這種情況甚至已經開始發生）。要讓使用者區分真假，證據就必須是來自社群網路上的識別碼，而非媒體內容本身。例如《紐約時報》可以在新的社群網路上，把

@nytimes 帳號綁定 www.nytimes.com 位址。使用者可以從區塊鏈或第三方服務，確定這樣的綁定確實為真。

有了這種身分驗證系統，就更能防堵垃圾信件與冒充者。社群媒體可以在獲得驗證的帳號旁邊加上特殊標記，甚至可以讓使用者選擇「只顯示獲得權威機構背書的內容」，從源頭篩除偽造的內容。當然，社群媒體的這種特殊標記，必須持續獲得第三方的稽核驗證，以免有人以金錢購買、以裙帶關係索取，或者受到公司員工的偏見所影響。

上一個網路時代的教訓之一，就是凡是有需求，大概就會有供給，只不過有些會變成公共財，有些變成私有財。上一個時代的網友需要一個篩選網站的聲譽系統，於是 Google 就把它打造出來，從最初的 PageRank 演變成現在一系列該公司專有的排名工具。如今我們可以在區塊鏈上打造類似的聲譽系統，但使它成為公共財，而非鎖在任何一間公司手中。這樣的網站排名系統可以開放所有人公開檢驗，並且供第三方打造各種相關服務。

如今的圖靈測試已經無法區分真人與機器人，如今的我們也無法區分媒體的真假。我們必須打造一個由社群掌握、規則不會被扭曲的中立網路。區塊鏈的出現，可以讓網際網路獲得一個真實可靠的信任基石。

結語

如果你想要打造一艘船，不要叫大家去收集木材、分配工作、發號施令。而是要讓他們想像廣袤無邊的大海。[1]

——安東尼·聖修伯里（Antoine de Saint-Exupéry）

在某個可能的未來，網路將被少數幾間公司瓜分，創新極為困難，使用者、開發者、創作者、創業者搶破頭，去爭奪科技巨頭吃剩下的殘羹剩飯。網際網路淪為下一個大眾媒體，只剩下各種淺薄的內容與體驗。使用者變成農奴，在網路上拚死拚活幫科技巨頭工作。

我不希望網際網路變成這樣，也不想活在這樣的世界裡。「網際網路的未來」早就不只是千篇一律的專家研討主題，而是我們每個人共同面對的挑戰。我們在線上花費愈來愈多精力，網路也與現實愈來愈重疊。想想你每天花多少時間上網、你的身分有多少是在線上、你和朋友又有多少互動是發生在網際網路上。

這樣的你，希望網際網路掌握在誰手上？

重新打造網際網路

讓網際網路重回正軌的方法，就是打造一個架構更好的新網路。只有兩種架構保有網際網路最初的民主與平等精神：協定網路與區塊鏈。如果新的協定網路能夠成功，我第一個支持；但在幾十年的失望之後，我目前相當悲觀。當年的全球資訊網與電子郵件能夠成功，是因為沒有人來搶生意。自從企業網路出現，協定網路就被核心架構卡死，一路兵敗如山倒。

所以，我們必須採用區塊鏈網路。區塊鏈的架構既具備企業網路的競爭力，又能像協定網路那樣將利益分享到整個社會。

Google 過去曾經要求自己「不作惡」，但企業網路的樣貌取決於公司的行為，我們只能暫時相信公司的管理階層。他們在網路不斷成長的時候確實會信守承諾，但遲早有一天會反悔。只有區塊鏈能夠保證參與者「無法作惡」，它將相關規則寫在程式碼中，沒有人能夠修改。只要使用這些規則，開發者與創作者就不會被搶走那麼多利潤，而且確定能夠獲得更多額外回報；這些規則完全公開，使用者可以隨時檢視，而且能夠參與治理、分享經濟果實。區塊鏈網路的這些特性，使得它成為協定網路的加強版。

另一方面，區塊鏈網路也兼具企業網路最強的力量。它能夠吸引累積大量資本，招募優秀的人才，並不斷擴大規模，和那些資金雄厚的網路巨頭並駕齊驅競爭；並且能夠不斷開發新的軟體，讓使用體驗像當代企業網路一樣流暢。正如本書第五部所言，無論社群網路、電腦遊戲、電商、電子金融，還是創業者想到的任何網路商機，區塊鏈全都可以滿足。

如果下一波網路採用區塊鏈架構，世界就可以扭轉目前的趨勢，讓少數企業巨頭掌握的權力，重新回到網路社群手中。

我相信這樣的未來，也希望各位在讀完本書的內容之後，能和我一樣樂觀。

樂觀的理由

我之所以充滿希望，是因為區塊鏈的發展相當順利，吸引愈來愈多人使用，而且功能愈變愈好。下列幾個正向迴圈彼此加成，正在推動區塊鏈網路成長，讓電腦進入下一個時代：

- **平台與應用程式的正向迴圈**：如今的區塊鏈基礎建設已經足夠成熟，可以打造支援整個網路的應用程式。應用程式發展得愈好，就會吸引愈多人回頭投資基礎建設。當初推動個人電腦、網際網路、行動運算向前邁進的複合正向循環，如今正在區塊鏈上發生。
- **社群性科技固有的網路效應：**區塊鏈網路和之前的協定網路、企業網路一樣，都是連結全球大量網友的社群性科技。這種科技只要吸引到愈多人使用、創作、開發，就注定變得更有用。

- **可組合性：**區塊鏈網路的程式碼是開源的，每個元件只要寫過一次，之後其他人就能像樂高積木一樣，拿來組合成更大的結構。這會讓整個世界的相關知識與技能指數增加。

區塊鏈同時受益於另一項動力，那就是新時代的科技人才。高手都想在網路上留下足跡，每個世代都會有人不甘寂寞，不想只是為了科技而科技。這些人都想另闢蹊徑，改變既有的環境。我與合夥人在公司裡不斷看到這個景象，每年都有成千上萬名學生與職場新鮮人，來找我們合作區塊鏈專案。當我們問他們為什麼要做區塊鏈，他們都說，與其浪費一輩子的時間，去幫 Google 或 Meta 賺廣告費，還不如動手開拓自己的疆土。

下一個世代的偉大網路就在我們前方，區塊鏈可以成為數位世界的經濟、社會、文化基礎。網際網路的特性大幅受到架構的影響。雖然協定網路打造出人人可用的資訊系統，卻因架構限制而注定難以繼續成長。雖然企業網路培育更多功能並使網路更加普及，卻注定成為科技巨頭決定一切的私家花園，無法容納挑戰者的出現。

除了區塊鏈，目前所有主要的科技發展都在延續既有的道路，讓既有的強者繼續壯大。人工智慧需要大量資本與資料，顯然對擁有這些的大公司有利；虛擬實境設備與自動駕駛汽車這類新硬體，也需要極高的研發成本。想要翻轉集中化趨勢，區塊鏈是唯一可靠的希望。

區塊鏈網路就像偉大的城市，是居民由下而上打造的成果。它讓創業者打造企業、創作者經營粉絲、讓使用者真正保有權利、選擇與主體性。區塊鏈網路的運作完全透明，掌握在社群手中，做出貢獻就會獲得經濟報酬，真正實現一個民有、民治、民享的網際網路。

「我讀、我寫、我擁有」的 Web3 網際網路，希望在數位世界打造健康的公領域。它就像偉大的城市，會讓私有財與社區公共財平衡發展，用人行道吸引路人前往更多餐廳、書店、商店；讓屋主利用週末翻修環境，打造更棒的社區空間。如果無法保障個人或社區的財產，人們就不會創造新事物，世界也不會繼續進步。

我在這本書中提出一些區塊鏈網路目前最佳的發展方向，但創業家的眼光一定比我更精準。那些未來最可能成功的構想，現在往往難以理解，甚至根本無法想像。如果你在區塊鏈圈子混得夠久，你就會習慣外人的奇怪眼光，知道外面有一大堆人認為你只是在白費功夫或欺世盜名。那些正在誕生的新事物，往往都沒有名字。「位於中心」的主流產業都有一大堆錢，可以把它們研發的科技包裝得美輪美奐；相比之下，「位於邊陲」的圈外人研發的科技，乍看之下總是莫名其妙、違反直覺、引人誤解。你必須深入研究，才會發現這些東西有多大潛力。

區塊鏈正位於電腦產業的最前端。我們在 1980 年代看過個人電腦，在 1990 年代看過網際網路，在 2010 年代看過行動運算。有些人會問，這些歷史轉捩點的人都過著怎樣的生活，羅伯．諾伊斯（Robert Noyce）與戈登．摩爾（Gordon Moore）創辦英特爾的時候在想什麼；賈伯斯與史蒂芬．沃茲尼克（Stephen Wozniak）創辦蘋果的時候在幹什麼；賴瑞．佩吉與謝爾蓋．布林打造 Google 的時候都在做什麼。答案很簡單：一群阿宅捲起袖子不斷嘗試、不斷討論、不斷前進，用下班之後與週末的空閒時間，不斷打造出各種東西。

那些乍看之下的為時已晚，其實往往都是未雨綢繆。如今我們可以重新思考網路的樣貌，以及網路的潛力。如果你不喜歡既有的網際網路，請不要繼續忍讓，讓我們一起用軟體創造無與倫比的全新可能。在區塊鏈的時代，網路由你打造、任你創作、供你使用，更重要的是：由你擁有。我想邀請各位一起創造更好的明天。

你念茲在茲的美好往日，正等待你的復興。

致謝

這本書是多年來思考、寫作、和網路業者與加密社群交流的成果，每個想法背後都是無數的靈感。感謝一路上遇見的每位同事與創辦人，我的生涯中最幸運的就是和你們討論、向你們學習。我也要在此感謝協助策劃並幫忙完成本書的所有人。

首先我要感謝羅伯特・哈克特（Robert Hackett），他在我的寫作過程中，不斷提供重要的編輯與內容觀點，為這項計畫貢獻大量時間心力，讓我學到更好的寫作技巧。

感謝金・米洛斯薇琪（Kim Milosevich）與索娜・喬克西（Sonal Chokshi）長期以來一直和我共同創作，從一開始就協助這項計畫，並在整個過程中不斷給予指導。

感謝經紀人克里斯・巴利斯蘭（Chris Parris-Lamb）、責編班恩・格林伯格（Ben Greenberg），以及包括葛瑞格・庫比（Greg Kubie）與溫蒂・多瑞斯坦（Windy Dorresteyn）在內的藍燈書屋（Random House）團隊，他們輕車熟路的使這本書得以付梓。感謝羅德里戈・柯拉爾（Rodrigo Corral）與安娜・柯拉爾（Anna Corral）繪製本書原版的封面與內頁插圖。

感謝許多人不吝給予內容建議，並在各個階段提出重要見解，尤其是提姆・羅加登（Tim Roughgarden）、賽普・卡姆瓦、邁爾斯・詹寧斯（Miles Jennings）、艾蓮娜・伯格（Elena Burger）、雅瑞安娜・辛普森（Arianna Simpson）、波特・史密斯（Porter Smith）、比爾・辛曼（Bill Hinman）、阿里・葉海亞（Ali Yahya）、布萊恩・昆騰茲（Brian Quintenz）、安迪・霍爾（Andy Hall）、科林・麥奇恩（Collin McCune）、提姆・蘇利文（Tim Sullivan）、艾迪・拉薩林（Eddy Lazzarin）與史考特・柯米納斯（Scott Kominers）的回饋最詳細。此外也要感謝達倫・松岡（Daren Matsuoka）給予重要資料與分析，感謝麥克・布勞（Michael Blau）設計的NFT，也感謝莫菈・福克斯（Maura Fox）的研究與事實查核。

我還要感謝不可多得的商業夥伴馬克・安德森（Marc Andreessen）與本・霍羅維茲（Ben Horowitz）。多年以來，他們對我的各項行動提供堅定不移的支持。

我要將本書獻給我的妻子兼摯友艾蓮娜（Elena）。感謝妳的信任與力挺，在我日以繼夜的書寫、將無數週末與假日耗在這本書上的時候一直耐心陪伴；只有像妳這麼傑出與自信的人，才能一邊給予伴侶空間，一邊追求自己的熱情與興趣。我對妳的感激無以言表，多年前能在紐約遇見妳是我一生的幸運。我們在每件事情上都密不可分，這本書既屬於我，也屬於妳。

最後，我想把這本書送給我的兒子。你是我們的未來，我希望這本書能夠為你閃耀。

注釋

前言

1. Freeman Dyson quotation is from Kenneth Brower, *The Starship and the Canoe* (New York: Holt, Rinehart and Winston, 1978).
2. Similarweb: Website traffic—check and analyze any website, Feb. 15, 2023, www.similarweb.com/.
3. Apptopia: App Competitive Intelligence Market Leader, Feb. 15, 2023, apptopia.com/.
4. Truman Du, "Charted: Companies in the Nasdaq 100, by Weight," *Visual Capitalist*, June 26, 2023, www.visualcapitalist.com/cp/nasdaq-100-companies-by-weight/.
5. Adam Tanner, "How Ads Follow You from Phone to Desktop to Tablet," *MIT Technology Review*, July 1, 2015, www.technologyreview.com/2015/07/01/167251/how-ads-follow-you-from-phone-to-desktop-to-tablet/; Kate Cox, "Facebook and Google Have Ad Trackers on Your Streaming TV, Studies Find," Ars Technica, Sept. 19, 2019, arstechnica.com/tech-policy/2019/09/studies-google-netflix-and-others-are-watching-how-you-watch-your-tv/.
6. Stephen Shankland, "Ad Blocking Surges as Millions More Seek Privacy, Security, and Less Annoyance," *CNET*, May 3, 2021, www.cnet.com/news/privacy/ad-blocking-surges-as-millions-more-seek-privacy-security-

and-less-annoyance/.

7. Chris Stokel-Walker, "Apple Is an Ad Company Now," *Wired*, Oct. 20, 2022, www.wired.com/story/apple-is-an-ad-company-now/.
8. Merrill Perlman, "The Rise of 'Deplatform,'" *Columbia Journalism Review*, Feb. 4, 2021, www.cjr.org/language_corner/deplatform.php.
9. Gabriel Nicholas, "Shadow-banning Is Big Tech's Big Problem," *Atlantic*, April 28, 2022, www.theatlantic.com/technology/archive/2022/04/social-media-shadowbans-tiktok-twitter/629702/.
10. Simon Kemp, "Digital 2022: Time Spent Using Connected Tech Continues to Rise," DataReportal, Jan. 26, 2022, datareportal.com/reports/digital-2022-time-spent-with-connected-tech.
11. Yoram Wurmser, "The Majority of Americans' Mobile Time Spent Takes Place in Apps," *Insider Intelligence*, July 9, 2020, www.insiderintelligence.com/content/the-majority-of-americans-mobile-time-spent-takes-place-in-apps.
12. Ian Carlos Campbell and Julia Alexander, "A Guide to Platform Fees," *Verge*, Aug. 24, 2021, www.theverge.com/21445923/platform-fees-apps-games-business-marketplace-apple-google/.
13. "Lawsuits Filed by the FTC and the State Attorneys General Are Revisionist History," Meta, Dec. 9, 2020, about.fb.com/news/2020/12/lawsuits-filed-by-the-ftc-and-state-attorneys-general-are-revisionist-history/.
14. Aditya Kalra and Steve Stecklow, "Amazon Copied Products and Rigged Search Results to Promote Its Own Brands, Documents Show," *Reuters*, Oct. 13, 2021, www.reuters.com/investigates/special-report/amazon-india-rigging/.
15. Jack Nicas, "Google Uses Its Search Engine to Hawk Its Products," Wall Street Journal, Jan. 9, 2017, www.wsj.com/articles/google-uses-its-search-

engine-to-hawk-its-products-1484827203.

16. Adrianne Jeffries and Leon Yin, "Amazon Puts Its Own 'Brands' First Above Better- Rated Products," *Markup*, Oct. 14, 2021, www.themarkup.org/amazons-advantage/2021/10/14/amazon-puts-its-own-brands-first-above-better-rated-products/.
17. Hope King, "Amazon Sees Huge Potential in Ads Business as AWS Growth Flattens," Axios, April 27, 2023, www.axios.com/2023/04/28/amazon-earnings-aws-retail-ads/.
18. Ashley Belanger, "Google's Ad Tech Dominance Spurs More Antitrust Charges, Report Says," *Ars Technica*, June 12, 2023, www.arstechnica.com/tech- policy/2023/06/googles-ad-tech-dominance-spurs-more-antitrust-charges-report-says/.
19. Ryan Heath and Sara Fischer, "Meta's Big AI Play: Shoring Up Its Ad Business," *Axios*, Aug. 7, 2023, www.axios.com/2023/08/07/meta-ai-ad-business/.
20. James Vincent, "EU Says Apple Breached Antitrust Law in Spotify Case, but Final Ruling Yet to Come," *Verge*, Feb. 28, 2023, www.theverge.com/2023/2/28/23618264/eu-antitrust-case-apple-music-streaming-spotify-updated-statement-objections; Aditya Kalra, "EXCLUSIVE Tinder-Owner Match Ups Antitrust Pressure on Apple in India with New Case," *Reuters*, Aug. 24, 2022, www.reuters.com/technology/exclusive-tinder-owner-match-ups-antitrust-pressure-apple-india-with-new-case-2022-08-24/; Cat Zakrzewski, "Tile Will Accuse Apple of Worsening Tactics It Alleges Are Bullying, a Day After iPhone Giant Unveiled a Competing Product," *Washington Post*, April 21, 2021, www.washingtonpost.com/technology/2021/04/21/tile-will-accuse-apple-tactics-it-alleges-are-bullying-

day-after-iphone-giant-unveiled-competing-product/.

21. Jeff Goodell, "Steve Jobs in 1994: The Rolling Stone Interview," *Rolling Stone*, Jan. 17, 2011, www.rollingstone.com/culture/culture-news/steve-jobs-in-1994-the-rolling-stone-interview-231132/.
22. Robert McMillan, "Turns Out the Dot-Com Bust's Worst Flops Were Actually Fantastic Ideas," *Wired*, Dec. 8, 2014, www.wired.com/2014/12/da-bom/.
23. "U.S. Share of Blockchain Developers Is Shrinking," Electric Capital Developer Report, March 2023, www.developerreport.com/developer-report-geography.

第1章 為什麼網路很重要

1. John von Neumann quotation is from Ananyo Bhattacharya, *The Man from the Future* (New York: W.W. Norton, 2022), 130.
2. Derek Thompson, "The Real Trouble with Silicon Valley," *Atlantic*, Jan./Feb. 2020, www.theatlantic.com/magazine/archive/2020/01/wheres-my-flying-car/603025/; Josh Hawley, "Big Tech's' Innovations' That Aren't," Wall Street Journal, Aug. 28, 2019, www.wsj.com/articles/big-techs-innovations-that-arent-11567033288.
3. Bruce Gibney, "What Happened to the Future?," Founders Fund, accessed March 1, 2023, foundersfund.com/the-future/; Pascal-Emmanuel Gobry, "Facebook Investor Wants Flying Cars, Not 140 Characters," *Business Insider*, July 30, 2011, www.businessinsider.com/founders-fund-the-future-2011-7.
4. Kevin Kelly, "New Rules for the New Economy," *Wired*, Sept. 1, 1997, www.wired.com/1997/09/newrules/.

5. "Robert M. Metcalfe," IEEE Computer Society, accessed March 1, 2023, www.computer.org/profiles/robert-metcalfe.
6. Antonio Scala and Marco Delmastro, "The Explosive Value of the Networks," *Scientific Reports* 13, no. 1037 (2023), www.ncbi.nlm.nih.gov/pmc/articles/PMC9852569/.
7. David P. Reed, "The Law of the Pack," *Harvard Business Review*, Feb. 2001, hbr.org/2001/02/the-law-of-the-pack.
8. "Meta Reports First Quarter 2023 Results," Meta, April 26, 2023, investor.fb.com/investor-news/press-release-details/2023/Meta-Reports-First-Quarter-2023-Results/default.aspx.
9. "FTC Seeks to Block Microsoft Corp.'s Acquisition of Activision Blizzard, Inc.," Federal Trade Commission, Dec. 8, 2022, www.ftc.gov/news-events/news/press-releases/2022/12/ftc-seeks-block-microsoft-corps-acquisition-activision-blizzard-inc; Federal Trade Commission, "FTC Seeks to Block Virtual Reality Giant Meta's Acquisition of Popular App Creator Within," July 27, 2022, www.ftc.gov/news-events/news/press-releases/2022/07/ftc-seeks-block-virtual-reality-giant-metas-acquisition-popular-app-creator-within.
10. Augmenting Compatibility and Competition by Enabling Service Switching Act, H.R. 3849, 117th Cong. (2021).
11. Joichi Ito, "In an Open-Source Society, Innovating by the Seat of Our Pants," New York Times, Dec. 5, 2011, www.nytimes.com/2011/12/06/science/joichi-ito-innovating-by-the-seat-of-our-pants.html.

第2章　協定網路

1. Tim Berners-Lee with Mark Fischetti, *Weaving the Web: The Original*

Design and Ultimate Destiny of the World Wide Web by Its Inventor (New York: Harper, 1999), 36.

2. "Advancing National Security Through Fundamental Research," accessed Sept. 1, 2023, Defense Advanced Research Projects Agency.
3. John Perry Barlow, "A Declaration of the Independence of Cyberspace," Electronic Frontier Foundation, 1996, www.eff.org/cyberspace-independence.
4. Henrik Frystyk, "The Internet Protocol Stack," World Wide Web Consortium, July 1994, www.w3.org/People/Frystyk/thesis/TcpIp.html.
5. Kevin Meynell, "Final Report on TCP/IP Migration in 1983," Internet Society, Sept. 15, 2016, www.internetsociety.org/blog/2016/09/final-report-on-tcpip-migration-in-1983/.
6. "Sea Shadow," DARPA, www.darpa.mil/about-us/timeline/sea-shadow/; Catherine Alexandrow, "The Story of GPS," *50 Years of Bridging the Gap*, DARPA, 2008, www.darpa.mil/attachments/(2O10)%20Global%20Nav%20-%20About%20Us%20-%20History%20-%20Resources%20-%2050th%20-%20GPS%20(Approved).pdf.
7. Jonathan B. Postel, "Simple Mail Transfer Protocol," Request for Comments: 788, Nov. 1981, www.ietf.org/rfc/rfc788.txt.pdf.
8. Katie Hafner and Matthew Lyon, Where Wizards Stay Up Late (New York: Simon & Schuster, 1999).
9. "Mosaic Launches an Internet Revolution," National Science Foundation, April 8, 2004, new.nsf.gov/news/mosaic-launches-internet-revolution.
10. "Domain Names and the Network Information Center," SRI International, Sept. 1, 2023, www.sri.com/hoi/domain-names-the-network-information-center/.

11. Cade Metz, "Why Does the Net Still Work on Christmas? Paul Mockapetris," *Wired*, July 23, 2012, www.wired.com/2012/07/paul-mockapetris-dns/.
12. "Brief History of the Domain Name System," Berkman Klein Center for Internet & Society at Harvard University, 2000, cyber.harvard.edu/icann/pressingissues2000/briefingbook/dnshistory.html.
13. Cade Metz, "Remembering Jon Postel—and the Day He Hijacked the Internet," Wired, Oct. 15, 2012, www.wired.com/2012/10/joe-postel/.
14. "Jonathan B. Postel: 1943–1998," USC News, Feb. 1, 1999, www.news.usc.edu/9329/Jonathan-B-Postel-1943-1998/.
15. Maria Farrell, "Quietly, Symbolically, US Control of the Internet Was Just Ended," *Guardian*, March 14, 2016, www.theguardian.com/technology/2016/mar/14/icann-internet-control-domain-names-iana.
16. Molly Fischer, "The Sound of My Inbox," *Cut*, July 7, 2021, www.thecut.com/2021/07/email- newsletters-new-literary-style.html.
17. Sarah Frier, "Musk's Volatility Is Alienating Twitter's Top Content Creators," *Bloomberg*, Dec. 18, 2022, www.bloomberg.com/news/articles/2022-12-19/musk-s-volatility-is-alienating-twitter-s-top-content-creators.; Taylor Lorenz, "Inside the Secret Meeting That Changed the Fate of Vine Forever," *Mic*, Oct. 29, 2016, www.mic.com/articles/157977/inside-the-secret-meeting-that-changed-the-fate-of-vine-forever; Krystal Scanlon, "In the Platforms' Arms Race for Creators, YouTube Shorts Splashes the Cash," *Digiday*, Feb. 1, 2023, www.digiday.com/marketing/in-the-platforms-arms-race-for-creators-youtube-shorts-splashes-the-cash/.
18. Adi Robertson, "Mark Zuckerberg Personally Approved Cutting Off Vine's Friend-Finding Feature," *Verge*, Dec. 5, 2018, www.theverge.

com/2018/12/5/18127202/mark-zuckerberg-facebook-vine-friends-api-block-parliament-documents.; Jane Lytvynenko and Craig Silverman, "The Fake News-letter: Did Facebook Help Kill Vine?," *BuzzFeed News*, Feb. 20, 2019, www.buzzfeednews.com/article/janelytvynenko/the-fake-newsletter-did-facebook-help-kill-vine.

19. Gerry Shih, "On Facebook, App Makers Face a Treacherous Path," Reuters, March 10, 2013, www.reuters.com/article/uk-facebook-developers/insight-on-facebook-app-makers-face-a-treacherous-path-idUKBRE92A02T20130311.
20. Kim- Mai Cutler, "Facebook Brings Down the Hammer Again: Cuts Off MessageMe's Access to Its Social Graph," *TechCrunch*, March 15, 2013, techcrunch.com/2013/03/15/facebook-messageme/.
21. Josh Constine and Mike Butcher, "Facebook Blocks Path's 'Find Friends' Access Following Spam Controversy," *TechCrunch*, May 4, 2013, techcrunch.com/2013/05/04/path-blocked/.
22. Isobel Asher Hamilton, "Mark Zuckerberg Downloaded and Used a Photo App That Facebook Later Cloned and Crushed, Antitrust Lawsuit Claims," *Business Insider*, Nov. 5, 2021, ww.businessinsider.com/facebook-antitrust-lawsuit-cloned-crushed-phhhoto-photo-app-2021-11.
23. Kim-Mai Cutler, "Facebook Brings Down the Hammer Again: Cuts Off MessageMe's Access to Its Social Graph," *TechCrunch*, March 15, 2013, techcrunch.com/2013/03/15/facebook-messageme/.
24. Justin M. Rao and David H. Reiley, "The Economics of Spam," *Journal of Economic Perspectives* 26, no. 3 (2012): 87–110, pubs.aeaweb.org/doi/pdf/10.1257/jep.26.3.87; Gordon V. Cormack, Joshua Goodman, and David Heckerman, "Spam and the Ongoing Battle for the Inbox,"

Communications of the Association for Computing Machinery 50, no. 2 (2007): 24– 33, dl.acm.org/doi/10.1145/1216016.1216017.
25. Emma Bowman, "Internet Explorer, the Love-to-Hate-It Web Browser, Has Died at 26,"NPR, June 15, 2022, www.npr.org/2021/05/22/999343673/internet-explorer-the-love-to-hate-it-web-browser-will-die-next-year.
26. Ellis Hamburger, "You Have Too Many Chat Apps. Can Layer Connect Them?," *Verge*, Dec. 4, 2013, www.theverge.com/2013/12/4/5173726/you-have-too-many-chat-apps-can-layer-connect-them.
27. Erick Schonfeld, "OpenSocial Still 'Not Open for Business,' " *TechCrunch*, Dec. 6, 2007, techcrunch.com/2007/12/06/opensocial-still-not-open-for-business/.
28. Will Oremus, "The Search for the Anti-Facebook," Slate, Oct. 28, 2014, slate.com/technology/2014/10/ello-diaspora-and-the-anti-facebook-why-alternative-social-networks-cant-win.html.
29. Christina Bonnington, "Why Google Reader Really Got the Axe," *Wired*, June 6, 2013, www.wired.com/2013/06/why-google-reader-got-the-ax/.
30. Ryan Holmes, "From Inside Walled Gardens, Social Networks Are Suffocating the Internet As We Know It," *Fast Company*, Aug. 9, 2013, www.fastcompany.com/3015418/from-inside-walled-gardens-social-networks-are-suffocating-the-internet-as-we-know-it.
31. Sinclair Target, "The Rise and Demise of RSS," Two-Bit History, Sept. 16, 2018, twobithistory.org/2018/09/16/the-rise-and-demise-of-rss.html.
32. Scott Gilbertson, "Slap in the Facebook: It's Time for Social Networks to Open Up," Wired, Aug. 6, 2007, www.wired.com/2007/08/open-social-net/.
33. Brad Fitzpatrick, "Thoughts on the Social Graph," bradfitz.com, Aug. 17,

2007, bradfitz.com/social-graph-problem/.

34. Robert McMillan, "How Heartbleed Broke the Internet—and Why It Can Happen Again," *Wired*, April 11, 2014, www.wired.com/2014/04/heartbleedslesson/.
35. Steve Marquess, "Of Money, Responsibility, and Pride," *Speeds and Feeds*, April 12, 2014, veridicalsystems.com/blog/of-money-responsibility-and-pride/.
36. Klint Finley, "Linux Took Over the Web. Now, It's Taking Over the World," *Wired*, Aug. 25, 2016, www.wired.com/2016/08/linux-took-web-now-taking-world/.

第3章　企業網路

1. Mark Zuckerberg quoted in Mathias Döpfner, "Mark Zuckerberg Talks about the Future of Facebook, Virtual Reality and Artificial Intelligence," *Business Insider*, Feb. 28, 2016, www.businessinsider.com/mark-zuckerberg-interview-with-axel-springer-ceo-mathias-doepfner-2016-2.
2. Nick Wingfield and Nick Bilton, Apple Shake-Up Could Lead to Design Shift," *New York Times*, Oct. 31, 2012, www.nytimes.com/2012/11/01/technology/apple-shake-up-could-mean-end-to-real-world-images-in-software.html.
3. Lee Rainie and John B. Horrigan, "Getting Serious Online: As Americans Gain Experience, They Pursue More Serious Activities," Pew Research Center: Internet, Science & Tech, March 3, 2002, www.pewresearch.org/internet/2002/03/03/getting-serious-online-as-americans-gain-experience-they-pursue-more-serious-activities/.
4. William A. Wulf, "Great Achievements and Grand Challenges," National

Academy of Engineering, *The Bridge* (vol. 30, issue 3/4), Sept. 1, 2000, www.nae.edu/7461/GreatAchievementsandGrandChallenges/.

5. "Market Capitalization of Amazon," CompaniesMarketCap.com, accessed Sept. 1, 2023, companies marketcap.com/amazon/marketcap/.
6. John B. Horrigan, "Broadband Adoption at Home," Pew Research Center: Internet, Science & Tech, May 18, 2003, www.pewresearch.org/internet/2003/05/18/broadband-adoption-at-home/.
7. Richard MacManus, "The Read/Write Web," *ReadWriteWeb*, April 20, 2003, web.archive.org/web/20100111030848/http:/www.readwriteweb.com/archives/the_readwrite_w.php.
8. Adam Cohen, *The Perfect Store: Inside eBay* (Boston: Little, Brown, 2022).
9. Jennifer Sullivan, "Investor Frenzy over eBay IPO," *Wired*, Sept. 24, 1998, www.wired.com/1998/09/investor-frenzy-over-ebay-ipo/.
10. Erick Schonfeld, "How Much Are Your Eyeballs Worth? Placing a Value on a Website's Customers May Be the Best Way to Judge a Net Stock. It's Not Perfect, but on the Net, What Is?," *CNN Money*, Feb. 21, 2000, money.cnn.com/magazines/fortune/fortune_archive/2000/02/21/273860/index.htm.
11. John H. Horrigan, "Home Broadband Adoption 2006," Pew Research Center: Internet, Science & Tech, May 28, 2006, www.pewresearch.org/internet/2006/05/28/home-broadband-adoption-2006/.
12. Jason Koebler, "10 Years Ago Today, YouTube Launched as a Dating Website," *Vice*, April 23, 2015, www.vice.com/en/article/78xqjx/10-years-ago-today-youtube-launched-as-a-dating-website.
13. Chris Dixon, "Come for the Tool, Stay for the Network," cdixon.org, Jan. 31, 2015, cdixon.org/2015/01/31/come-for-the-tool-stay-for-the-network.

14. Avery Hartmans, "The Rise of Kevin Systrom, Who Founded Instagram 10 Years Ago and Built It into One of the Most Popular Apps in the World," *Business Insider*, Oct. 6, 2020, www.businessinsider.com/kevin-systrom-instagram-ceo-life-rise-2018-9.
15. James Montgomery, "YouTube Slapped with First Copyright Lawsuit for Video Posted Without Permission," MTV, July 19, 2006, www.mtv.com/news/dtyii2/youtube-slapped-with-first-copyright-lawsuit-for-video-posted-without-permission.
16. Doug Anmuth, Dae K. Lee, and Katy Ansel, "Alphabet Inc.: Updated Sum-of-the-Parts Valuation Suggests Potential Market Cap of Almost $2T; Reiterate OW & Raising PT to $2,575," North America Equity Research, J. P. Morgan, April 19, 2021.
17. John Heilemann, "The Truth, the Whole Truth, and Nothing but the Truth," *Wired*, Nov. 1, 2000, www.wired.com/2000/11/microsoft-7/.
18. Adi Robertson, "How the Antitrust Battles of the '90s Set the Stage for Today's Tech Giants," *Verge*, Sept. 6, 2018, www.theverge.com/2018/9/6/17827042/antitrust-1990s-microsoft-google-aol-monopoly-lawsuits-history.
19. Brad Rosenfeld, "How Marketers Are Fighting Rising Ad Costs," *Forbes*, Nov. 14, 2022, www.forbes.com/sites/forbescommunicationscouncil/2022/11/14/how-marketers-are-fighting-rising-ad-costs/.
20. Dean Takahashi, "MySpace Says It Welcomes Social Games to Its Platform," *VentureBeat*, May 21, 2010, venturebeat.com/games/myspace-says-it-welcomes-social-games-to-its-platform/; Miguel Helft, "The Class That Built Apps, and Fortunes," *New York Times*, May 7, 2011, www.nytimes.com/2011/05/08/technology/08class.html.

21. Mike Schramm, "Breaking: Twitter Acquires Tweetie, Will Make It Official and Free," *Engadget*, April 9, 2010, www.engadget.com/2010-04-09-breaking-twitter-acquires-tweetie-will-make-it-official-and-fr.html.
22. Mitchell Clark, "The Third-Party Apps Twitter Just Killed Made the Site What It Is Today," *Verge*, Jan. 22, 2023, www.theverge.com/2023/1/22/23564460/twitter-third-party-apps-history-contributions.
23. Ben Popper, "Twitter Follows Facebook Down the Walled Garden Path," *Verge*, July 9, 2012, www.theverge.com/2012/7/9/3135406/twitter-api-open-closed-facebook-walled-garden.
24. Eric Eldon, "Q&A with RockYou—Three Hit Apps on Facebook, and Counting," *VentureBeat*, June 11, 2007, venture-beat.com/business/q-a-with-rockyou-three-hit-apps-on-facebook-and-counting/.
25. Claire Cain Miller, "Google Acquires Slide, Maker of Social Apps," *New York Times*, Aug. 4, 2010, archive.nytimes.com/bits.blogs.nytimes.com/2010/08/04/google-acquires-slide-maker-of-social-apps/.
26. Ben Popper, "Life After Twitter: Stock-Twits Builds Out Its Own Ecosystem," *Verge*, Sept. 18, 2012, www.theverge.com/2012/9/18/3351412/life-after-twitter-stocktwits-builds-out-its-own-ecosystem.
27. Mark Milian, "Leading App Maker Said to Be Planning Twitter Competitor," CNN, April 13, 2011, www.cnn.com/2011/TECH/social.media/04/13/ubermedia.twitter/index.html.
28. Adam Duvander, "Netflix API Brings Movie Catalog to Your App," *Wired*, Oct. 1, 2008, www.wired.com/2008/10/netflix-api-brings-movie-catalog-to-your-app/.
29. Sarah Mitroff, "Twitter's New Rules of the Road Mean Some Apps Are Roadkill," *Wired*, Sept. 6, 2012, www.wired.com/2012/09/twitters-new-

rules-of-the-road-means-some-apps-are-roadkill/.

30. Chris Dixon, "The Inevitable Showdown Between Twitter and Twitter Apps," *Business Insider*, Sept. 16, 2009, www.businessinsider.com/the-coming-showdown-between-twitter-and-twitter-apps-2009-9.
31. Elspeth Reeve, "In War with Facebook, Google Gets Snarky," *Atlantic*, Nov. 11, 2010, www.theatlantic.com/technology/archive/2010/11/in-war-with-facebook-google-gets-snarky/339626/.
32. Brent Schlender, "Whose Internet Is It, Anyway?" *Fortune*, Dec. 11, 1995.
33. Dave Thier, "These Games Are So Much Work," *New York*, Dec. 9, 2011, www.nymag.com/news/intelligencer/zynga-2011-12/.
34. Jennifer Booten, "Facebook Served Disappointing Analyst Note in Wake of Zynga Warning," Fox Business, March 3, 2016, www.foxbusiness.com/features/facebook-served-disappointing-analyst-note-in-wake-of-zynga-warning.
35. Tomio Geran, "Facebook's Dependence on Zynga Drops, Zynga's Revenue to Facebook Flat," *Forbes*, July 31, 2012, www.forbes.com/sites/tomiogeron/2012/07/31/facebooks-dependence-on-zynga-drops-zyngas-revenue-to-facebook-flat/.
36. Harrison Weber, "Facebook Kicked Zynga to the Curb, Publishers Are Next," *VentureBeat*, June 30, 2016, www.venturebeat.com/mobile/facebook-kicked-zynga-to-the-curb-publishers-are-next/; Josh Constine, "Why Zynga Failed," *TechCrunch*, Oct. 5, 2012, www.techcrunch.com/2012/10/05/more-competitors-smarter-gamers-expensive-ads-less-virality-mobile/.
37. Aisha Malik, "Take-Two Completes $12.7B Acquisition of Mobile Games Giant Zynga," *TechCrunch*, May 23, 2022, www.techcrunch.com/2022/05

/23/take-two-completes-acquisition-of-mobile-games-giant-zynga/.

38. Simon Kemp, "Digital 2022 October Global Statshot Report," DataReportal, Oct. 20, 2022, datareportal.com/reports/digital-2022-october-global-statshot.

第4章 區塊鏈

1. Vitalik Buterin quoted in "Genius Gala," Liberty Science Center, Feb. 26, 2021, www.lsc.org/gala/vitalik-buterin-1.
2. David Rotman, "We're not prepared for the end of Moore's Law," *MIT Technology Review*, Feb. 24, 2020, www.technologyreview.com/2020/02/24/905789/were-not-prepared-for-the-end-of-moores-law/.
3. Chris Dixon, "What's Next in Computing?," *Software Is Eating the World*, Feb. 21, 2016, medium.com/software-is-eating-the-world/what-s-next-in-computing-e54b870b80cc.
4. Filipe Espósito, "Apple Bought More AI Companies Than Anyone Else Between 2016 and 2020," *9to5Mac*, March 25, 2021, 9to5mac.com/2021/03/25/apple-bought-more-ai-companies-than-anyone-else-between-2016-and-2020/; Tristan Bove, "Big Tech Is Making Big AI Promises in Earnings Calls as Chat-GPT Disrupts the Industry: 'You're Going to See a Lot from Us in the Coming Few Months,'" *Fortune*, Feb. 3, 2023, fortune.com/2023/02/03/google-meta-apple-ai-promises-chatgpt-earnings/; Lauren Feiner, "Al-phabet's Self-Driving Car Company Waymo Announces $2.5 Billion Investment Round," CNBC, June 16, 2021, www.cnbc.com/2021/06/16/alphabets-waymo-raises-2point5-billion-in-new-investment-round.html.
5. Chris Dixon, "Inside-out vs. Outside- in: The Adoption of New

Technologies," Andreessen Horowitz, Jan. 17, 2020, www.a16z.com/2020/01/17/inside-out-vs-outside-in-technology/; cdixon.org, Jan. 17, 2020, www.cdixon.org/2020/01/17/inside-out-vs-outside-in/.

6. Lily Rothman, "More Proof That Steve Jobs Was Always a Business Genius," *Time*, March 5, 2015, www.time.com/3726660/steve-jobs-homebrew/.
7. Michael Calore, "Aug. 25, 1991: Kid from Helsinki Foments Linux Revolution," *Wired*, Aug. 25, 2009, www.wired.com/2009/08/0825-torvalds-starts-linux/.
8. John Battelle, "The Birth of Google," *Wired*, Aug. 1, 2005, www.wired.com/2005/08/battelle/.
9. Ron Miller, "How AWS Came to Be," *TechCrunch*, July 2, 2016, techcrunch.com/2016/07/02/andy-jassys-brief-history-of-the-genesis-of-aws/.
10. Satoshi Nakamoto, "Bitcoin: A Peer-to-Peer Electronic Cash System," Oct. 31, 2008, bitcoin.org/bitcoin.pdf.
11. Trevor Timpson, "The Vocabularist: What's the Root of the Word Computer?," BBC, Feb. 2, 2016, www.bbc.com/news/blogs-magazine-monitor-35428300.
12. Alan Turing, "On Computable Numbers, with an Application to the Entscheidungsproblem," Proceedings of the London Mathematical Society 42, no. 2 (1937): 230–65, londmathsoc.onlinelibrary.wiley.com/doi/10.1112/plms/s2-42.1.230.
13. "IBM VM 50th Anniversary," IBM, Aug. 2, 2022, www.vm.ibm.com/history/50th/index.html.
14. Alex Pruden and Sonal Chokshi, "Crypto Glossary: Cryptocurrencies and Blockchain," a16z crypto, Nov. 8, 2019, www.a16zcrypto.com/posts/

article/crypto-glossary/.

15. Daniel Kuhn, "CoinDesk Turns 10: 2015—Vitalik Buterin and the Birth of Ethereum," *CoinDesk*, June 2, 2023, www.coindesk.com/consensus-magazine/2023/06/02/coindesk-turns-10-2015-vitalik-buterin-and-the-birth-of-ethereum/.
16. Gian M. Volpicelli, "Ethereum's 'Merge' Is a Big Deal for Crypto—and the Planet," *Wired*, Aug. 18, 2022, www.wired.com/story/ethereum-merge-big-deal-crypto-environment/.
17. "Ethereum Energy Consumption," Ethereum.org, accessed Sept. 23, 2023, ethereum.org/en/energy-consumption/; George Kamiya and Oskar Kvarnström, "Data Centres and Energy—From Global Headlines to Local Headaches?" International Energy Agency, Dec. 20, 2019, iea.org/commentaries/data-centres-and-energy-from-global-headlines-to local-headaches; "Cambridge Bitcoin Energy Consumption Index: Comparisons," Cambridge Centre for Alternative Finance, accessed July 2023, ccaf.io/cbnsi/cbeci/comparisons; Evan Mills et al., "Toward Greener Gaming: Estimating National Energy Use and Energy Efficiency Potential," *The Computer Games Journal*, vol. 8(2), Dec. 1, 2019, researchgate.net/publication/336909520_Toward_Greener_Gaming_Estimating_National_Energy_Use_and_Energy_Efficiency_Potential; "Cambridge Blockchain Network Sustainability Index: Ethereum Network Power Demand," Cambridge Centre for Alternative Finance, accessed July 2023, ccaf.io/cbnsi/ethereum/1; "Google Environmental Report 2022," Google, June 2022, gstatic.com/gumdrop/sustainability/google-2022-environmental-report.pdf; "Netflix EnvironmentalSocial Governance Report 2021," Netflix, March 2022, assets.ctfassets.net/4cd45et68cgf/7B2

bKCqkXDfHLadrjrNWD8/e44583e5b288bdf61e8bf3d7f8562884/2021_US_EN_Netflix_EnvironmentalSocialGovernance Report-2021_Final.pdf; "PayPal Inc. Holdings—Climate Change 2022," Carbon Disclosure Project, May 2023, s202.q4cdn.com/805890769/files/doc_downloads/global-impact/CDP_Climate_Change_PayPal-(1).pdf; "An Update on Environmental, Social, and Governance (ESG) at Airbnb," Airbnb, Dec. 2021, 26.q4cdn.com/656283129/files/doc_downloads/governance_doc_updated/Airbnb-ESG-Factsheet-(Final).pdf; "The Merge—Implications on the Electricity Consumption and Carbon Footprint of the Ethereum Network," Crypto Carbon Ratings Institute, accessed Sept. 2022, carbon-ratings.com/eth-report-2022; Rachel Rybarczyk et al., "On Bitcoin's Energy Consumption: A Quantitative Approach to a Subjective Question," Galaxy Digital Mining, May 2021, docsend.com/view/adwmdeeyfvqwecj2.

18. Andy Greenberg, "Inside the Bitcoin Bust That Took Down the Web's Biggest Child Abuse Site," *Wired*, April 7, 2022, www.wired.com/story/tracers-in-the-dark-welcome-to-video-crypto-anonymity-myth/.
19. Lily Hay Newman, "Hacker Lexicon: What Are Zero-Knowledge Proofs?," *Wired*, Sept. 14, 2019, www.wired.com/story/zero-knowledge-proofs/; Elena Burger et al., "Zero Knowledge Canon, part 1 & 2," a16z crypto, Sept. 16, 2022, www.a16zcrypto.com/posts/article/zero-knowledge-canon/.
20. Joseph Burlseon et al., "Privacy-Protecting Regulatory Solutions Using Zero-Knowledge Proofs: Full Paper," a16z crypto, Nov. 16, 2022, a16zcrypto.com/posts/article/privacy-protecting-regulatory-solutions-using-zero-knowledge-proofs-full-paper/; Shlomit Azgad-Tromer et al.,

"We Can Finally Reconcile Privacy and Compliance in Crypto. Here Are the New Technologies That Will Protect User Data and Stop Illicit Transactions," *Fortune*, Oct. 28, 2022, fortune.com/2022/10/28/finally-reconcile-privacy-compliance-crypto-new-technology-celsius-user-data-leak-illicit-transactions-crypto-tromer-ramaswamy/.

21. Steven Levy, "The Open Secret," *Wired*, April 1, 1999, www.wired.com/1999/04/crypto/.
22. Vitalik Buterin, "Visions, Part 1: The Value of Blockchain Technology," Ethereum Foundation Blog, April 13, 2015, www.blog.ethereum.org/2015/04/13/visions-part-1-the-value-of-blockchain-technology.
23. Osato Avan-Nomayo, "Bitcoin SV Rocked by Three 51% Attacks in as Many Months," *CoinTelegraph*, Aug. 7, 2021, cointelegraph.com/news/bitcoin-sv-rocked-by-three-51-attacks-in-as-many-months; Osato Avan-Nomayo, "Privacy-Focused Firo Cryptocurrency Suffers 51% Attack," CoinTelegraph, Jan. 20, 2021, cointelegraph.com/news/privacy-focused-firo-cryptocurrency-suffers-51-attack.
24. Killed by Google, accessed Sept. 1, 2023, killedbygoogle.com/.

第5章　代幣

1. César Hidalgo quoted in Denise Fung Cheng, "Reading Between the Lines: Blueprints for a Worker Support Infrastructure in the Emerging Peer Economy," MIT master of science thesis, June 2014, wiki.p2pfoundation.net/Worker_Support_Infrastructure_in_the_Emerging_Peer_Economy.
2. Field Level Media, "Report: League of Legends Produced $1.75 Billion in Revenue in 2020," *Reuters*, Jan. 11, 2021, www.reuters.com/article/

esports-lol-revenue-idUSFLM2vzDZL.; Jay Peters, "Epic Is Going to Give 40 Percent of Fortnite's Net Revenues Back to Creators," *Verge*, March 22, 2023, www.theverge.com/2023/3/22/23645633/fortnite-creator-economy-2-0-epic-games-editor-state-of-unreal-2023-gdc.

3. Maddison Connaughton, "Her Instagram Handle Was 'Metaverse.' Last Month, It Vanished," *New York Times,* Dec. 13, 2021, www.nytimes.com/2021/12/13/technology/instagram-handle-metaverse.html.
4. Jon Brodkin, "Twitter Commandeers @X Username from Man Who Had It Since 2007," *Ars Technica*, July 26, 2023, arstechnica.com/tech-policy/2023/07/twitter-took-x-handle-from-longtime-user-and-only-offered-him-some-merch/.
5. Veronica Irwin, "Facebook Account Randomly Deactivated? You're Not Alone," *Protocol*, April 1, 2022, www.protocol.com/bulletins/facebook-account-deactivated-glitch; Rachael Myrow, "Facebook Deleted Your Account? Good Luck Retrieving Your Data," KQED, Dec. 21, 2020, www.kqed.org/news/11851695/facebook-deleted-your-account-good-luck-retrieving-your-data.
6. Anshika Bhalla, "A Quick Guide to Fungible vs. Non-fungible Tokens," Blockchain Council, Dec. 9, 2022, www.blockchain-council.org/blockchain/a-quick-guide-to-fungible-vs-non-fungible-tokens/.
7. Garth Baughman et al., "The Stable in Stablecoins," Federal Reserve FEDS Notes, Dec. 16, 2022, www.federalreserve.gov/econres/notes/feds-notes/the-stable-in-stablecoins-20221216.html.
8. "Are Democrats Against Crypto? Rep. Ritchie Torres Answers," *Bankless*, May 11, 2023, video, www.youtube.com/watch?v=ZbUHWwrplxE&ab_channel=Bankless.

9. Amitoj Singh, "China Includes Digital Yuan in Cash Circulation Data for First Time," *CoinDesk*, Jan. 11, 2023, www.coindesk.com/policy/2023/01/11/china-includes-digital-yuan-in-cash-circulation-data-for-first-time/.
10. Brian Armstrong and Jeremy Allaire, "Ushering in the Next Chapter for USDC," Coinbase, Aug. 21, 2023, www.coinbase.com/blog/ushering-in-the-next-chapter-for-usdc.
11. Lawrence Wintermeyer, "From Hero to Zero: How Terra Was Toppled in Crypto's Darkest Hour," *Forbes*, May 25, 2022, www.forbes.com/sites/lawrencewintermeyer/2022/05/25/from-hero-to-zero-how-terra-was-toppled-in-cryptos-darkest-hour/.
12. Eileen Cartter, "Tiffany & Co. Is Making a Very Tangible Entrance into the World of NFTs," *GQ*, Aug. 1, 2022, www.gq.com/story/tiffany-and-co-cryptopunks-nft-jewelry-collaboration.
13. Paul Dylan- Ennis, "Damien Hirst's 'The Currency': What We'll Discover When This NFT Art Project Is Over," *Conversation*, July 19, 2021, theconversation.com/damien-hirsts-the-currency-what-well-discover-when-this-nft-art-project-is-over-164724.
14. Andrew Hayward, "Nike Launches .Swoosh Web3 Platform, with Polygon NFTs Due in 2023," *Decrypt*, Nov. 14, 2022, decrypt.co/114494/nike-swoosh-web3-platform-polygon-nfts.
15. Max Read, "Why Your Group Chat Could Be Worth Millions," *New York*, Oct. 24, 2021, nymag.com/intelligencer/2021/10/whats-a-dao-why-your-group-chat-could-be-worth-millions.html.
16. Geoffrey Morrison, "You Don't Really Own the Digital Movies You Buy," *Wirecutter*, *New York Times*, Aug. 4, 2021, www.nytimes.com/wirecutter/blog/you-dont-own-your-digital-movies/.

17. John Harding, Thomas J. Miceli, and C. F. Sirmans, "Do Owners Take Better Care of Their Housing Than Renters?," *Real Estate Economics* 28, no. 4 (2000): 663– 81; "Social Benefits of Homeownership and Stable Housing," National Association of Realtors, April 2012, www.nar.realtor/sites/default/files/migration_files/social-benefits-of-stable-housing-2012-04.pdf.
18. Alison Beard, "Can Big Tech Be Disrupted? A Conversation with Columbia Business School Professor Jonathan Knee," *Harvard Business Review*, Jan.–Feb. 2022, hbr.org/2022/01/can-big-tech-be-disrupted.
19. Chris Dixon, "The Next Big Thing Will Start out Looking Like a Toy," cdixon.org, Jan. 3, 2010, www.cdixon.org/2010/01/03/the-next-big-thing-will-start-out-looking-like-a-toy.
20. Clayton Christensen, "Disruptive Innovation," claytonchristensen.com, Oct. 23, 2012, claytonchristensen.com/key-concepts/.
21. "The Telephone Patent Follies: How the Invention of the Phone was Bell's and not Gray's, or...," The Telecommunications History Group, Feb. 22, 2018, www.telcomhistory.org/the-telephone-patent-follies-how-the-invention-of-the-hone-was-bells-and-not-grays-or/.
22. Brenda Barron, "The Tragic Tale of DEC. The Computing Giant That Died Too Soon," Digital.com, June 15, 2023, digital.com/digital-equipment-corporation/; Joshua Hyatt, "The Business That Time Forgot: Data General Is Gone. But Does That Make Its Founder a Failure?" *Forbes*, April 1, 2023, money.cnn.com/magazines/fsb/fsb_archive/2003/04/01/341000/.
23. Charles Arthur, "How the Smartphone Is Killing the PC," *Guardian*, June 5, 2011, www.theguardian.com/technology/2011/jun/05/smartphones-

killing-pc.

24. Jordan Novet, "Microsoft's $13 Billion Bet on OpenAI Carries Huge Potential Along with Plenty of Uncertainty," CNBC, April 8, 2023, www.cnbc.com/2023/04/08/microsofts-complex-bet-on-openai-brings-potential-and-uncertainty.html.
25. Ben Thompson, "What Clayton Christensen Got Wrong," *Stratechery*, Sept. 22, 2013, stratechery.com/2013/clayton-christensen-got-wrong/.
26. Olga Kharif, "Meta to Shut Down Novi Service in September in Crypto Winter," *Bloomberg*, July 1, 2022, www.bloomberg.com/news/articles/2022-07-01/meta-to-shut-down-novi-service-in-september-in-crypto-winter#xj4y7vzkg.

第6章　區塊鏈網路

1. Jane Jacobs, *The Death and Life of Great American Cities* (New York, N.Y.: Random House, 1961).

第7章　社群打造的軟體

1. Linus Torvalds, *Just for Fun: The Story of an Accidental Revolutionary* (New York: Harper, 2001).
2. David Bunnell, "The Man Behind the Machine?," *PC Magazine*, Feb.–March 1982, www.pcmag.com/news/heres-what-bill-gates-told-pcmag-about-the-ibm-pc-in-1982.
3. Dylan Love, "A Quick Look at the 30-Year History of MS DOS," *Business Insider*, July 27, 2011, www.businessinsider.com/history-of-dos-2011-7; Jeffrey Young, "Gary Kildall: The DOS That Wasn't," *Forbes*, July 7, 1997, www.forbes.com/forbes/1997/0707/6001336a.

html?sh=16952ca9140e.

4. Tim O'Reilly, "Freeware: The Heart & Soul of the Internet," O'Reilly, March 1, 1998, www.oreilly.com/pub/a/tim/articles/freeware_0398.html.
5. Alexis C. Madrigal, "The Weird Thing About Today's Internet," *Atlantic*, May 16, 2017, www.theatlantic.com/technology/archive/2017/05/a-very-brief-history-of-the-last-10-years-in-technology/526767/.
6. "Smart Device Users Spend as Much Time on Facebook as on the Mobile Web," Marketing Charts, April 5, 2013, www.marketingcharts.com/industries/media-and-entertainment-28422.
7. Paul C. Schuytema, "The Lighter Side of Doom," *Computer Gaming World*, Aug. 1994, 140, www.cgwmuseum.org/galleries/issues/cgw_121.pdf.
8. Alden Kroll, "Introducing New Ways to Support Workshop Creators," Steam, April 23, 2015, steamcommunity.com/games/SteamWorkshop/announcements/detail/208632365237576574.
9. Brian Crecente, "League of Legends Is Now 10 Years Old. This Is the Story of Its Birth," *Washington Post*, Oct. 27, 2019, www.washingtonpost.com/video-games/2019/10/27/league-legends-is-now-years-old-this-is-story-its-birth/; Joakim Henningson, "The History of Counter-strike," Red Bull, June 8, 2020, www.redbull.com/se-en/history-of-counterstrike.
10. "History of the OSI," Open Source Initiative, last modified Oct. 2018, opensource.org/history/.
11. Richard Stallman, "Why Open Source Misses the Point of Free Software," GNU Operating System, last modified Feb. 3, 2022, www.gnu.org/philosophy/open-source-misses-the-point.en.html; Steve Lohr, "Code Name: Mainstream," *New York Times*, Aug. 28, 2000, archive.nytimes.com/www.nytimes.com/library/tech/00/08/biztech/articles/28code.html.

12. Frederic Lardinois, "Four Years After Being Acquired by Microsoft, GitHub Keeps Doing Its Thing," *TechCrunch*, Oct. 26, 2022, www.techcrunch.com/2022/10/26/four-years-after-being-acquired-by-microsoft-github-keeps-doing-its-thing/.
13. James Forson, "The Eighth Wonder of the World—Compounding Interest," Regenesys Business School, April 13, 2022, www.regenesys.net/reginsights/the-eighth-wonder-of-the-world-compounding-interest/.
14. "Compound Interest Is Man's Greatest Invention," Quote Investigator, Oct. 31, 2011, quoteinvestigator.com/2011/10/31/compound-interest/.
15. Eric Raymond, *The Cathedral and the Bazaar: Musings on Linux and Open Source by an Accidental Revolutionary* (Sebastopol, Calif.: O'Reilly Media, 1999).

第8章　抽成率

1. Adam Lashinsky, "Amazon's Jeff Bezos: The Ultimate Disrupter," *Fortune*, Nov. 16, 2012, fortune.com/2012/11/16/amazons-jeff-bezos-the-ultimate-disrupter/.
2. Alicia Shepard, "Craig Newmark and Craigslist Didn't Destroy Newspapers, They Outsmarted Them," *USA Today*, June 17, 2018, www.usatoday.com/story/opinion/2018/06/18/craig-newmark-craigslist-didnt-kill-newspapers-outsmarted-them-column/702590002/.
3. Julia Kollewe, "Google and Facebook Bring in One-Fifth of Global Ad Revenue," *Guardian*, May 1, 2017, www.theguardian.com/media/2017/may/02/google-and-facebook-bring-in-one-fifth-of-global-ad-revenue.
4. Linda Kinstler, "How TripAdvisor Changed Travel," *Guardian*, Aug. 17, 2018, www.theguardian.com/news/2018/aug/17/how-tripadvisor-changed-

travel.

5. Peter Kafka, "Facebook Wants Creators, but YouTube Is Paying Creators Much, Much More," Vox, July 15, 2021, www.vox.com/recode/22577734/facebook-1-billion-youtube-creators-zuckerberg-mr-beast.
6. Matt Binder, "Musk Says Twitter Will Share Ad Revenue with Creators... Who Give Him Money First," *Mashable*, Feb. 3, 2023, mashable.com/article/twitter-ad-revenue-share-creators.
7. Zach Vallese, "In the Three-way Battle Between YouTube, Reels and Tiktok, Creators Aren't Counting on a Big Payday," CNBC, February 27, 2023, www.cnbc.com/2023/02/27/in-youtube-tiktok-reels-battle-creators-dont-expect-a-big-payday.html.
8. Hank Green, "So... TikTok Sucks," hankschannel, Jan. 20, 2022, video, www.youtube.com/watch?v=jAZapFzpP64&ab_channel=hankschannel.
9. "Five Fast Facts," Time to Play Fair, Oct. 25, 2022, timetoplayfair.com/facts/.
10. Geoffrey A. Fowler, "iTrapped: All the Things Apple Won't Let You Do with Your iPhone," *Washington Post*, May 27, 2021, www.washingtonpost.com/technology/2021/05/27/apple-iphone-monopoly/.
11. "Why Can't I Get Premium in the App?," Spotify, support.spotify.com/us/article/why-cant-i-get-premium-in-the-app/.
12. "Buy Books for Your Kindle App," Help & Customer Service, Amazon, www.amazon.com/gp/help/customer/display.html?nodeId=GDZF9S2BRW5NWJCW.
13. *Epic Games Inc. v. Apple Inc.*, U.S. District Court for the Northern District of California, Sept. 10, 2021; Bobby Allyn, "What the Ruling in the Epic Games v. Apple Lawsuit Means for iPhone Users," *All Things Considered*, NPR, Sept. 10, 2021, www.npr.org/2021/09/10/1036043886/apple-

fortnite-epic-games-ruling-explained.

14. Foo Yun Chee, "Apple Faces $1 Billion UK Lawsuit by App Developers over App Store Fees," Reuters, July 24, 2023, www.reuters.com/technology/apple-faces-1-bln-uk-lawsuit-by-apps-developers-over-app-store-fees-2023-07-24/.
15. "Understanding Selling Fees," eBay, accessed Sept. 1, 2023, www.ebay.com/sellercenter/selling/seller-fees.
16. "Fees & Payments Policy," Etsy, accessed Sept. 1, 2023, www.etsy.com/legal/fees/.
17. Sam Aprile, "How to Lower Seller Fees on StockX," StockX, Aug. 25, 2021, stockx.com/news/how-to-lower-seller-fees-on-stockx/.
18. Jefferson Graham, "There's a Reason So Many Amazon Searches Show You Sponsored Ads," *USA Today*, Nov. 9, 2018, www.usatoday.com/story/tech/talkingtech/2018/11/09/why-so-many-amazon-searches-show-you-sponsored-ads/1858553002/.
19. Jason Del Rey, "Basically Everything on Amazon Has Become an Ad," *Vox*, Nov. 10, 2022, www.vox.com/recode/2022/11/10/23450349/amazon-advertising-everywhere-prime-sponsored-products.
20. "Meta Platforms Gross Profit Margin (Quarterly)," YCharts, last modified Dec. 2022, ycharts.com/companies/META/gross_profit_margin.
21. "Fees," Uniswap Docs, accessed Sept. 1, 2023, docs.uniswap.org/contracts/v2/concepts/advanced-topics/fees; Coin Metrics data to calculate Ethereum take rate, accessed July 2023, charts.coinmetrics.io/crypto-data/.
22. Moxie Marlinspike, "My First Impressions of Web3," moxie.org, Jan. 7, 2022, moxie.org/2022/01/07/web3-first-impressions.html.
23. Callan Quinn, "What Blur's Success Reveals About NFT Marketplaces,"

Forbes, March 17, 2023, www.forbes.com/sites/digital-assets/2023/03/17/what-blurs-success-reveals-about-nft-marketplaces/.

24. Clayton M. Christensen and Michael E. Raynor, *The Innovator's Solution: Creating and Sustaining Successful Growth* (Brighton, Mass.: Harvard Business Review Press, 2013).
25. Daisuke Wakabayashi and Jack Nicas, "Apple, Google, and a Deal That Controls the Internet," *New York Times*, Oct. 25, 2020, www.nytimes.com/2020/10/25/technology/apple-google-search-antitrust.html.
26. Alioto Law Firm, "Class Action Lawsuit Filed in California Alleging Google Is Paying Apple to Stay out of the Search Engine Business," PRNewswire, Jan. 3, 2022, www.prnewswire.com/news-releases/class-action-lawsuit-filed-in-california-alleging-google-is-paying-apple-to-stay-out-of-the-search-engine-business-301453098.html.
27. Lisa Eadicicco, "Google's Promise to Simplify Tech Puts Its Devices Everywhere," *CNET*, May 12, 2022, www.cnet.com/tech/mobile/googles-promise-to-simplify-tech-puts-its-devices-everywhere/; Chris Dixon, "What's Strategic for Google?," cdixon.org, Dec. 30, 2009, cdixon.org/2009/12/30/whats-strategic-for-google.
28. Joel Spolsky, "Strategy Letter V," *Joel on Software*, June 12, 2002, www.joelonsoftware.com/2002/06/12/strategy-letter-v/.

第9章　用代幣誘因建立網路

1. Quote widely attributed to Charlie Munger as in Joshua Brown, "Show me the incentives and I will show you the outcomes," *Reformed Broker*, Aug. 26, 2018, thereformedbroker.com/2018/08/26/show-me-the-incentives-and-i-will-show-you-the-outcome/.

2. David Weinberger, David Searls, and Christopher Locke, *The Cluetrain Manifesto: The End of Business as Usual* (New York: Basic Books, 2000).
3. Uniswap Foundation, "Uniswap Grants Program Retrospective," June 20, 2022, mirror.xyz/kennethng.eth/0WHWvyE4Fzz50aORNg3ixZMlvFjZ7frkqxnY4UIfZxo; Brian Newar, "Uniswap Foundation Proposal Gets Mixed Reaction over $74M Price Tag," CoinTelegraph, Aug. 5, 2022, cointelegraph.com/news/uniswap-foundation-proposal-gets-mixed-reaction-over-74m-price-tag.
4. "What Is Compound in 5 Minutes," *Cryptopedia*, Gemini, June 28, 2022, www.gemini.com/en-US/cryptopedia/what-is-compound-and-how-does-it-work.
5. Daniel Aguayo et al., "MIT Roofnet: Construction of a Community Wireless Network," MIT Computer Science and Artificial Intelligence Laboratory, Oct. 2003, pdos.csail.mit.edu/~biswas/sosp-poster/roofnet-abstract.pdf; Marguerite Reardon, "Taking Wi-Fi Power to the People," *CNET*, Oct. 27, 2006, www.cnet.com/home/internet/taking-wi-fi-power-to-the-people/; Bliss Broyard, "'Welcome to the Mesh, Brother': Guerrilla Wi-Fi Comes to New York," *New York Times*, July 16, 2021, www.nytimes.com/2021/07/16/nyregion/nyc-mesh-community-internet.html.
6. Ali Yahya, Guy Wuollet, and Eddy Lazzarin, "Investing in Helium," a16z crypto, Aug. 10, 2021, a16zcrypto.com/content/announcement/investing-in-helium/.
7. C+Charge, "C+Charge Launch Revolutionary Utility Token for EV Charging Station Management and Payments That Help Organize and Earn Carbon Credits for Holders," press release, April 22, 2022, www.globenewswire.com/news-release/2022/04/22/2427642/0/en/C-Charge-

Launch-Revolutionary-Utility-Token-for-EV-Charging-Station-Management-and-Payments-That-Help-Organize-and-Earn-Carbon-Credits-for-Holders.html; Swarm, "Swarm, Ethereum's Storage Network, Announces Mainnet Storage Incentives and Web3PC Inception," Dec. 21, 2022, news.bitcoin.com/swarm-ethereums-storage-network-announces-mainnet-storage-incentives-and-web3pc-inception/; Shashi Raj Pandey, Lam Duc Nguyen, and Petar Popovski, "FedToken: Tokenized Incentives for Data Contribution in Federated Learning," last modified Nov. 3, 2022, arxiv.org/abs/2209.09775.

8. Adam L. Penenberg, "PS: I Love You. Get Your Free Email at Hotmail," *TechCrunch*, Oct. 18, 2009, techcrunch.com/2009/10/18/ps-i-love-you-get-your-free-email-at-hotmail/.
9. Juli Clover, "Apple Reveals the Most Downloaded iOS Apps and Games of 2021," *MacRumors*, Dec. 1, 2021, www.macrumors.com/2021/12/02/apple-most-downloaded-apps-2021.
10. Rita Liao and Catherine Shu, "TikTok's Epic Rise and Stumble," TechCrunch, Nov. 16, 2020, techcrunch.com/2020/11/26/tiktok-timeline/.
11. Andrew Chen, "How Startups Die from Their Addiction to Paid Marketing," andrewchen.com, accessed March 1, 2023 (originally tweeted May 7, 2018), andrewchen.com/paid-marketing-addiction/.
12. Abdo Riani, "Are Paid Ads a Good Idea for Early-Stage Startups?," Forbes, April 2, 2021, www.forbes.com/sites/abdoriani/2021/04/02/are-paid-ads-a-good-idea-for-early-stage-startups/; Willy Braun, "You Need to Lose Money, but a Negative Gross Margin Is a Really Bad Idea," *daphni chronicles*, Medium, Feb. 28, 2016, medium.com/daphni-chronicles/you-need-to-lose-money-but-a-negative-gross-margin-is-a-really-bad-idea-

82ad12cd6d96; Anirudh Damani, "Negative Gross Margins Can Bury Your Startup," *ShowMeDamani*, Aug. 25, 2020, www.showmedamani.com/post/negative-gross-margins-can-bury-your-startup.

13. Grace Kay, "The History of Dogecoin, the Cryptocurrency That Surged After Elon Musk Tweeted About It but Started as a Joke on Reddit Years Ago," *Business Insider*, Feb. 9, 2021, www.businessinsider.com/what-is-dogecoin-2013-12.
14. "Dogecoin," Reddit, Dec. 8, 2013, www.reddit.com/r/dogecoin/.
15. Julia Glum, "To Have and to HODL: Welcome to Love in the Age of Cryptocurrency," *Money*, Oct. 20, 2021, money.com/cryptocurrency-nft-bitcoin-love-relationships/.
16. "Introducing Uniswap V3," Uniswap, March 23, 2021, uniswap.org/blog/uniswap-v3.
17. Cam Thompson, "DeFi Trading Hub Uniswap Surpasses $1T in Lifetime Volume," *CoinDesk*, May 25, 2022, www.coindesk.com/business/2022/05/24/defi-trading-hub-uniswap-surpasses-1t-in-lifetime-volume/.
18. Brady Dale, "Uniswap's Retroactive Airdrop Vote Put Free Money on the Campaign Trail," *CoinDesk*, Nov. 3, 2020, www.coindesk.com/business/2020/11/03/uniswaps-retroactive-airdrop-vote-put-free-money-on-the-campaign-trail/.
19. Ari Levy and Salvador Rodriguez, "These Airbnb Hosts Earned More Than $15,000 on Thursday After the Company Let Them Buy IPO Shares," CNBC, Dec. 10, 2020, www.cnbc.com/2020/12/10/airbnb-hosts-profit-from-ipo-pop-spreading-wealth-beyond-investors.html; Chaim Gartenberg, "Uber and Lyft Reportedly Giving Some Drivers Cash Bonuses to Use Towards Buying IPO Stock," *Verge*, Feb. 28, 2019, www.

theverge.com/2019/2/28/18244479/uber-lyft-drivers-cash-bonus-stock-ipo-sec-rules.

20. Andrew Hayward, "Flow Blockchain Now 'Controlled by Community,' Says Dapper Labs," *Decrypt*, Oct. 20, 2021, decrypt.co/83957/flow-blockchain-controlled-community-dapper-labs; Lauren Stephanian and Cooper Turley, "Optimizing Your Token Distribution," Jan. 4, 2022, lstephanian.mirror.xyz/kB9Jz_5joqbY0ePO8rU1NNDKhiqvzU6OWyYsbSA-Kcc.

第10章　代幣經濟學

1. Thomas Sowell quoted in Mark J. Perry, "Quotations of the Day from Thomas Sowell," American Enterprise Institute, April 1, 2014, www.aei.org/carpe-diem/quotations-of-the-day-from-thomas-sowell-2/.
2. Laura June, "For Amusement Only: The Life and Death of the American Arcade," *Verge*, Jan. 16, 2013, www.theverge.com/2013/1/16/3740422/the-life-and-death-of-the-american-arcade-for-amusement-only.
3. Kyle Orland, "How EVE Online Builds Emotion out of Its Strict In-Game Economy," *Ars Technica*, Feb. 5, 2014, arstechnica.com/gaming/2014/02/how-eve online-builds-emotion-out-of-its-strict-in-game-economy/.
4. Scott Hillis, "Virtual World Hires Real Economist," *Reuters*, Aug. 16, 2007, www.reuters.com/article/us-videogames-economist-life/virtual-world-hires-real-economist-idUSN0925619220070816.
5. Steve Jobs quoted in Brent Schlender, "The Lost Steve Jobs Tapes," *Fast Company*, April 17, 2012, www.fastcompany.com/1826869/lost-steve-jobs-tapes.
6. Sujha Sundararajan, "Billionaire Warren Buffett Calls Bitcoin 'Rat Poison

Squared,'" *CoinDesk*, Sept. 13, 2021, www.coindesk.com/markets/2018/05/07/billionaire-warren-buffett-calls-bitcoin-rat-poison-squared/.

7. Theron Mohamed, " 'Big Short' Investor Michael Burry Slams NFTs with a Quote Warning 'Crypto Grifters' Are Selling Them as 'Magic Beans,' " Markets, Business Insider, March 16, 2021, markets.businessinsider.com/currencies/news/big-short-michael-burry-slams-nft-crypto-grifters-magic-beans-2021-3-1030214014.
8. Carlota Perez, *Technological Revolutions and Financial Capital: The Dynamics of Bubbles and Golden Ages* (Northampton, Mass.: Edward Elgar, 2014).
9. "Gartner Hype Cycle Research Methodology," Gartner, accessed Sept. 1, 2023, www.gartner.com/en/research/methodologies/gartner-hype-cycle. (Gartner and Hype Cycle are registered trademarks of Gartner, Inc. and/or its affiliates in the U.S. and internationally and are used herein with permission. All rights reserved.)
10. Doug Henton and Kim Held, "The Dynamics of Silicon Valley: Creative Destruction and the Evolution of the Innovation Habitat," *Social Science Information* 52(4): 539–57, 2013, https://journals.sagepub.com/doi/10.1177/0539018413497542.
11. David Mazor, "Lessons from Warren Buffett: In the Short Run the Market Is a Voting Machine, in the Long Run a Weighing Machine," *Mazor's Edge*, Jan. 7, 2023, mazorsedge.com/lessons-from-warren-buffett-in-the-short-run-the-market-is-a-voting-machine-in-the-long-run-a-weighing-machine/.

第11章　網路的治理

1. Winston Churchill, House of Commons speech, Nov. 11, 1947, quoted in Richard Langworth, *Churchill By Himself: The Definitive Collection of Quotations* (New York, N.Y.: PublicAffairs, 2008), 574.
2. "Current Members and Testimonials," World Wide Web Consortium, accessed March 2, 2023, www.w3.org/Consortium/Member/List.
3. "Introduction to the IETF," Internet Engineering Task Force, accessed March 2, 2023, www.ietf.org/.
4. A. L. Russell, "'Rough Consensus and Running Code' and the Internet-OSI Standards War," *Institute of Electrical and Electronics Engineers Annals of the History of Computing* 28, no. 3 (2006), https://ieeexplore.ieee.org/document/1677461.
5. Richard Cooke, "Wikipedia Is the Last Best Place on the Internet," *Wired*, Feb. 17, 2020, www.wired.com/story/wikipedia-online-encyclopedia-best-place-internet/.
6. "History of the Mozilla Project," Mozilla, accessed Sept. 1, 2023, www.mozilla.org/en-US/about/history/.
7. Steven Vaughan-Nichols, "Firefox Hits the Jackpot with Almost Billion Dollar Google Deal," *ZDNET*, Dec. 22, 2011, www.zdnet.com/article/firefox-hits-the-jackpot-with-almost-billion-dollar-google-deal/.
8. Jordan Novet, "Mozilla Acquires Read-It-Later App Pocket, Will Open-Source the Code," *VentureBeat*, Feb. 27, 2017, venturebeat.com/mobile/mozilla-acquires-read-it-later-app-pocket-will-open-source-the-code/; Paul Sawers, "Mozilla Acquires the Team Behind Pulse, an Automated Status Updater for Slack," *TechCrunch*, Dec. 1, 2022, techcrunch.com/2022/12/01/mozilla-acquires-the-team-behind-pulse-an-automated-status-update-

tool-for-slack/.

9. Devin Coldewey, "OpenAI Shifts from Nonprofit to 'Capped-Profit' to Attract Capital," *TechCrunch*, March 11, 2019, techcrunch.com/2019/03/11/openai-shifts-from-nonprofit-to-capped-profit-to-attract-capital/.
10. Elizabeth Dwoskin, "Elon Musk Wants a Free Speech Utopia. Technologists Clap Back," Washington Post, April 18, 2022, www.washingtonpost.com/technology/2022/04/18/musk-twitter-free-speech/.
11. Taylor Hatmaker, "Jack Dorsey Says His Biggest Regret Is That Twitter Was a Company At All," *TechCrunch*, Aug. 26, 2022, techcrunch.com/2022/08/26/jack-dorsey-biggest-regret/.
12. "The Friend of a Friend (FOAF) Project," FOAF Project, 2008, web.archive.org/web/20080904205214/http://www.foaf-project.org/projects; Sinclair Target, "Friend of a Friend: The Facebook That Could Have Been," *Two-Bit History*, Jan. 5, 2020, twobithistory.org/2020/01/05/foaf.html#fn:1.
13. Erick Schonfeld, "StatusNet (of Identi.ca Fame) Raises $875,000 to Become the WordPress of Micro-blogging," TechCrunch, Oct. 27, 2009, techcrunch.com/2009/10/27/statusnet-of-identi-ca-fame-raises-875000-to-become-the-wordpress-of-microblogging/.
14. George Anadiotis, "Manyverse and Scuttlebutt: A Human-Centric Technology Stack for Social Applications," *ZDNET*, Oct. 25, 2018, www.zdnet.com/article/manyverse-and-scuttlebutt-a-human-centric-technology-stack-for-social-applications/.
15. Harry McCracken, "Tim Berners-Lee Is Building the Web's 'Third Layer.' Don't Call It Web3," *Fast Company*, Nov. 8, 2022, www.fastcompany.

com/90807852/tim-berners-lee-inrupt-solid-pods.

16. Barbara Ortutay, "Bluesky, Championed by Jack Dorsey, Was Supposed to Be Twitter 2.0. Can It Succeed?" AP, June 6, 2023, apnews.com/article/bluesky-twitter-jack-dorsey-elon-musk-invite-f2b4fb2fefd34f0149cec2d87857c766.
17. Gregory Barber, "Meta's Threads Could Make—or Break—the Fediverse," *Wired*, July 18, 2023, www.wired.com/story/metas-threads-could-make-or-break-the-fediverse/.
18. Stephen Shankland, "I Want to Like Mastodon. The Decentralized Network Isn't Making That Easy," CNET, Nov. 14, 2022, www.cnet.com/news/social- media/i-want-to-like-mastodon-the-decentralized-network-isnt-making-that-easy/.
19. Sarah Jamie Lewis, "Federation Is the Worst of All Worlds," Field Notes, July 10, 2018, fieldnotes.resistant.tech/federation-is-the-worst-of-all-worlds/.
20. Steve Gillmor, "Rest in Peace, RSS," *TechCrunch*, May 5, 2009, techcrunch.com/2009/05/05/rest-in-peace-rss/; Erick Schonfeld, "Twitter's Internal Strategy Laid Bare: To Be 'the Pulse of the Planet,'" *TechCrunch*, July 16, 2009, techcrunch.com/2009/07/16/twitters-internal-strategy-laid-bare-to-be-the-pulse-of-the-planet-2/.
21. "HTTPS as a Ranking Signal," *Google Search Central*, Aug. 7, 2014, developers.google.com/search/blog/2014/08/https-as-ranking-signal; Julia Love, "Google Delays Phasing Out Ad Cookies on Chrome Until 2024," *Bloomberg*, July 27, 2022, www.bloomberg.com/news/articles/2022-07-27/google-delays-phasing-out-ad-cookies-on-chrome-until-2024?leadSource=uverify%20wall; Daisuke Wakabayashi, "Google Dominates Thanks to an Unrivaled View of the Web," New York Times,

Dec. 14, 2020, www.nytimes.com/2020/12/14/technology/how-google-dominates.html.

22. Jo Freeman, “The Tyranny of Structurelessness,” 1972, www.jofreeman.com/joreen/tyranny.htm.

第12章　科技宅精神 VS 賭徒歪風

1. Andy Grove quoted in Walter Isaacson, “Andrew Grove: Man of the Year,” Time, Dec. 29, 1997, time.com/4267448/andrew-grove-man-of-the-year/.
2. Andrew R. Chow, “After FTX Implosion, Bahamian Tech Entrepreneurs Try to Pick Up the Pieces,” *Time*, March 30, 2023, time.com/6266711/ftx-bahamas-crypto/; Sen. Pat Toomey (R-Pa.), “Toomey: Misconduct, Not Crypto, to Blame for FTX Collapse,” U.S. Senate Committee on Banking, Housing, and Urban Affairs, Dec. 14, 2022, www.banking.senate.gov/newsroom/minority/toomey-misconduct-not-crypto-to-blame-for-ftx-collapse.
3. Jason Brett, “In 2021, Congress Has Introduced 35 Bills Focused on U.S. Crypto Policy,” *Forbes*, Dec. 27, 2021, www.forbes.com/sites/jasonbrett/2021/12/27/in-2021-congress-has-introduced-35-bills-focused-on-us-crypto-policy/.
4. U.S. Securities and Exchange Commission, “Kraken to Discontinue Unregistered Offer and Sale of Crypto Asset Staking-as-a-Service Program and Pay $30 Million to Settle SEC Charges,” press release, Feb. 9, 2023, www.sec.gov/news/press-release/2023- 25; Sam Sutton, “Treasury: It’s Time for a Crypto Crackdown,” *Politico*, Sept. 16, 2022, www.politico.com/newsletters/morning-money/2022/09/16/treasury-its-time-for-a-crypto-crack down-00057144; Jonathan Yerushalmy and Alex Hern, “SEC

Crypto Crackdown: US Regulator Sues Binance and Coinbase," *Guardian*, June 6, 2023, www.theguardian.com/technology/2023/jun/06/sec-crypto-crackdown-us-regulator-sues-binance-and-coinbase; Sidhartha Shukla, "The Cryptocurrencies Getting Hit Hardest Under the SEC Crackdown," *Bloomberg*, June 13, 2023, www.bloomberg.com/news/articles/2023-06-13/these-are-the-19-cryptocurrencies-are-securities-the-sec-says.

5. Paxos, "Paxos Will Halt Minting New BUSD Tokens," Feb. 13, 2023, paxos.com/2023/02/13/paxos-will-halt-minting-new-busd-tokens/; "New Report Shows 1 Million Tech Jobs at Stake in US Due to Regulatory Uncertainty," Coinbase, March 29, 2023, www.coinbase.com/blog/new-report-shows-1m-tech-jobs-at-stake-in-us-crypto-policy.
6. Ashley Belanger, "America's Slow-Moving, Confused Crypto Regulation Is Driving Industry out of US," *Ars Technica*, Nov. 8, 2022, arstechnica.com/tech-policy/2022/11/Americas-slow-moving-confused-crypto-regulation-is-driving-industry-out-of-us/; Jeff Wilser, "US Crypto Firms Eye Overseas Move Amid Regulatory Uncertainty," *Coindesk*, May 27, 2023, www.coindesk.com/consensus-magazine/2023/03/27/crypto-leaving-us/.
7. "Framework for 'Investment Contract' Analysis of Digital Assets," U.S. Securities and Exchange Commission, 2019, www.sec.gov/corpfin/framework-investment-contract-analysis-digital-assets.
8. Miles Jennings, "Decentralization for Web3 Builders: Principles, Models, How," a16z crypto, April 7, 2022, a16zcrypto.com/posts/article/web3-decentralization-models-framework-principles-how-to/.
9. "Watch GOP Senator and SEC Chair Spar Over Definition of Bitcoin,"

CNET highlights, Sept. 16, 2022, www.youtube.com/watch?v=3H19OF3lbnA; Miles Jennings and Brian Quintenz, "It's Time to Move Crypto from Chaos to Order," *Fortune*, July 15, 2023, fortune.com/crypto/2023/07/15/its-time-to-move-crypto-from-chaos-to-order/; Andrew St. Laurent, "Despite Ripple, Crypto Projects Still Face Uncertainty and Risks," *Bloomberg Law*, July 31, 2023, news.bloomberglaw.com/us-law-week/despite-ripple-crypto-projects-still-face-uncertainty-and-risks; "Changing Tides or a Ripple in Still Water? Examining the SEC v. Ripple Ruling," Ropes & Gray, July 25, 2023, www.ropesgray.com/en/newsroom/alerts/2023/07/changing-tides-or-a-ripple-in-still-water-examining-the-sec-v-ripple-ruling; Jack Solowey and Jennifer J. Schulp, "We Need Regulatory Clarity to Keep Crypto Exchanges Onshore and DeFi Permissionless," Cato Institute, May 10, 2023, www.cato.org/commentary/we-need-regulatory-clarity-keep-crypto-exchanges-onshore-defi-permissionless.

10. *U.S. Securities and Exchange Commission v. W. J. Howey Co. et al.*, 328 U.S. 293 (1946).
11. "Framework for 'Investment Contract' Analysis of Digital Assets," U.S. Securities and Exchange Commission, 2019, www.sec.gov/corpfin/framework-investment-contract-analysis-digital-assets.
12. Maria Gracia Santillana Linares, "How the SEC's Charge That Cryptos Are Securities Could Face an Uphill Battle," *Forbes*, Aug. 14, 2023, www.forbes.com/sites/digital-assets/2023/08/14/how- the-secs-charge-that-cryptos-are-securities-could-face-an-uphill-battle/; Jesse Coghlan, "SEC Lawsuits: 68 Crypto-currencies Are Now Seen as Securities by the SEC," *Cointelegraph*, June 6, 2023, cointelegraph.com/news/sec-labels-61-

cryptocurrencies-securities-after-binance-suit/.

13. David Pan, "SEC's Gensler Reiterates 'Proof-of-Stake' Crypto Tokens May Be Securities," *Bloomberg*, March 15, 2023, www.bloomberg.com/news/articles/2023-03-15/sec-s-gary-gensler-signals-tokens-like-ether-are-securities.
14. Jesse Hamilton, "U.S. CFTC Chief Behnam Reinforces View of Ether as Commodity," CoinDesk, March 28, 2023, www.coindesk.com/policy/2023/03/28/us-cftc-chief-behnam-reinforces-view-of-ether-as-commodity/; Sandali Handagama, "U.S. Court Calls ETH a Commodity While Tossing Investor Suit Against Uniswap," *CoinDesk*, Aug. 31, 2023, www.coindesk.com/policy/2023/08/31/us-court-calls-eth-a-commodity-while-tossing-investor-suit-against-uniswap/.
15. Faryar Shirzad, "The Crypto Securities Market is Waiting to be Unlocked. But First We Need Workable Rules," Coinbase, July 21, 2022, www.coinbase.com/blog/the-crypto-securities-market-is-waiting-to-be-unlocked-but-first-we-need-workable-rules; Securities Clarity Act, H.R. 4451, 117th Cong. (2021); Token Taxonomy Act, H.R. 1628, 117th Cong. (2021).
16. Allyson Versprille, "House Stablecoin Bill Would Put Two-Year Ban on Terra-Like Coins," Bloomberg, Sept. 20, 2022, www.bloomberg.com/news/articles/2022-09-20/house-stablecoin-bill-would-put-two-year-ban-on-terra-like-coins; Andrew Asmakov, "New York Signs Two-Year Crypto Mining Moratorium into Law," Decrypt, Nov. 23, 2022, decrypt.co/115416/new-york-signs-2-year-crypto-mining-moratorium-law.
17. John Micklethwait and Adrian Wooldridge, *The Company: A Short History of a Revolutionary Idea* (New York: Modern Library, 2005); Tyler

Halloran, "A Brief History of the Corporate Form and Why It Matters," *Fordham Journal of Corporate and Financial Law*, Nov. 18, 2018, news.law.fordham.edu/jcfl/2018/11/18/a-brief-history-of-the-corporate-form-and-why-it-matters/.

18. Ron Harris, "A New Understanding of the History of Limited Liability: An Invitation for Theoretical Reframing," *Journal of Institutional Economics* 16, no. 5 (2020): 643–64, doi:10.1017/S1744137420000181.
19. William W. Cook, "'Watered Stock'—Commissions—'Blue Sky Laws'—Stock Without Par Value," *Michigan Law Review* 19, no. 6 (1921): 583–98, doi.org/10.2307/1276746.

第13章　iPhone 時刻：破繭而出

1. Arthur C. Clarke, foreword to Ervin Laszlo, *Macroshift: Navigating the Transformation to a Sustainable World* (Oakland, Calif.: Berrett-Koehler, 2001).
2. Randy Alfred, "Dec. 19, 1974: Build Your Own Computer at Home!," *Wired*, Dec. 19, 2011, www.wired.com/2011/12/1219altair-8800-computer-kit-goes-on-sale/.
3. Michael J. Miller, "Project Chess: The Story Behind the Original IBM PC," *PCMag*, Aug. 12, 2021, www.pcmag.com/news/project-chess-the-story-behind-the-original-ibm-pc.
4. David Shedden, "Today in Media History: Lotus 1-2-3 Was the Killer App of 1983," *Poynter*, Jan. 26, 2015, www.poynter.org/reporting-editing/2015/today-in-media-history-lotus-1-2-3-was-the-killer-app-of-1983/.
5. "Celebrating the NSFNET," NSFNET, Feb. 2, 2017, nsfnet-legacy.org/.
6. Michael Calore, "April 22, 1993: Mosaic Browser Lights Up Web with

Color, Creativity," *Wired*, April 22, 2010, www.wired.com/2010/04/0422mosaic-web-browser/.

7. Warren McCulloch and Walter Pitts, "A Logical Calculus of the Ideas Immanent in Nervous Activity," Bulletin of Mathematical Biophysics 5 (1943): 115–33.
8. Alan Turing, "Computing Machinery and Intelligence," Mind, n.s., 59, no. 236 (Oct. 1950): 433–60, phil415.pbworks.com/f/TuringComputing.pdf.
9. Rashan Dixon, "Unleashing the Power of GPUs for Deep Learning: A Game-Changing Advancement in AI," DevX, July 6, 2023, www.devx.com/news/unleashing-the-power-of-gpus-for-deep-learning-a-game-changing-advancement-in-ai/.

第14章　前途無量的應用場景

1. Kevin Kelly, "1,000 True Fans," *The Technium*, March 4, 2008, kk.org/thetechnium/1000-true-fans/.
2. "How Much Time Do People Spend on Social Media and Why?," *Forbes India*, Sept. 3, 2022, www.forbesindia.com/article/lifes/how-much-time-do-people-spend-on-social-media-and-why/79477/1.
3. Belle Wong and Cassie Bottorff, "Average Salary by State in 2023," *Forbes*, Aug. 23, 2023, www.forbes.com/advisor/business/average-salary-by-state/.
4. Neal Stephenson, *Snow Crash* (New York: Bantam Spectra, 1992).
5. Dean Takahashi, "Epic's Tim Sweeney: Be Patient. The Metaverse Will Come. And It Will Be Open," Venture-Beat, Dec. 16, 2016, venturebeat.com/business/epics-tim-sweeney-be-patient-the-metaverse-will-come-and-it-will-be-open/.

6. Daniel Tack, "The Subscription Transition: MMORPGs and Free-to-Play," Forbes, Oct. 9, 2013, www.forbes.com/sites/danieltack/2013/10/09/the-subscription-transition-mmorpgs-and-free-to-play/.
7. Kyle Orland, "The Return of the $70 Video Game Has Been a Long Time Coming," *Ars Technica*, July 9, 2020, arstechnica.com/gaming/2020/07/the-return-of-the-70-video-game-has-been-a-long-time-coming/.
8. Mitchell Clark, "Fortnite Made More Than $9 Billion in Revenue in Its First Two Years," *Verge*, May 3, 2021, www.theverge.com/2021/5/3/22417447/fortnite-revenue-9-billion-epic-games-apple-antitrust-case; Ian Thomas, "How Free-to-Play and In-Game Purchases Took Over the Video Game Industry," CNBC, Oct. 6, 2022, www.cnbc.com/2022/10/06/how-free-to-play-and-in-game-purchases-took-over-video-games.html.
9. Vlad Savov, "Valve Is Letting Money Spoil the Fun of Dota 2," *Verge*, Feb. 16, 2015, www.theverge.com/2015/2/16/8045369/valve-dota-2-in-game-augmentation-pay-to-win.
10. Felix Richter, "Video Games Beat Blockbuster Movies out of the Gate," *Statista*, Nov. 6, 2018, www.statista.com/chart/16000/video-game-launch-sales-vs-movie-openings/.
11. Wallace Witkowski, "Videogames Are a Bigger Industry Than Movies and North American Sports Combined, Thanks to the Pandemic," MarketWatch, Dec. 22, 2020, www.marketwatch.com/story/videogames-are-a-bigger-industry-than-sports-and-movies-combined-thanks-to-the-pandemic-11608654990.
12. Jeffrey Rousseau, "Newzoo: Revenue Across All Video Game Market Segments Fell in 2022," *GamesIndustry.biz*, May 30, 2023, www.gamesindustry.biz/newzoo-revenue-across-all-video-game-market-

segments-fell-in-2022.

13. Jacob Wolf, "Evo: An Oral History of Super Smash Bros. Melee," ESPN, July 12, 2017, www.espn.com/esports/story/_/id/19973997/evolution-championship-series-melee-oral-history-evo.
14. Andy Maxwell, "How Big Music Threatened Startups and Killed Innovation," *Torrent Freak*, July 9, 2012, torrentfreak.com/how-big-music-threatened-startups-and-killed-innovation-120709/.
15. David Kravets, "Dec. 7, 1999: RIAA Sues Napster," *Wired*, Dec. 7, 2009, www.wired.com/2009/12/1207riaa-sues-napster/; Michael A. Carrier, "Copyright and Innovation: The Untold Story," *Wisconsin Law Review* (2012): 891–962, www.researchgate.net/publication/256023174_Copyright_and_Innovation_The_Untold_Story.
16. *Pitchbook* data. accessed September 1, 2023.
17. Yuji Nakamura, "Peak Video Game? Top Analyst Sees Industry Slumping in 2019," *Bloomberg*, Jan. 23, 2019, www.bloomberg.com/news/articles/2019-01-23/peak-video-game-top-analyst-sees-industry-slumping-in-2019.
18. The Recording Industry Association of America, "U.S. Music Revenue Database," Sept. 1, 2023, www.riaa.com/u-s-sales-database/. (Note: Chart extrapolates global music revenue figures based on U.S. data.)
19. "The State of Music/Web3 Tools for Artists," *Water & Music*, Dec. 15, 2021, www.waterandmusic.com/the-state-of-music-web3-tools-for-artists/; Marc Hogan, "How NFTs Are Shaping the Way Music Sounds," *Pitchfork*, May 23, 2022, pitchfork.com/features/article/how-nfts-are-shaping-the-way-music-sounds/.
20. Alyssa Meyers, "A Music Artist Says Apple Music Pays Her 4 Times

What Spotify Does per Stream, and It Shows How Wildly Royalty Payments Can Vary Between Services," *Business Insider*, Jan. 10, 2020, www.businessinsider.com/how-apple-music-and-spotify-pay-music-artist-streaming-royalties-2020-1; "Expressing the sense of Congress that it is the duty of the Federal Government to establish a new royalty program to provide income to featured and non-featured performing artists whose music or audio content is listened to on streaming music services, like Spotify," H Con. Res. 102, 177th Cong. (2022), www.congress.gov/bill/117th-congress/house-concurrent-resolution/102/text.

21. "Top 10 Takeaways," *Loud & Clear*, Spotify, loudandclear.byspotify.com/.
22. Jon Chapple, "Music Merch Sales Boom Amid Bundling Controversy," *IQ*, July 4, 2019, www.iq-mag.net/2019/07/music-merch-sales-boom-amid-bundling-controversy/.
23. "U.S. Video Game Sales Reach Record-Breaking $43.3 Billion in 2018," Entertainment Software Association, Jan. 23, 2019, www.theesa.com/news/u-s-video-game-sales-reach-record-breaking-43-4-billion-in-2018/.
24. Andrew R. Chow, "Independent Musicians Are Making Big Money from NFTs. Can They Challenge the Music Industry?" *Time*, Dec. 2, 2021, time.com/6124814/music-industry-nft/.
25. William Entriken et al., "ERC- 721: Non-Fungible Token Standard," Ethereum.org, Jan. 24, 2018, eips.ethereum.org/EIPS/eip-721/.
26. Nansen Query data, accessed Sept. 21, 2023, nansen.ai/query/; Flipside data, accessed Sept. 21, 2023, flipsidecrypto.xyz/.
27. "Worldwide Advertising Revenues of YouTube as of 1st Quarter 2023," *Statista*, accessed Sept. 21, 2023, statista.com/statistics/289657/youtube-global-quarterly-advertising-revenues/.

28. Jennifer Keishin Armstrong, "How Sherlock Holmes Changed the World," BBC, Jan. 6, 2016, www.bbc.com/culture/article/20160106-how-sherlock-holmes-changed-the-world.
29. "Why Has Jar Jar Binks Been Banished from the Star Wars Universe?," *Guardian*, Dec. 7, 2015, www.theguardian.com/film/shortcuts/2015/dec/07/jar-jar-binks-banished-from-star-wars-the-force-awakens.
30. "Victim of Wikipedia: Microsoft to Shut Down Encarta," *Forbes*, March 30, 2009, www.forbes.com/2009/03/30/microsoft-encarta-wikipedia-technology-paidcontent.html.
31. "Top Website Rankings," Similarweb, accessed Sept. 1, 2023, www.similarweb.com/top-websites/.
32. Alexia Tsotsis, "Inspired By Wikipedia, Quora Aims for Relevancy With Topic Groups and Reorganized Topic Pages," *TechCrunch*, June 24, 2011, techcrunch.com/2011/06/24/inspired-by-wikipedia-quora-aims-for-relevancy-with-topic-groups-and-reorganized-topic-pages/.
33. Cuy Sheffield, "'Fantasy Hollywood'—Crypto and Community-Owned Characters," a16z crypto, June 15, 2021, a16zcrypto.com/posts/article/crypto-and-community-owned-characters/.
34. Steve Bodow, "The Money Shot," *Wired*, Sept. 1, 2001, www.wired.com/2001/09/paypal/.
35. Joe McCambley, "The First Ever Banner Ad: Why Did It Work So Well?," *Guardian*, Dec. 12, 2013, www.theguardian.com/media-network/media-network-blog/2013/dec/12/first-ever-banner-ad-advertising.
36. Alex Rampell, Twitter post, Sept. 2018, twitter.com/arampell/status/1042226753253437440.
37. Abubakar Idris and Tawanda Karombo, "Stablecoins Find a Use Case in

Africa's Most Volatile Markets," *Rest of World*, Aug. 19, 2021, restofworld.org/2021/stablecoins-find-a-use-case-in-africas-most-volatile-markets/.

38. Jacquelyn Melinek, "Investors Focus on DeFi as It Remains Resilient to Crypto Market Volatility," *TechCrunch*, July 26, 2022, techcrunch.com/2022/07/26/investors-focus-on-defi-as-it-remains-resilient-to-crypto-market-volatility/.
39. Jennifer Elias, "Google 'Overwhelmingly' Dominates Search Market, Antitrust Committee States," CNBC, Oct. 6, 2020, www.cnbc.com/2020/10/06/google-overwhelmingly-dominates-search-market-house-committee-finds.html.
40. Paresh Dave, "United States vs Google Vindicates Old Antitrust Gripes from Microsoft," *Reuters*, Oct. 21, 2020, www.reuters.com/article/us-tech-antitrust-google-microsoft-idCAKBN27625B.
41. Lauren Feiner, "Google Will Pay News Corp for the Right to Showcase Its News Articles," CNBC, Feb. 17, 2021, www.cnbc.com/2021/02/17/google-and-news-corp-strike-deal-as-australia-pushes-platforms-to-pay-for-news.html.
42. Mat Honan, "Jeremy Stoppelman's Long Battle with Google Is Finally Paying Off," *BuzzFeed News*, Nov. 5, 2019, www.buzzfeednews.com/article/mathonan/jeremy-stoppelman-yelp.
43. John McDuling, "The Former Mouthpiece of Apartheid Is Now One of the World's Most Successful Tech Investors," *Quartz*, Jan. 9, 2014, qz.com/161792/naspers-africas-most-fascinating-company.
44. Scott Cleland, "Google's 'Infringenovation' Secrets," Forbes, Oct. 3, 2011, www.forbes.com/sites/scottcleland/2011/10/03/googles-infringenovation-secrets/.

45. Blake Brittain, "AI Companies Ask U.S. Court to Dismiss Artists' Copyright Lawsuit," *Reuters*, April 19, 2023, www.reuters.com/legal/ai-companies-ask-us-court-dismiss-artists-copyright-lawsuit-2023-04-19/.
46. Umar Shakir, "Reddit's Upcoming API Changes Will Make AI Companies Pony Up," *Verge*, April 18, 2023, www.theverge.com/2023/4/18/23688463/reddit-developer-api-terms-change-monetization-ai.
47. Sheera Frenkel and Stuart A. Thompson, "'Not for Machines to Harvest': Data Revolts Break Out Against A.I.," New York Times, July 15, 2023, www.nytimes.com/2023/07/15/technology/artificial-intelligence-models-chat-data.html.
48. Tate Ryan- Mosley, "Junk Websites Filled with AI-Generated Text Are Pulling in Money from Programmatic Ads," *MIT Technology Review*, June 26, 2023, www.technologyreview.com/2023/06/26/1075504/junk-websites-filled-with-ai-generated-text-are-pulling-in-money-from-programmatic-ads/.
49. Gregory Barber, "AI Needs Your Data—and You Should Get Paid for It," *Wired*, Aug. 8, 2019, www.wired.com/story/ai-needs-data-you-should-get-paid/; Jazmine Ulloa, "Newsom Wants Companies Collecting Personal Data to Share the Wealth with Californians," *Los Angeles Times*, May 5, 2019, www.latimes.com/politics/la-pol-ca-gavin-newsom-california-data-dividend-20190505-story.html.
50. Sue Halpern, "Congress Really Wants to Regulate A.I., but No One Seems to Know How," *New Yorker*, May 20, 2023, www.newyorker.com/news/daily-comment/congress-really-wants-to-regulate-ai-but-no-one-seems-to-know-how.
51. Brian Fung, "Microsoft Leaps into the AI Regulation Debate, Calling for a

New US Agency and Executive Order," CNN, May 25, 2023, www.cnn.com/2023/05/25/tech/microsoft-ai-regulation-calls/index.html.

52. Kari Paul, "Letter Signed by Elon Musk Demanding AI Research Pause Sparks Controversy," *Guardian*, April 1, 2023, www.theguardian.com/technology/2023/mar/31/ai-research-pause-elon-musk-chatgpt.

53. "Blueprint for an AI Bill of Rights," White House, Oct. 2022, www.whitehouse.gov/wp-content/uploads/2022/10/Blueprint-for-an-AI-Bill-of-Rights.pdf; Billy Perrigo and Anna Gordon, "E.U. Takes a Step Closer to Passing the World's Most Comprehensive AI Regulation," *Time*, June 14, 2023, time.com/6287136/eu-ai-regulation/; European Commission, "Proposal for a Regulation Laying Down Harmonised Rules on Artificial Intelligence," Shaping Europe's Digital Future, April 21, 2021, digital-strategy.ec.europa.eu/en/library/proposal-regulation-laying-down-harmonised-rules-artificial-intelligence.

結語

1. Paraphrase of a quote widely attributed to Antoine de Saint-Exupéry, Quote Investigator, Aug. 25, 2015, quote investigator.com/2015/08/25/sea/.

財經企管 BCB849

Read Write Own
開啟 WEB3 新局的區塊鏈網路趨勢與潛能
Read Write Own: Building the Next Era of the Internet

作者 —— 克里斯・狄克森　Chris Dixon
譯者 —— 劉維人

總編輯 —— 吳佩穎
書系副總監 —— 蘇鵬元
責任編輯 —— 王映茹
封面設計 —— 張議文

出版者 —— 遠見天下文化出版股份有限公司
創辦人 —— 高希均、王力行
遠見・天下文化　事業群榮譽董事長 —— 高希均
遠見・天下文化　事業群董事長 —— 王力行
天下文化社長 —— 王力行
天下文化總經理 —— 鄧瑋羚
國際事務開發部兼版權中心總監 —— 潘欣
法律顧問 —— 理律法律事務所陳長文律師
著作權顧問 —— 魏啟翔律師
社址 —— 臺北市 104 松江路 93 巷 1 號
讀者服務專線 —— 02-2662-0012 ｜傳真 —— 02-2662-0007；02-2662-0009
電子郵件信箱 —— cwpc@cwgv.com.tw
直接郵撥帳號 —— 1326703-6 號　遠見天下文化出版股份有限公司

電腦排版 —— 薛美惠（特約）
製版廠 —— 中原造像股份有限公司
印刷廠 —— 中原造像股份有限公司
裝訂廠 —— 中原造像股份有限公司
登記證 —— 局版台業字第 2517 號
總經銷 —— 大和書報圖書股份有限公司｜電話 —— 02-8990-2588
出版日期 —— 2024 年 7 月 31 日第一版第一次印行

定價 —— 500 元
ISBN —— 978-626-355-850-2 ｜ EISBN —— 9786263558472（EPUB）；9786263558489（PDF）
書號 —— BCB849
天下文化官網 —— bookzone.cwgv.com.tw

國家圖書館出版品預行編目（CIP）資料

Read Write Own：開啟 WEB3 新局的區塊鏈網路趨勢與潛能／克里斯・狄克森（Chris Dixon）著；劉維人譯 .-- 第一版 .-- 臺北市：遠見天下文化出版股份有限公司，2024.07

360 面；14.8×21 公分 .--（財經企管；BCB849）

譯自：Read Write Own: Building the Next Era of The Internet

ISBN 978-626-355-850-2（平裝）

1. CST：電腦資訊業 2. CST：網際網路 3. CST：產業發展

312.1653　　113009332